CHONGYA MUJU SHEJI SHIYONG JIAOCHENG

冲压模具设计实用教程

匡和碧　孙卫和　编著

化学工业出版社

·北京·

图书在版编目（CIP）数据

冲压模具设计实用教程/匡和碧，孙卫和编著. —北京：化学工业出版社，2014.2
ISBN 978-7-122-19422-0

Ⅰ.①冲… Ⅱ.①匡…②孙… Ⅲ.①冲模-设计-教材
Ⅳ.①TG385.2

中国版本图书馆 CIP 数据核字（2014）第 001864 号

责任编辑：贾　娜　　　　文字编辑：张绪瑞
责任校对：王素芹　　　　装帧设计：刘丽华

出版发行：化学工业出版社（北京市东城区青年湖南街 13 号　邮政编码 100011）
印　　装：三河市延风印装厂
787mm×1092mm　1/16　印张 12¼　字数 304 千字　　2014 年 4 月北京第 1 版第 1 次印刷

购书咨询：010-64518888（传真：010-64519686）　　售后服务：010-64518899
网　　址：http://www.cip.com.cn
凡购买本书，如有缺损质量问题，本社销售中心负责调换。

定　　价：49.00 元

前言

随着我国科学技术的进步，社会经济快速发展，模具成型技术及模具设计与制造已成为当代工业生产的重要手段。近十几年来，中国模具工业发展十分迅速，特别是高新技术企业的快速发展加大了用于技术进步的投资力度，技术进步已成为企业发展的重要动力。冲压模具是实现冲压加工的主要工艺装备。随着冲压件在机械、电子、仪器仪表、家用电器、玩具、生活日用品等领域中所占比例的不断增加，冲压模具也得到了很大的发展。然而，冲压模具的设计是一项非常艰辛而又极富创造性的工作。为了给广大冲压模具从业人员提供帮助，我们编写了本书。

本书根据冲压模具设计初、中级岗位对职业能力的要求选取内容，按照任务驱动模式编写，包括冲裁模设计、弯曲模设计、拉深模设计、其他成形模设计四个模块。每个模块都包含一个具体的项目，每个项目都有完整的设计工作过程，内容由浅入深，循序渐进。项目的结构形式为:【项目名称】—【学习目标】—【技能(知识)点】—【引导案例】—【任务分析】—【相关知识】—【任务实施(步骤、方法、内容)】—【总结与回顾】—【拓展知识】—【复习思考题】—【技能训练】。

本书可供从事冲压模具设计的工程技术人员工作时参考，也可作为高等职业技术学院、高等工程专科学校的模具设计与制造、机械、机电、计算机辅助设计与制造等专业的教材，建议教学时数为50～60学时。

全书由深圳职业技术学院匡和碧、孙卫和编著。在编写过程中，得到了中国台湾统赢公司技术总监魏国祯先生和深圳大族激光科技有限公司刘群工程师的指导，在此深表感谢！

由于编者水平所限，不足之处在所难免，敬请读者批评指正，来信请寄深圳职业技术学院制造系匡和碧收，或发邮件至 khei@szpt.edu.cn 信箱。本书有配套电子课件，有需要者请与出版社或编者联系。

编著者

目录

模块一　冲裁模具设计

模块一

冲裁模具设计

项目　冲孔落料复合模设计：止动片冲孔落料复合模设计

● 学习目标

1. 能够进行冲裁工艺分析；
2. 能够进行排样设计；
3. 能够进行冲压力计算；
4. 能够选择合适的冲压设备；
5. 能够计算冲裁模凸、凹模刃口尺寸；
6. 能够设计冲裁模的总体结构；
7. 能够设计冲裁模的工作零件；
8. 能够设计冲裁模的定位零件；
9. 能够设计冲裁模的卸料装置；
10. 能够设计冲裁模的推件装置；
11. 能够选用模架、模柄、垫板、固定板、螺钉、销钉等标准件；
12. 能够编写设计计算说明书。

● 技能（知识）点

1. 冲裁件的结构工艺设计规范；
2. 排样设计规范；
3. 冲压力及压力中心的计算规范；
4. 压力机选用规范；
5. 凸、凹模刃口尺寸计算规范；
6. 冲裁模的结构设计规范；
7. 冲裁模工作零件设计规范；
8. 冲裁模定位零件设计规范；
9. 冲裁模卸料装置设计规范；
10. 冲裁模推件装置设计规范；
11. 模架、模柄、垫板、固定板、螺钉、销钉等标准件的选用规范；
12. Office、AutoCAD等软件的使用方法。

1.1 引导案例

1.1.1 冲裁基本工序

如图 1-1 所示，当压力机滑块带动凸模向下运动时，板料就受到凸、凹模的剪切作用而沿一定的轮廓互相分离。

当以封闭曲线以内的部分作为冲裁件时，称为落料；当以封闭曲线以外的部分作为冲裁件时，则称为冲孔。

很明显，图 1-2（a）、（b）所示产品可通过落料工序成形，图 1-2（c）、（d）所示产品需要落料、冲孔两道工序才能成形。

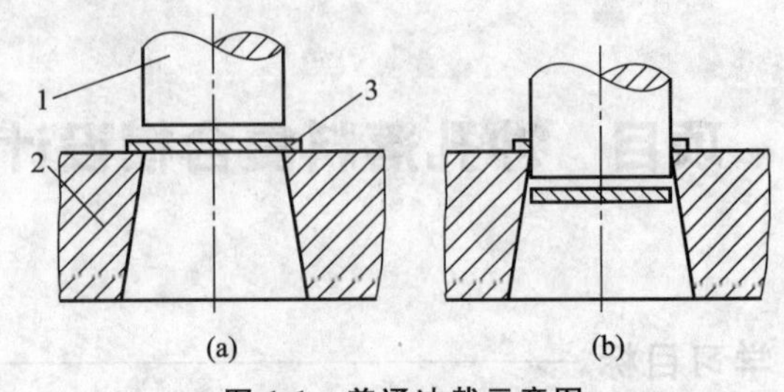

图 1-1 普通冲裁示意图

1—凸模；2—凹模；3—板料

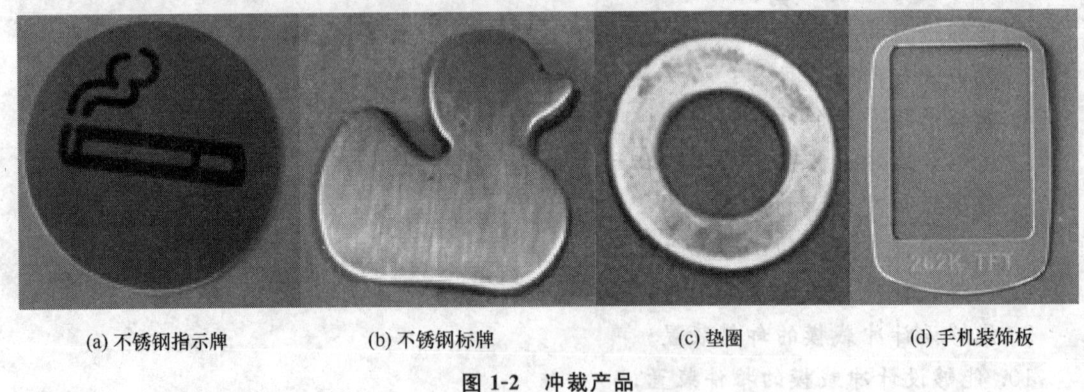

(a) 不锈钢指示牌 (b) 不锈钢标牌 (c) 垫圈 (d) 手机装饰板

图 1-2 冲裁产品

1.1.2 冲裁变形过程

板料的分离是瞬间完成的，冲裁变形过程可细分成 3 个阶段，如图 1-3 所示。

(1) 弹性变形阶段

如图 1-3（a）所示，当凸模开始接触板料并下压时，板料发生弹性压缩和弯曲，板料略有挤入凹模洞口的现象。此时，以凹模刃口轮廓为界，轮廓内的板料向下弯拱，轮廓外的板料则上翘。随着凸模继续下压，材料内的应力不断增大，达到弹性极限时，弹性变形阶段结束，进入塑性变形阶段。

(2) 塑性变形阶段

如图 1-3（b）所示，当板料的应力达到屈服点，板料进入塑性变形阶段。凸模切入板料，板料被挤入凹模洞口。随着凸模的继续下压，应力不断加大，直到应力达到板料抗剪强度，塑性变形阶段结束。

(3) 断裂分离阶段

如图 1-3（c）、（d）所示，当板料的应力达到材料抗剪强度后，凸模继续下压，凸、凹模刃口附近产生微裂纹不断向板料内部扩展。当上下裂纹重合时，板料便实现了分离。凸模继续下行，已分离的材料克服摩擦阻力，从凹模中推出，完成整个冲裁过程。

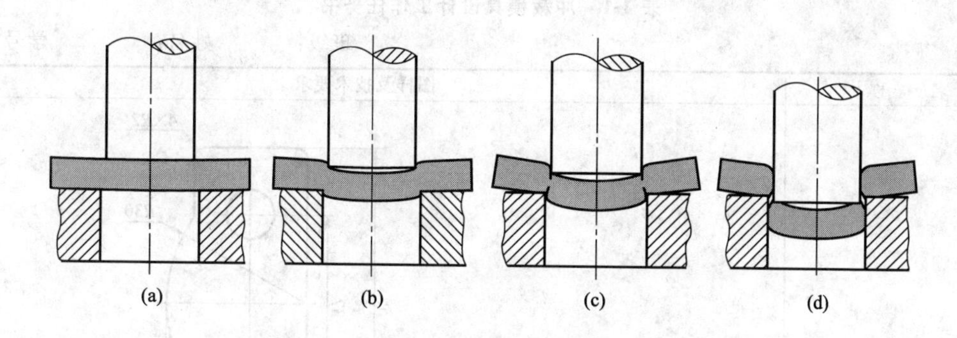

图 1-3　冲裁时板料的变形过程

1.1.3　冲裁变形特点

在凸、凹模之间的间隙合理、模具刃口状况良好时，普通冲裁所得工件的断面特征如图 1-4 所示，冲裁件断面明显地分为 4 个特征区，即圆角带 a、光亮带 b、断裂带 c 和毛刺区 d。

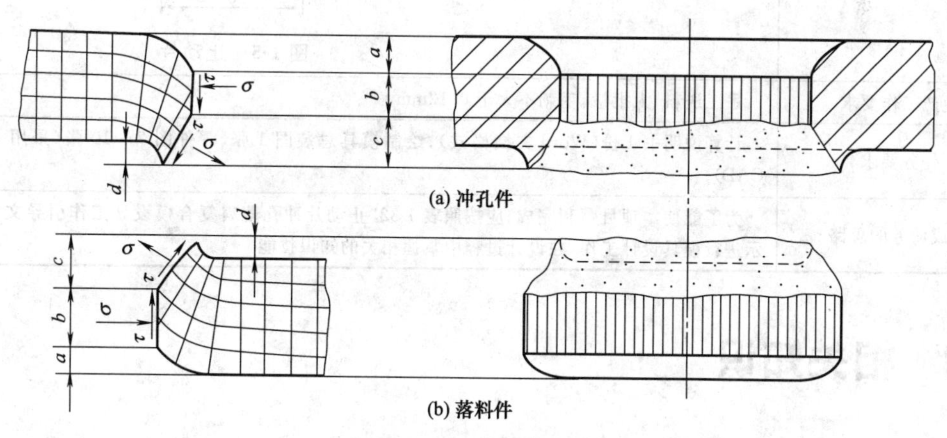

图 1-4　冲裁断面特征

圆角带 a：该区域的形成是当凸模刃口压入材料时，刃口附近的材料产生弯曲和伸长变形，材料被拉入间隙的结果。

光亮带 b：该区域是在塑性变形阶段形成的。当刃口切入材料时，材料与凸、凹模切刃的侧表面挤压而形成的光亮垂直的断面。

断裂带 c：该区域是在断裂变形阶段形成的。是由刃口附近的微裂纹在拉应力作用下不断扩展而形成的撕裂面，其断面粗糙，略带有斜度。

毛刺区 d：毛刺的形成是由于在塑性变形阶段后期，凸模和凹模的刃口切入被加工板料一定深度时，模具刃口侧面的材料在拉应力作用下，裂纹加长，材料断裂而产生。

1.2　任务分析

如表 1-1 所示，本项目是设计一套冲孔落料复合模，要求编写计算说明书 1 份（Word 文档格式）；绘制模具总装图 1 张、零件图 7～10 张（采用 AutoCAD 绘制）。

表 1-1 冲裁模具设计工作任务书

班级：　　　姓名：　　　学号：

名　称	图样及技术要求
工作对象 (如零件)	零件名称：止动片 零件尺寸：如图 1-5 所示 生产批量：大批量 材　　料：45 钢 材料厚度：2mm 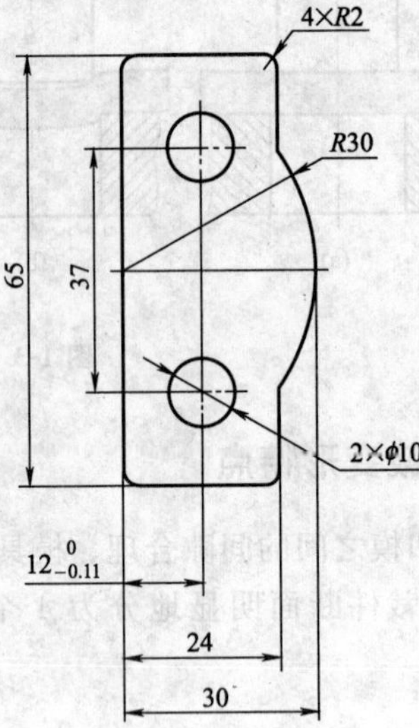 图 1-5 止动片
生产工作要求	手工送料，大批量，毛刺不大于 0.12mm
任务要求	计算说明书 1 份(Word 文档格式)；绘制模具总装图 1 张、零件图 7～10 张(采用 AutoCAD)
完成任务的思路	为了能使本项目顺利完成，应按照表 1-32“止动片冲孔落料复合模设计工作引导文”的提示进行模具设计工作，在设计过程中掌握相关的知识技能

1.3 相关知识

1.3.1 冲裁件结构工艺设计

冲裁件的结构工艺性合理与否，直接影响到冲裁件的质量、模具寿命、材料消耗和生产效率等，冲裁件结构工艺可按如下要求进行设计。

(1) 冲裁件的形状和尺寸

① 冲裁件形状尽可能设计成简单、对称，使排样时废料最少。

② 冲裁件的外形或内孔应避免尖角连接。除属于无废料冲裁或模具采用镶拼结构外，宜有适当的圆角。其半径最小值参见表 1-2。

表 1-2 冲裁件的圆角半径最小值

连接角度	$\alpha \geqslant 90^\circ$	$\alpha < 90^\circ$	$\alpha \geqslant 90^\circ$	$\alpha < 90^\circ$
简图	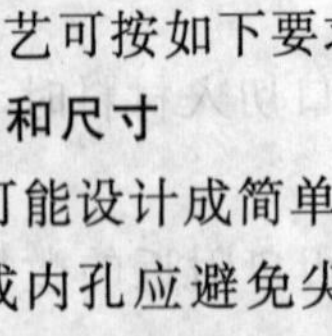 α	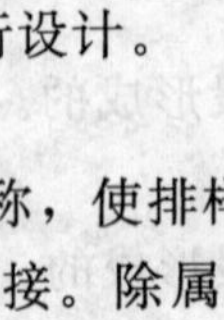 α	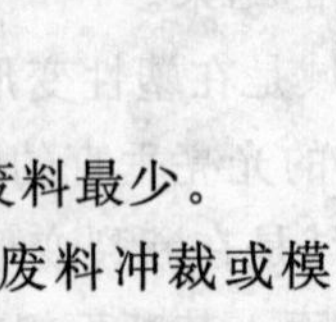 α	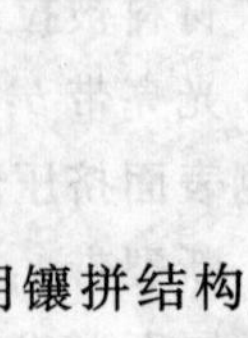 α

续表

连接角度	$\alpha \geqslant 90°$	$\alpha < 90°$	$\alpha \geqslant 90°$	$\alpha < 90°$
低碳钢	$0.30t$	$0.50t$	$0.35t$	$0.60t$
黄铜、铝	$0.24t$	$0.35t$	$0.20t$	$0.45t$
高碳钢、合金钢	$0.45t$	$0.70t$	$0.50t$	$0.90t$

注：t 为材料厚度，当 $t<1$mm 时，均以 $t=1$mm 计算。

③ 冲裁件凸出臂和凹槽的宽度不宜过小，其合理数值参见表 1-3。

表 1-3 冲裁件凸出臂和凹槽的宽度

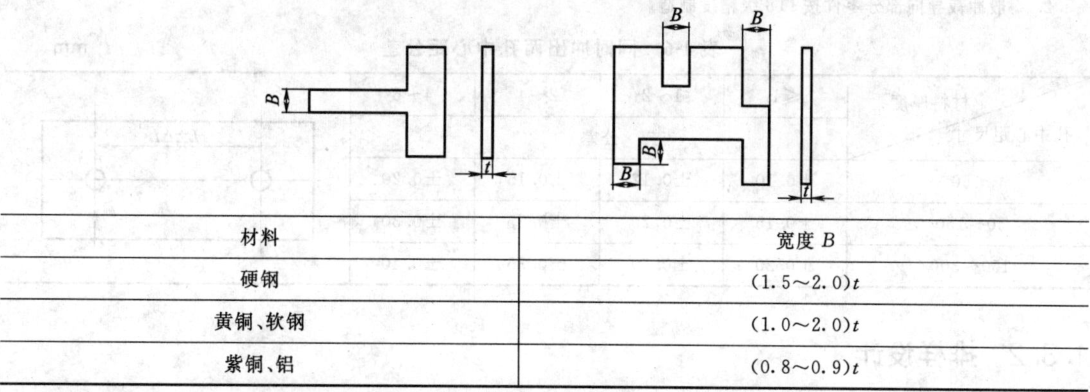

材料	宽度 B
硬钢	$(1.5\sim2.0)t$
黄铜、软钢	$(1.0\sim2.0)t$
紫铜、铝	$(0.8\sim0.9)t$

注：t 为材料厚度，当 $t<1$mm 时，均以 $t=1$mm 计算。

④ 冲孔时，孔径不宜过小，其最小孔尺寸见表 1-4。

表 1-4 自由凸模冲孔的最小尺寸

材料（厚度为 t）	d	a	a	a
硬钢	$d\geqslant1.3t$	$a\geqslant1.2t$	$a\geqslant0.9t$	$a\geqslant1.0t$
软钢及黄铜	$d\geqslant1.0t$	$a\geqslant0.9t$	$a\geqslant0.7t$	$a\geqslant0.8t$
铝、锌	$d\geqslant0.8t$	$a\geqslant0.7t$	$a\geqslant0.5t$	$a\geqslant0.6t$

⑤ 孔与孔之间，孔与边缘之间的距离不应过小，其许可值如图 1-6 所示。

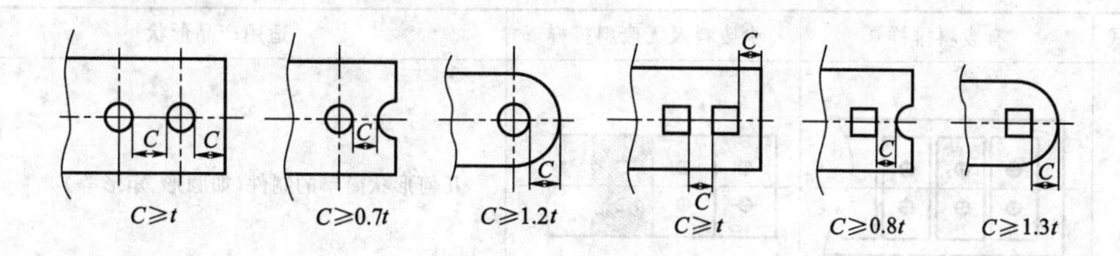

图 1-6 孔边距

（2）冲裁件精度

冲裁件的内外形经济精度不高于 GB 1800—1986 IT11 级。一般要求落料件精度最好低于 IT10 级，冲孔件精度最好低于 IT9 级。公差值参见表 1-5、表 1-6。

表 1-5　冲裁件外形与内孔尺寸公差　　mm

零件尺寸 \ 材料厚度	0.2～0.5	0.5～1.0	1.0～2.0	2.0～4.0	4.0～6.0
	公差				
<10	0.08/0.05	0.12/0.08	0.18/0.10	0.24/0.012	0.30/0.15
10～50	0.10/0.08	0.16/0.10	0.22/0.12	0.28/0.15	0.35/0.20
50～150	0.14/0.12	0.22/0.12	0.30/0.16	0.40/0.20	0.50/0.25
150～300	0.20	0.30	0.50	0.70	1.00

注：1. 表中“/”前为外形公差值，后为内孔公差。

2. 一般冲裁导向部分零件按 IT8 级精度制造。

表 1-6　同时冲出两孔中心距公差　　mm

孔中心距尺寸 \ 材料厚度	≤1	1～2	2～4	4～6
	公差			
<50	±0.10	±0.12	±0.15	±0.20
50～150	±0.15	±0.20	±0.25	±0.30
150～300	±0.20	±0.30	±0.35	±0.40

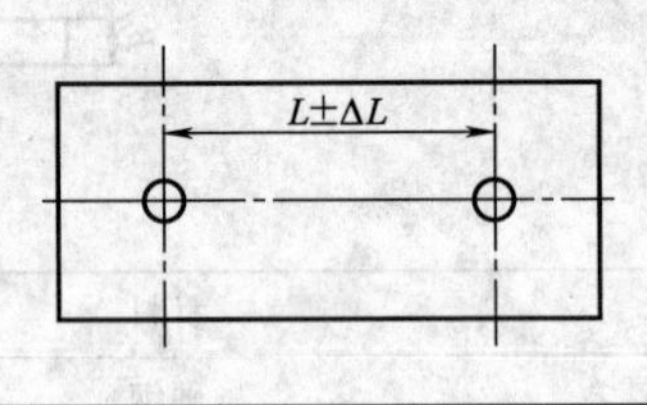

1.3.2　排样设计

条料是冲裁中最常用的坯料，冲裁件在条料上的布置方法称为排样。

排样设计的主要内容包括选择排样形式，确定搭边值，计算条料宽度、步距及材料利用率、绘制排样图。

（1）选择排样形式

排样形式决定了材料使用率。

设计时可根据产品形状参考表 1-7 选择适当的排样形式。

（2）确定搭边值

排样时冲裁件与冲裁件之间以及冲裁件与条料侧边之间留下的工艺余料称为搭边。搭边过大，浪费材料；搭边过小，起不到搭边作用。过小的搭边还可能被拉入凸、凹模之间的缝隙中，使模具刃口破坏。

设计时可参考表 1-8 确定板料冲裁时的合理搭边值。

表 1-7　排样形式

排样形式	有废料排样	少废料及无废料排样	适用产品形状
直排	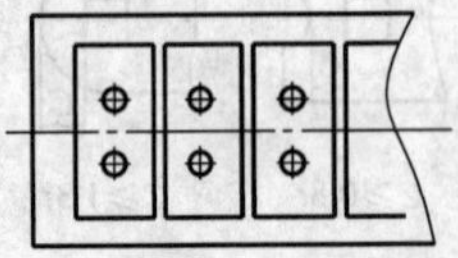	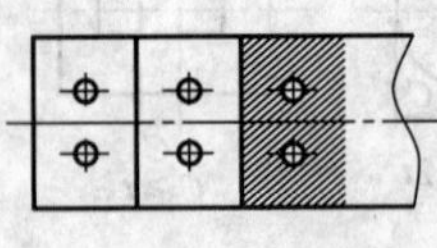	几何形状简单的制件(如圆形、矩形等)
斜排	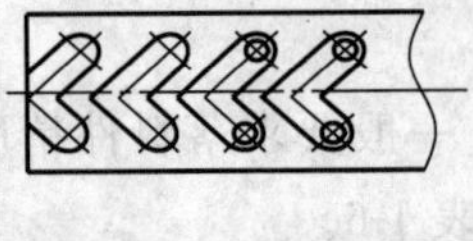	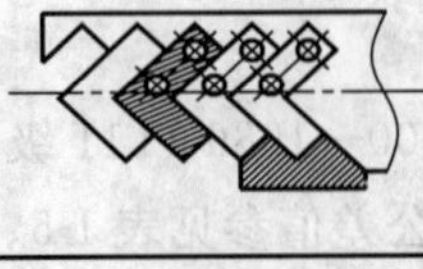	L 形或其他复杂外形制件，这些制件直排时废料较多

续表

排样形式	有废料排样	少废料及无废料排样	适用产品形状
对排			T、U、E形制件，这些制件直排或斜排时废料较多
混合排样			材料及厚度均相同的不同制件，适于大批量生产
多排			大批量生产中轮廓尺寸较小的制件
冲裁搭边			大批量生产中小而窄的制件

表 1-8 板料冲裁时的合理搭边值 mm

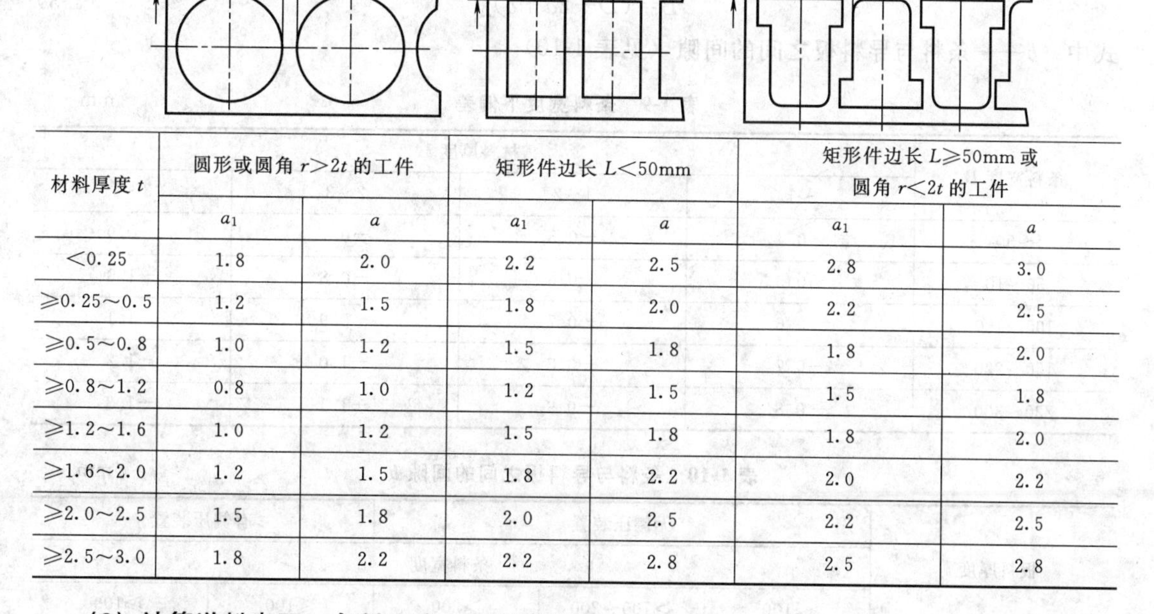

材料厚度 t	圆形或圆角 $r>2t$ 的工件		矩形件边长 $L<50$mm		矩形件边长 $L\geqslant 50$mm 或圆角 $r<2t$ 的工件	
	a_1	a	a_1	a	a_1	a
<0.25	1.8	2.0	2.2	2.5	2.8	3.0
≥0.25～0.5	1.2	1.5	1.8	2.0	2.2	2.5
≥0.5～0.8	1.0	1.2	1.5	1.8	1.8	2.0
≥0.8～1.2	0.8	1.0	1.2	1.5	1.5	1.8
≥1.2～1.6	1.0	1.2	1.5	1.8	1.8	2.0
≥1.6～2.0	1.2	1.5	1.8	2.2	2.0	2.2
≥2.0～2.5	1.5	1.8	2.0	2.5	2.2	2.5
≥2.5～3.0	1.8	2.2	2.2	2.8	2.5	2.8

(3) 计算送料步距、条料宽度、材料利用率

① 送料步距 S　条料在模具上每次送进的距离称为送料步距（简称步距或进距）。每个步距可以冲出一个制件，也可以冲出几个制件。

每次只冲一个制件的步距 S 的计算公式为

$$S=L+a_1 \tag{1-1}$$

式中　a_1——冲裁件之间的搭边值；

L——冲裁件沿送进方向的最大轮廓尺寸。

② 条料宽度 B　条料是由板料（或带料）剪裁下料而得，为保证送料顺利，规定条料

宽度 B 的上偏差为零，下偏差为负值。

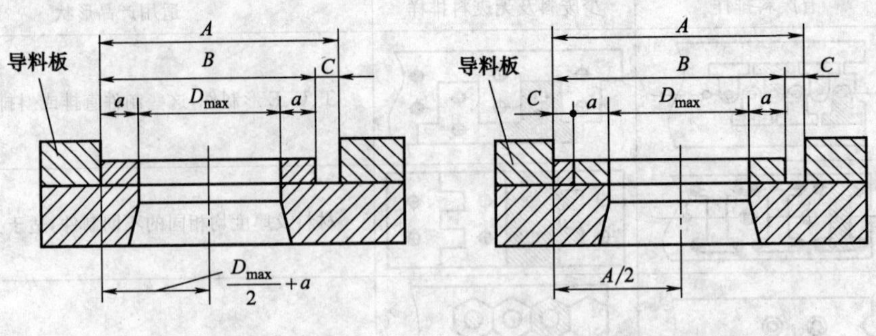

图 1-7 条料宽度的确定

模具的导料板之间有侧压装置时［图 1-7（a）］，条料宽度按下式计算

$$B=(D+2a)_{\Delta}^{0} \tag{1-2}$$

式中 D——冲裁件垂直于送料方向的最大尺寸；

a——冲裁件与条料侧边之间的搭边；

Δ——条料宽度下偏差（见表 1-9）。

当条料在无侧压装置的导料板之间送料时［图 1-7（b）］，条料宽度按下式计算

$$B=(D+2a+b)_{\Delta}^{0} \tag{1-3}$$

式中 b——条料与导料板之间的间隙（见表 1-10）。

表 1-9 条料宽度下偏差 mm

条料宽度 B	材料厚度 t			
	～1	1～2	2～3	3～5
～50	−0.4	−0.5	−0.7	−0.9
50～10	−0.5	−0.6	−0.8	−1.0
100～150	−0.6	−0.7	−0.9	−1.1
150～220	−0.7	−0.8	−1.0	−1.2
220～300	−0.8	−0.9	−1.1	−1.3

表 1-10 条料与导料板之间的间隙 b mm

板料厚度 t	无侧压装置			有侧压装置	
	条料宽度				
	≤100	＞100～200	＞200	≤100	≥100
≤1	0.5	0.5	1	5	8
＞1～5	0.8	1	1	5	8

③ 材料利用率 η 的计算 如图 1-8 所示，一个步距内的材料利用率可按式（1-4）计算

$$\eta=\frac{A}{BS}\times 100\% \tag{1-4}$$

式中 A——冲裁件面积；

B——条料宽度；

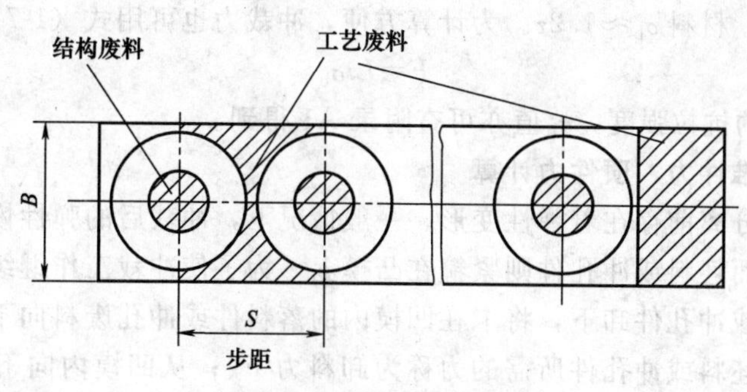

图 1-8　结构与工艺废料

S——送料步距。

整张条料的材料利用率可按式（1-5）计算

$$\eta_{总}=\frac{nA}{BL}\times 100\% \quad (1\text{-}5)$$

式中　n——条料上实际冲裁的零件数；

A——冲裁件面积；

B——条料宽度；

L——条料长度。

（4）绘制排样图

如图 1-9 所示，排样图应反映出条料（带料）宽度及公差、送料步距及搭边 a、a_1 值，并习惯以剖面线表示冲压位置，冲裁时各工步先后顺序与位置，以及条料（带料）的轧制方向。

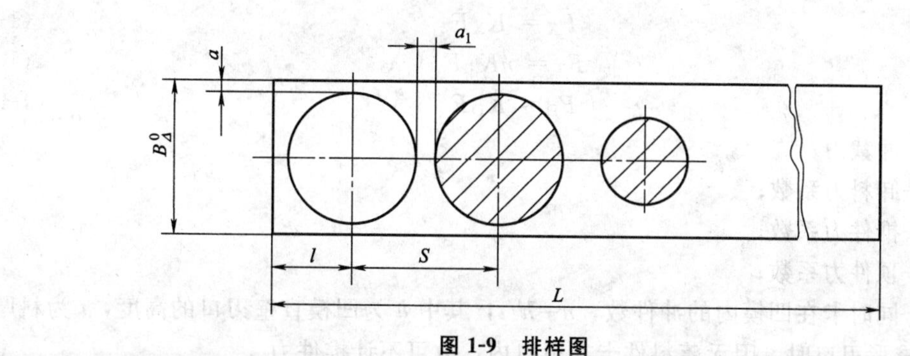

图 1-9　排样图

1.3.3　冲压力计算

（1）冲裁力的计算

冲裁力是在冲裁过程中凸模对板料施加的压力，它是随凸模进入材料的深度（凸模行程）而变化的。通常所说的冲裁力是指作用于凸模上的最大抗力，冲裁力可按式（1-6）计算

$$F=1.3Lt\tau \quad (1\text{-}6)$$

式中　F——冲裁力；

L——冲裁件受剪切周边长度，mm；

t——冲裁件的料厚，mm；

τ——材料抗剪强度，MPa，τ 值可查附录 A1 得到。

在一般情况下，材料 $\sigma_b \approx 1.2\tau$。为计算方便，冲裁力也可用式（1-7）计算

$$F = Lt\sigma_b \tag{1-7}$$

式中 σ_b——材料的抗拉强度，σ_b 值亦可查附录 A1 得到。

（2）卸料力、推件力、顶件力计算

冲裁时材料在分离前存在着弹性变形，一般情况下，冲裁后的弹性恢复使落料件或冲孔废料卡在凹模内，而坯料或冲孔件则紧箍在凸模上。为了使冲裁工作继续进行，必须及时将箍在凸模上的坯料或冲孔件卸下，将卡在凹模内的落料件或冲孔废料向下推出或向上顶出。

从凸模上卸下坯料或冲孔件所需的力称为卸料力 F_X；从凹模内向下推出落料件或废料所需的力称为推件力 F_T；从凹模内向上顶出落料件或冲孔废料所需的力称为顶件力 F_D。如图 1-10 所示。

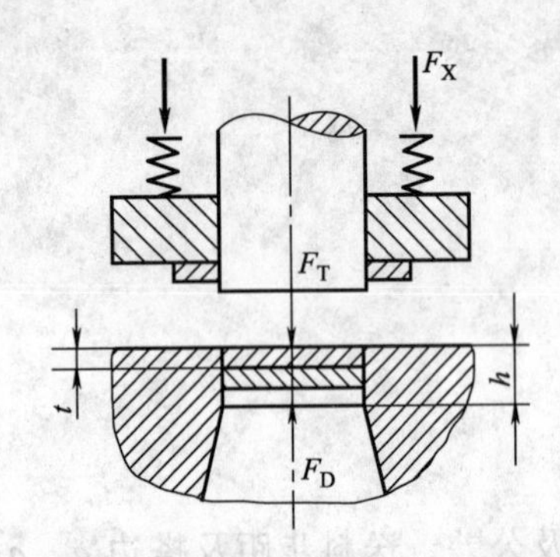

图 1-10 卸料力、推件力、顶件力

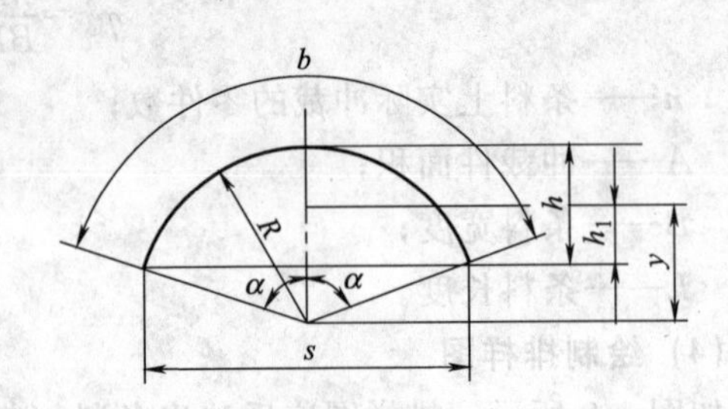

图 1-11 圆弧线段压力中心

在生产实践中，F_X、F_T 和 F_D 常用以下经验公式计算

$$F_X = K_X F \tag{1-8}$$

$$F_T = nK_T F \tag{1-9}$$

$$F_D = K_D F \tag{1-10}$$

式中 F——冲裁力；

K_X——卸料力系数；

K_T——推件力系数；

K_D——顶件力系数；

n——同时卡在凹模内的冲件数，$n=h/t$，其中 h 为凹模直壁刃口的高度，t 为料厚。

当采用锥形刃口时，因无落料件卡在刃口内，故可不计推件力。

K_X、K_T、K_D 可分别由表 1-11 查取。当冲裁件形状复杂、冲裁间隙较小、润滑较差、材料强度高时，应取较大值；反之则应取较小值。

表 1-11 卸料力、推件力和顶件力系数

材料种类及厚度/mm		K_X	K_T	K_D
钢	≤0.1	0.065～0.075	0.1	0.14
	>0.1～0.5	0.045～0.055	0.063	0.08
	>0.5～2.5	0.04～0.05	0.055	0.06
	>2.5～6.5	0.03～0.04	0.045	0.05
	>6.5	0.02～0.03	0.025	0.03
铝及铝合金		0.025～0.08	0.03～0.07	0.003～0.07
紫铜、黄铜		0.02～0.06	0.03～0.09	0.03～0.09

(3) 总冲压力计算

采用刚性卸料装置和下出料方式的总冲压力为

$$F_Z = F + F_T \tag{1-11}$$

采用弹性卸料装置和下出料方式的总冲压力为

$$F_Z = F + F_X + F_T \tag{1-12}$$

采用弹性卸料装置和上出料方式的总冲压力为

$$F_Z = F + F_X + F_D \tag{1-13}$$

根据 F_Z查附录 B1、B2 可确定本次冲压所需的压力机的吨位。

(4) 模具压力中心的确定

模具的压力中心就是总的冲裁力的作用点。为保证压力机和模具的正常工作，应使模具的压力中心与压力机滑块的中心线相重合。

① 简单几何图形压力中心的位置

a. 对称冲件的压力中心，位于冲件轮廓图形的几何中心上。

b. 冲裁直线段时，其压力中心位于直线段的中心。

c. 冲裁如图 1-11 所示的圆弧线段时，其压力中心的位置，按式（1-14）计算

$$y = 180° R\sin\alpha / \pi\alpha = Rs/b \tag{1-14}$$

② 多凸模模具的压力中心　如图 1-12 所示，先将各凸模的压力中心确定后，再计算模具的压力中心，步骤如下。

a. 按比例画出每一个凸模刃口的轮廓位置。

b. 在适当位置画出坐标轴 x，y 。

c. 分别计算各凸模刃口轮廓的压力中心的坐标 x_1、x_2、x_3、…、x_n 和 y_1、y_2、y_3、…、y_n。

d. 分别计算凸模刃口轮廓的周长 L_1、L_2、L_3、…、L_n。

e. 根据力学原理，可得模具压力中心坐标（x_0，y_0）为

$$x_0 = \frac{L_1x_1 + L_2x_2 + \cdots + L_nx_n}{L_1 + L_2 + \cdots + L_n} = \frac{\sum_{i=1}^{n} L_i x_i}{\sum_{i=1}^{n} L_i} \tag{1-15}$$

$$y_0 = \frac{L_1y_1 + L_2y_2 + \cdots + L_ny_n}{L_1 + L_2 + \cdots + L_n} = \frac{\sum_{i=1}^{n} L_i y_i}{\sum_{i=1}^{n} L_i} \tag{1-16}$$

③ 复杂形状零件模具压力中心　如图 1-13 所示，复杂形状零件模具压力中心的计算原理与多凸模冲裁压力中心的计算原理相同。具体步骤如下。

a. 在适当位置画出坐标轴 x，y 。

b. 将组成图形的轮廓划分为若干段，求出各段长度 L_1、L_2、L_3、…、L_n。

c. 确定各段重心坐标 x_1、x_2、x_3、…、x_n 和 y_1、y_2、y_3、…、y_n。

d. 按式（1-15）、式（1-16）计算出模具压力中心坐标（x_0，y_0）。

1.3.4　曲柄压力机的选用

(1) 曲柄压力机的结构及工作原理

图 1-14 所示的是工作台可倾的开式曲柄压力机，图 1-15 所示的是其结构简图。

曲柄压力机主要由床身、传动系统、制动系统和上模紧固装置组成。

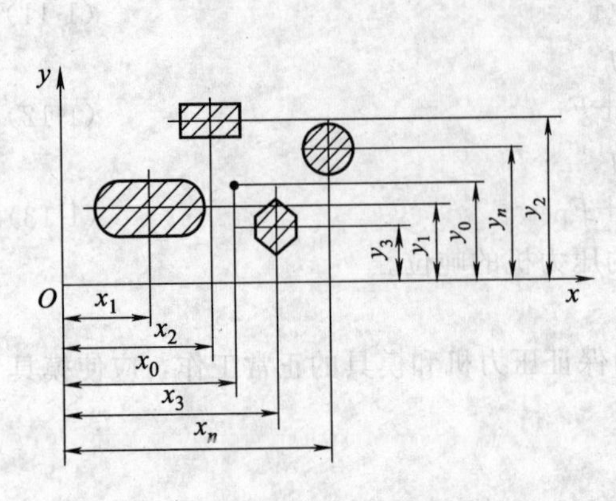

图 1-12 多凸模压力

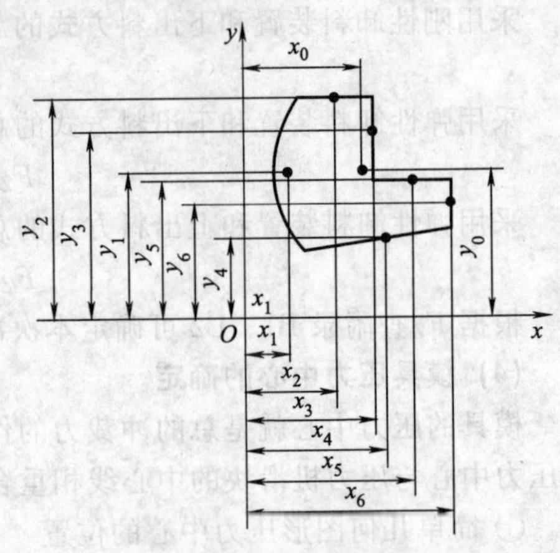

图 1-13 复杂冲裁件压力

图 1-14 可倾开式曲柄压力机

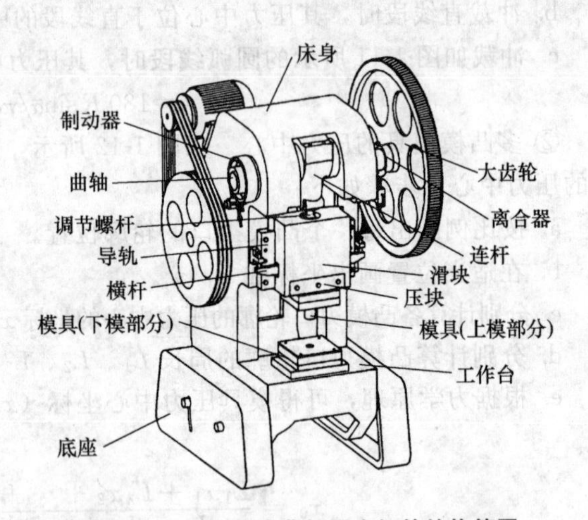

图 1-15 可倾开式曲柄压力机的结构简图

床身是压力机的支架，是其他零部件的安装基础。

传动系统将电动机的转动变成滑块连接的模具的往复冲压运动。运动的传递路线为：电动机→小带轮→传动带→大带轮→传动轴→小齿轮→大齿轮→离合器→曲轴→连杆→滑块→上模。

制动系统可确保离合器脱开时，滑块比较准确地停止在曲轴转动的上死点位置。

上模紧固装置将模具的上模部分固定在滑块上，由压块、紧固螺钉等组成，通过压住模柄来进行固定。

(2) 曲柄压力机的选用

选用压力机时，必须考虑下列主要技术参数。

① 公称压力：为保证有足够的冲压力，冲裁时压力机的吨位应比计算的总冲压力大30%左右。

② 行程长度：取大于工件高（或料厚）5～10mm。

③ 行程次数：应根据材料的变形要求和生产率来考虑。

④ 工作台面尺寸：工作台面长、宽尺寸应大于模具下模座尺寸，并每边留出 60～

100mm，以便固定模座。

⑤ 滑块模柄孔尺寸：模柄孔尺寸要与模柄直径相适应，模柄孔深度应大于模柄长度约 15mm。

⑥ 压力机闭合高度：如图 1-16 所示，压力机闭合高度应保证

$$H_{min}-H_1+10\text{mm}\leqslant H\leqslant H_{max}-H_1-15\text{mm} \tag{1-17}$$

式中　H——模具闭合高度；

H_{min}——压力机的最小闭合高度；

H_{max}——压力机的最大闭合高度；

H_1——垫板厚度。

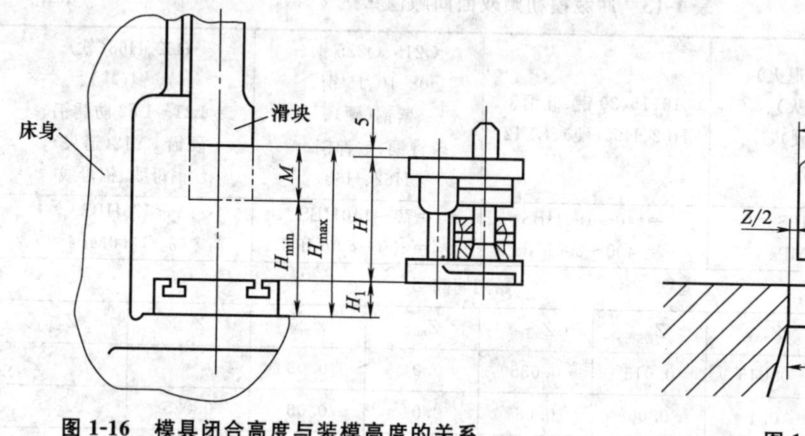

图 1-16　模具闭合高度与装模高度的关系

图 1-17　冲裁间隙

1.3.5 冲裁间隙选用

如图 1-17 所示，冲裁间隙是指冲裁模的凸模和凹模刃口之间的尺寸之差。单边间隙用 $Z/2$ 表示，双边间隙用 Z 表示。

冲裁模双边间隙为

$$Z=D_d-D_p \tag{1-18}$$

式中　D_p——冲裁模凸模刃口尺寸，mm；

D_d——冲裁模凹模刃口尺寸，mm。

考虑到模具制造中的偏差及使用中的磨损，生产中通常是选择一个适当的范围作为合理间隙。所谓合理的间隙，就是指采用这一间隙进行冲裁时，能够得到令人满意的工件断面质量，较高的尺寸精度和使冲裁力（卸料力和推件力）最小，并使模具有较长的使用寿命。

这个范围的最小值称为最小合理间隙，最大值称为最大合理间隙。由于模具在使用过程中会逐步磨损，设计和制造新模具时应采用最小合理间隙。

生产实际中，根据材料种类及厚度查表 1-12 或表 1-13 可以得到合理冲裁间隙。

表 1-12　冲裁模初始双面间隙值 Z（按材料厚度取值）　mm

材　料	间　隙	材　料	间　隙
纯铁	(6%～9%)t	硅钢片	(7%～11%)t
软钢	(6%～9%)t	不锈钢	(7%～11%)t
硬钢	(8%～12%)t	铜(软质)	(6%～10%)t

续表

材　料	间　隙	材　料	间　隙
铜(硬质)	(6%～10%)t	铝(软质)	(5%～8%)t
黄铜(硬质)	(6%～10%)t	铝合金(硬质)	(6%～10%)t
黄铜(软质)	(6%～10%)t	铝合金(软质)	(6%～10%)t
磷青铜	(6%～10%)t	铅	(6%～9%)t
白铜	(6%～10%)t	高导磁合金	(5%～8%)t
铝(硬质)	(6%～10%)t		

表 1-13　冲裁模初始双面间隙值 Z　　mm

材料名称	45、T7、T8(退火)、65Mn(退火)、磷青铜(硬)、铍青铜		10、15、20 钢、硅钢、H62、H65(硬)、LY12		Q215、Q225 钢、08、10、15 钢、紫铜(硬)、磷青铜、铍青铜*、H62、H68		H62、H68(软)、紫铜(软)、L21～LF2 防锈铝、硬铝 LY12(退火)、铜母线、铝母线	
力学性能	≥190HBS σ_b≥600MPa		=140～190HBS σ_b=400～600MPa		=70～140HBS σ_b=300～400MPa		≤70HBS σ_b≤300MPa	
板料厚度 t	始用间隙 Z							
	Z_{min}	Z_{max}	Z_{min}	Z_{max}	Z_{min}	Z_{max}	Z_{min}	Z_{max}
0.2	0.025	0.045	0.015	0.035	0.01	0.03	*	—
0.5	0.08	0.1	0.06	0.08	0.04	0.06	0.025	0.045
0.8	0.13	0.16	0.10	0.13	0.07	0.10	0.045	0.075
1.0	0.17	0.20	0.13	0.16	0.10	0.13	0.065	0.095
1.2	0.21	0.24	0.16	0.19	0.13	0.16	0.075	0.105
1.5	0.27	0.31	0.21	0.25	0.15	0.19	0.10	0.14
1.8	0.34	0.38	0.27	0.31	0.20	0.24	0.13	0.17
2.0	0.38	0.42	0.30	0.34	0.22	0.26	0.14	0.18
2.5	0.49	0.55	0.39	0.45	0.29	0.35	0.18	0.24
3.0	0.62	0.68	0.49	0.55	0.36	0.42	0.23	0.29
3.5	0.73	0.81	0.58	0.66	0.43	0.51	0.27	0.35
4.0	0.86	0.94	0.68	0.76	0.50	0.58	0.32	0.40
4.5	1.00	1.08	0.78	0.86	0.58	0.66	0.37	0.45
5.0	1.13	1.23	0.9	1.00	0.65	0.75	0.42	0.52
6.0	1.40	1.50	1.10	1.20	0.82	0.92	0.53	0.63
8.0	2.00	2.12	1.60	1.72	1.17	1.29	0.76	0.88

注：1. Z_{min}应视为公称间隙。

2. 有*处均系无间隙。

1.3.6　凸、凹模刃口尺寸计算

(1) 凸、凹模刃口尺寸计算原则

① 先确定基准件

落料：以凹模为基准，间隙取在凸模上。

冲孔：以凸模为基准，间隙取在凹模上。

② 考虑冲模的磨损规律

落料模：凹模基本尺寸应取接近工件的最小极限尺寸。

冲孔模：凸模基本尺寸应取接近工件的最大极限尺寸。

③ 凸、凹模刃口制造公差应合理 形状简单的刃口制造偏差，按 IT6～IT7 级或查表 1-14 选取；形状复杂的刃口制造偏差，取冲裁件相应部位公差的 1/4；对刃口尺寸磨损后无变化的制造偏差，取冲裁件相应部位公差的 1/8 并冠以（±）。

④ 冲裁间隙采用最小合理间隙值（Z_{min}） 凸、凹模磨损到一定程度情况下，仍能冲出合格制件。

⑤ 尺寸偏差应按“入体”原则标注 落料件上偏差为零，下偏差为负；冲孔件上偏差为正，下偏差为零。

(2) 凸、凹模刃口尺寸计算方法

① 分别加工法 分别加工法即根据冲裁零件尺寸和凸、凹模的最小间隙值分别计算出凸模和凹模的尺寸，然后按计算出的尺寸分别加工出凸、凹模，即可保证合理间隙。分别加工法适用于形状简单（如圆形，矩形）的凸、凹模尺寸的计算，可按式（1-19）～式（1-26）计算凸、凹模刃口尺寸。

a. 落料

凹模刃口尺寸：
$$D_d=(D_{max}-x\Delta)^{+\delta_d}_{0} \tag{1-19}$$

凸模刃口尺寸：
$$D_p=(D_d-Z_{min})^{0}_{-\delta_p}=(D_{max}-x\Delta-Z_{min})^{0}_{-\delta_p} \tag{1-20}$$

b. 冲孔

凸模刃口尺寸：
$$d_p=(d_{min}+x\Delta)^{0}_{-\delta_p} \tag{1-21}$$

凹模刃口尺寸：
$$d_d=(d_p+Z_{min})^{+\delta_d}_{0}=(d_{min}+x\Delta+Z_{min})^{+\delta_d}_{0} \tag{1-22}$$

c. 孔心距
$$L_d=L\pm\Delta/8 \tag{1-23}$$

d. 冲模的制造公差与冲裁间隙之间应满足
$$\delta_d+\delta_p\leqslant Z_{max}-Z_{min} \tag{1-24}$$

或取：
$$\begin{cases}\delta_d=0.6(Z_{max}-Z_{min}) & (1\text{-}25)\\ \delta_p=0.4(Z_{max}-Z_{min}) & (1\text{-}26)\end{cases}$$

式中 D_d——落料凹模基本尺寸，mm；

D_p——落料凸模基本尺寸，mm；

D_{max}——落料件最大极限尺寸，mm；

d_d——冲孔凹模基本尺寸，mm；

d_p——冲孔凸模基本尺寸，mm；

d_{max}——冲孔的最小极限尺寸，mm；

L_d——凹模孔心距基本尺寸，mm；

L——制件孔心距基本尺寸，mm；

Δ——制件公差，mm；

Z_{min}——凸模、凹模最小初始双面间隙，mm；

δ_p，δ_d——凸模、凹模的制造偏差，mm，见表 1-14；

x——磨损系数，与工件制造精度有关，按下列规定取值，公差等级为 IT1～

IT10 时，取 $x=1$；当制件公差等级为 IT11～IT13 时，取 $x=0.75$；当制件公差等级为 IT14 或以下时，取 $x=0.5$。

表 1-14　规则形状冲裁模凸、凹模制造偏差　mm

基本尺寸	δ_p	δ_d	基本尺寸	δ_p	δ_d
≤18	−0.020	+0.020	>180～260	−0.020	+0.045
>18～20	−0.020	+0.025	>260～260	−0.025	+0.050
>20～80	−0.020	+0.020	>260～500	−0.040	+0.060
>80～120	−0.025	+0.025	>500	−0.050	+0.070
>120～180	−0.020	+0.040			

② 配作法　配作法适用于形状复杂的凸、凹模刃口尺寸的计算，先按零件尺寸和公差计算并制造出凹模或凸模中的一个（基准件），然后以此为基准再按最小合理间隙配作另一件。因此，配作法只需计算基准件（冲孔时为凸模，落料时为凹模）基本尺寸及公差，另一件不需标注尺寸，仅注明“相应尺寸按凸模（或凹模）配作，保证双面间隙在 Z_{min}～Z_{max}之间”即可。

应用配作法时需先分析凸、凹模刃口尺寸经磨损后的变化规律，然后可按式（1-27）～式（1-29）计算凸、凹模刃口尺寸。

a. 磨损后变大的尺寸：图 1-18 中的 a_{p1}、a_{p2}；图 1-19 中的 A_{d1}、A_{d2}、A_{d3}。采用分开加工时的落料凹模尺寸计算公式为

$$A_j=(A_{max}-x\Delta)^{+\frac{1}{4}\Delta}_{0} \tag{1-27}$$

b. 磨损后变小的尺寸：图 1-18 中的 b_{p1}、b_{p2}、b_{p3}；图 1-19 中的 B_{d1}、B_{d2}。采用分开加工时的冲孔凸模尺寸计算公式为

$$B_j=(B_{min}+x\Delta)^{0}_{-\frac{1}{4}\Delta} \tag{1-28}$$

c. 磨损后不变的尺寸：图 1-18 中的 c_{p1}、c_{p2}；图 1-19 中的 C_{d1}、C_{d2}。采用分开加工时的孔心距尺寸计算公式为

$$C_j=(C_{min}+\frac{1}{2}\Delta)\pm\frac{1}{8}\Delta \tag{1-29}$$

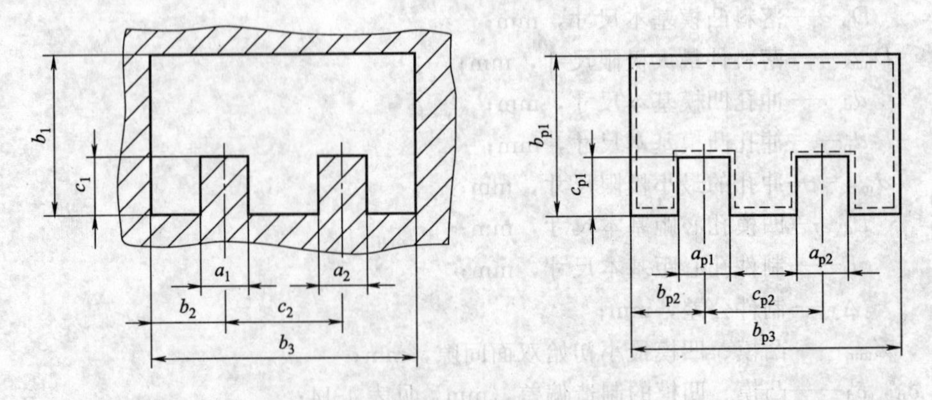

图 1-18　孔及冲孔凸模磨损情况

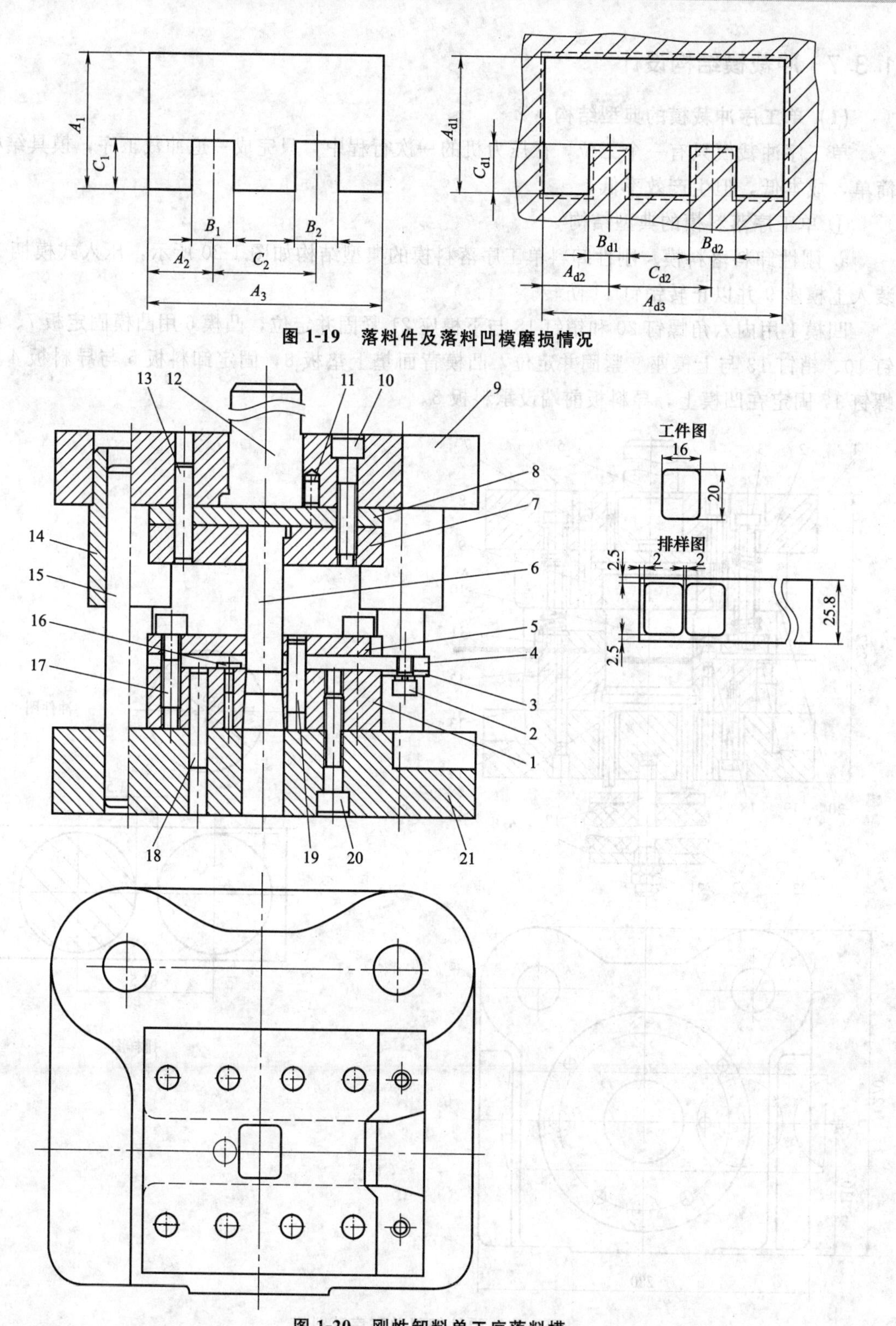

图 1-19 落料件及落料凹模磨损情况

图 1-20 刚性卸料单工序落料模

1—凹模；2,10,17,20—螺钉；3—承料板；4—导料板；5—固定卸料板；6—凸模；7—凸模固定板；8—凸模垫板；9—上模座；11,13,18,19—销钉；12—压入式模柄；14—导套；15—导柱；16—挡料销；21—下模座

1.3.7 冲裁模结构设计

(1) 单工序冲裁模的典型结构

单工序冲裁模只有一个工位，在压力机的一次行程中，只完成一道冲裁工序，模具结构简单，成本低，但生产效率低。

① 单工序落料模的典型结构

a. 刚性卸料落料模　刚性卸料单工序落料模的典型结构如图 1-20 所示，压入式模柄 12 装入上模座 9 并以止转销钉 11 防转。

凹模 1 用内六角螺钉 20 和销钉 18 与下模座 21 紧固并定位，凸模 6 用凸模固定板 7、螺钉 10、销钉 13 与上模座 9 紧固并定位，凸模背面垫上垫板 8，固定卸料板 5 与导料板 4 用螺钉 17 固定在凹模上，导料板前端设承料板 3。

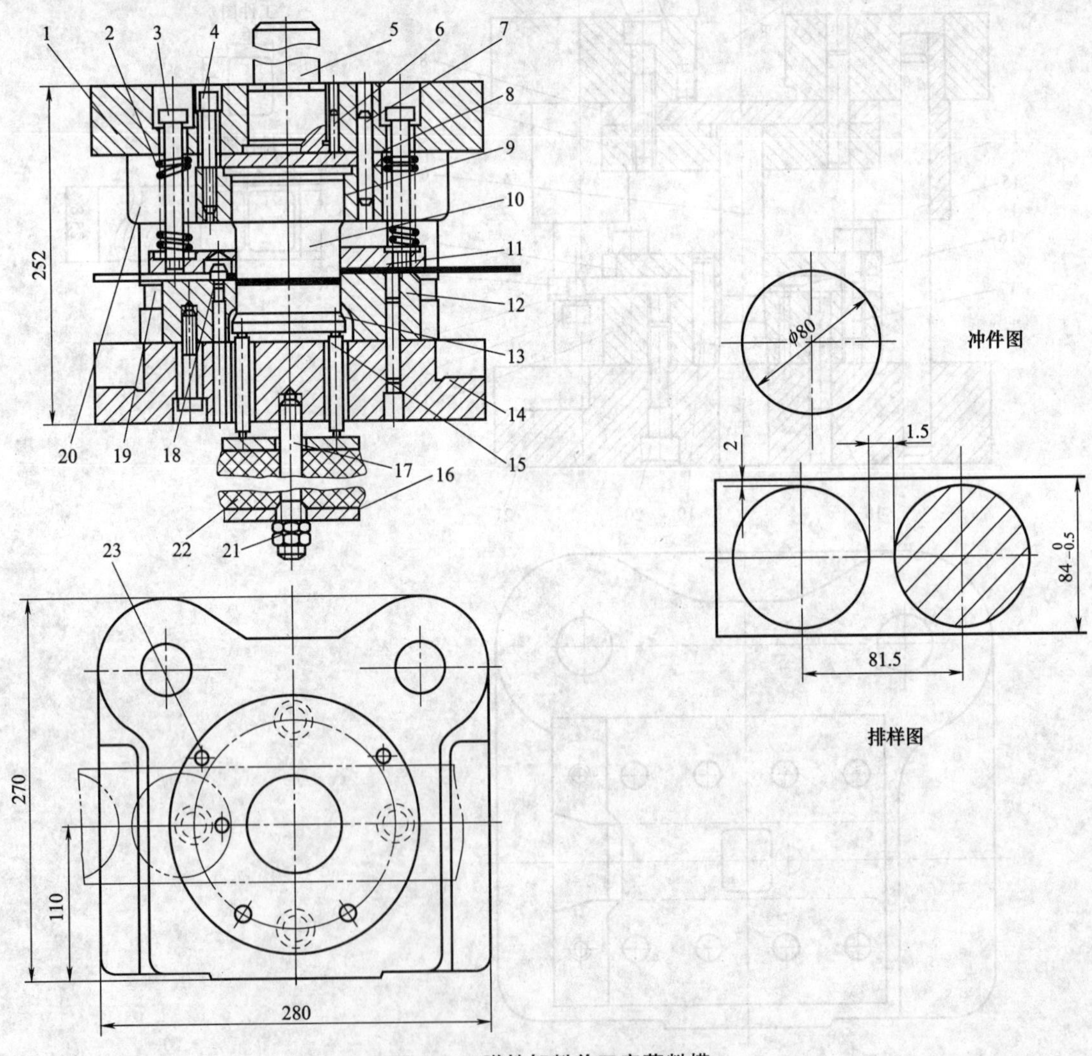

图 1-21　弹性卸料单工序落料模

1—上模座；2—弹簧；3—卸料螺钉；4—内六角螺钉；5—模柄；6—止转销钉；7—销钉；8—凸模垫板；9—凸模固定板；10—落料凸模；11—弹压卸料板；12—凹模；13—顶件块；14—下模座；15—顶杆；16—顶板；17—双头螺钉；18—挡料销；19—导柱 20—导套；21—固定螺母；22—橡胶；23—导料销

将条料沿着导料板 4 从右向左送进至条料料头顶住固定挡料销 16，模具的上模部分向下运动，在凸模 6 运动到最低位置时，条料被凸、凹模冲剪，工件与条料分离，并被凸模 6 推出凹模 1，此时压力机滑块刚好在下止点，冲裁过程完成。

上模回程时，固定卸料板 5 把箍在凸模 6 上的边料刮下，为下一次冲裁做好准备。

刚性卸料落料模一般用于冲裁板料较厚（厚度大于 0.5mm）、平直度要求不高的冲裁件。

b. 弹性卸料落料模　当板料较薄（厚度小于 0.5mm）、平直度要求较高时，一般采用弹性卸料。弹性卸料单工序落料模的典型结构如图 1-21 所示。

压入式模柄 5 装入上模座 1 并以止转销钉 6 防止其转动。凹模 12 用内六角螺钉和销钉与下模座 14 紧固并定位，落料凸模 10 用凸模固定板 9、螺钉、销钉与上模座 1 紧固并定位，凸模背面垫上垫板 8。

将条料沿着后侧两个导料销 23 从右向左送进至条料料头顶住挡料销 18，模具的上模部分向下运动完成冲裁，此时压力机滑块刚好在下止点。

弹压卸料装置由卸料板 11、卸料螺钉 3 和弹簧 2 组成。在凸、凹模进行冲裁工作之前，

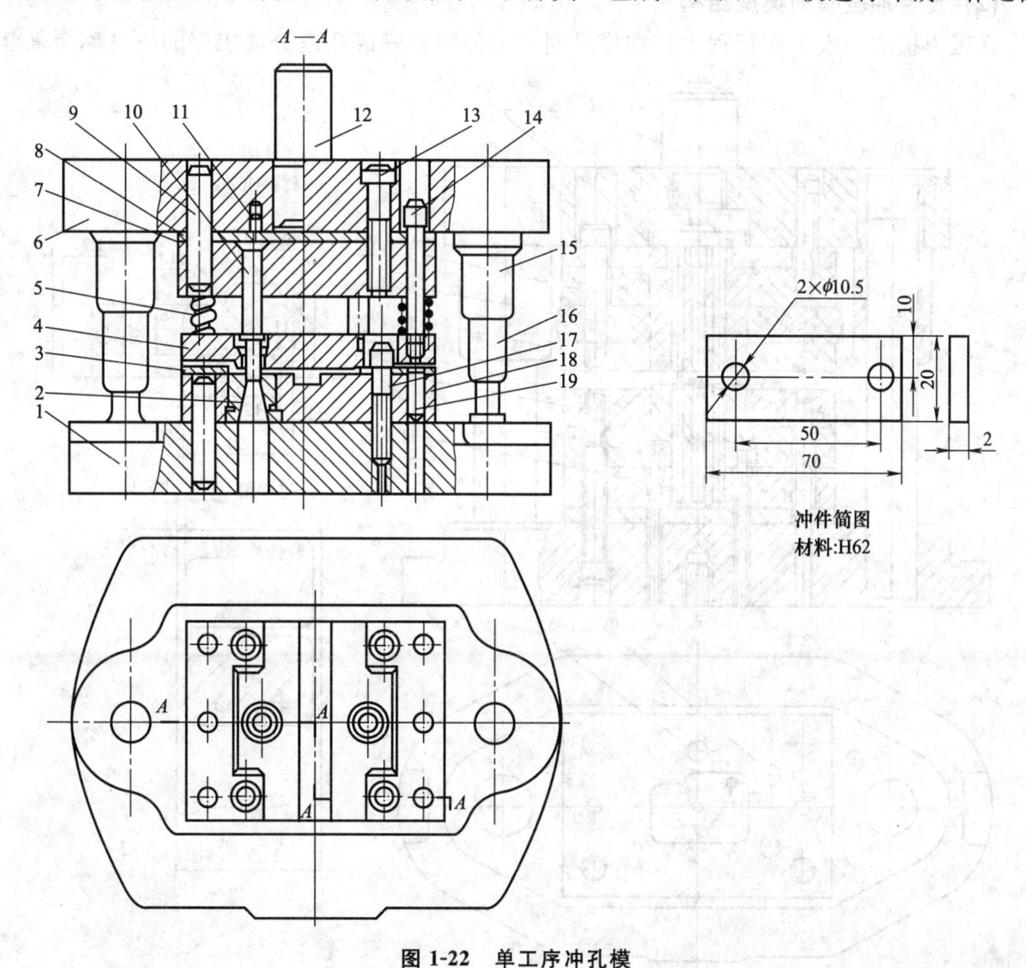

图 1-22　单工序冲孔模

1—下模座；2—凹模；3—定位板；4—弹压卸料板；5—弹簧；6—上模座；7—凸模固定板；8—垫板；9,11,19—定位销钉；10—凸模；12—模柄；13,17—螺钉；14—卸料螺钉；15—导套；16—导柱；18—凹模固定板

由于弹簧力的作用，卸料板先压住条料，上模继续下行时进行冲裁分离，此时弹簧被继续压缩。上模回程时，弹簧恢复，推动卸料板把箍在凸模上的边料卸下。

卡在凹模 12 中的落料件由顶件装置顶出。顶件装置由顶件块 13、顶杆 15、顶板 16、橡胶 22、双头螺钉 17、固定螺母 21 组成。冲裁前，顶块高出凹模上平面约 0.5mm，冲裁时，橡胶 22 被压缩，冲裁结束后，上模回程，橡胶恢复，推动顶件块将落料件顶出凹模。

② 单工序冲孔模的典型结构　单工序冲孔模的典型结构如图 1-22 所示。

冲件上的 2 个孔一次全部冲出。模具用定位板 3 对坯料进行外形定位，上模部分由压力机滑块带动向下运动，弹压卸料板 4 首先将坯料压住，上模部继续向下运动，在凸模 10 运动到最低位置时，坯料被凸、凹模冲剪，废料与坯料分离，并被凸模 10 推出凹模 2，此时压力机滑块刚好在下止点，冲孔过程完成。

上模回程时，弹性卸料装置将工件从冲孔凸模上卸下。弹性卸料装置由弹压卸料板 4、弹簧 5、卸料螺钉 14 组成，除卸料作用外，弹性卸料装置还可保证冲孔零件的平整，提高零件的质量。

(2) 复合冲裁模的典型结构

在压力机的一次工作行程中，在模具同一工位同时完成几道分离工序的模具称为复合冲

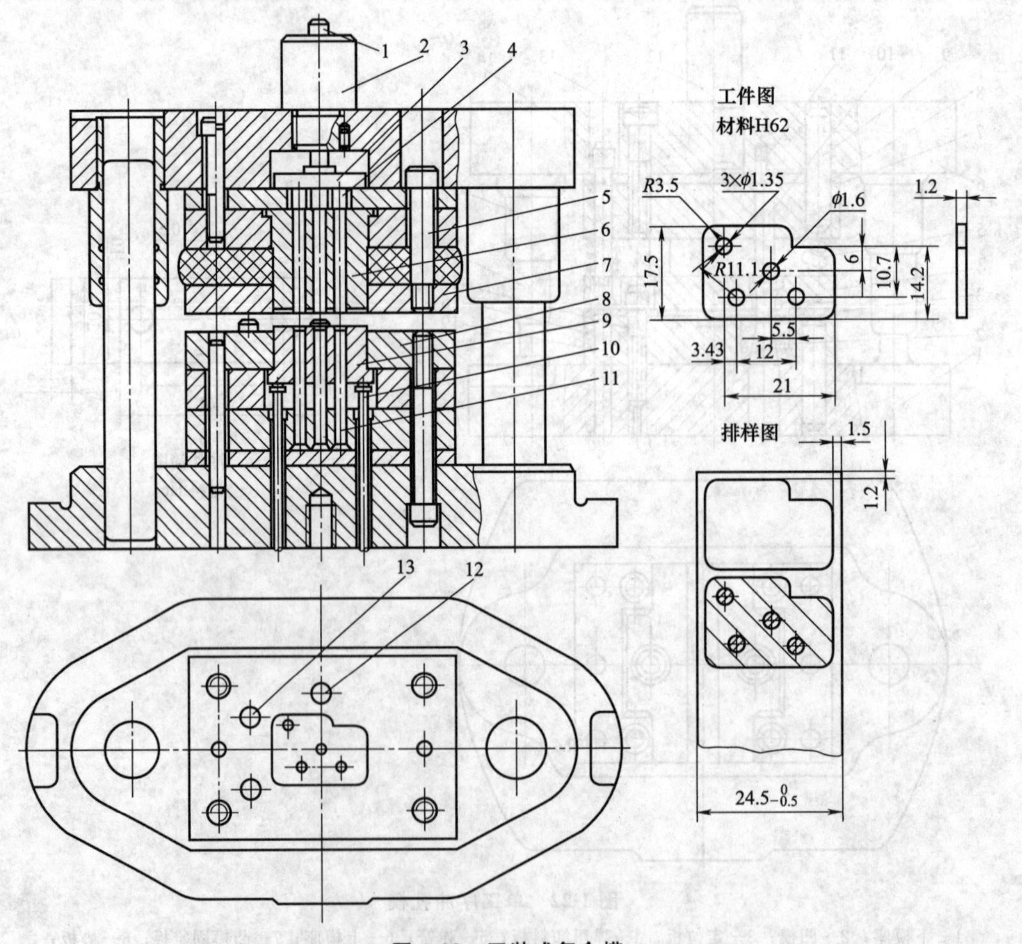

图 1-23　正装式复合模

1—打杆；2—模柄；3—推板；4—推杆；5—卸料螺钉；6—凸凹模；7—弹压卸料板；8—落料凹模；9—顶件块；10—带肩顶杆；11—冲孔凸模；12—挡料销；13—导料销

裁模。复合冲裁模的特点是：结构紧凑，生产率高，冲件精度高，特别是冲裁件孔相对外形的位置精度容易保证。

但复合模结构复杂，对模具零件精度及模具装配精度要求高，使加工成本提高，主要用于批量大、精度要求高的冲裁件。

① 正装式复合模的典型结构　如图 1-23 所示，凸凹模 6 安装在上模，其外形为落料的凸模，内孔为冲孔的凹模。工作时，弹压卸料板 7 将卡在凸模上的废料卸下，并起压料的作用，因此，冲出的工件平整。顶件块 9 在弹顶装置的作用下，把卡在落料凹模 8 内的工件顶出。打料装置有打杆 1、推板 3、推杆 4 组成，通过推杆 4 从凸凹模 6 的孔中推出冲孔废料。因此，正装式复合模共有三套打料装置，结构较为复杂。

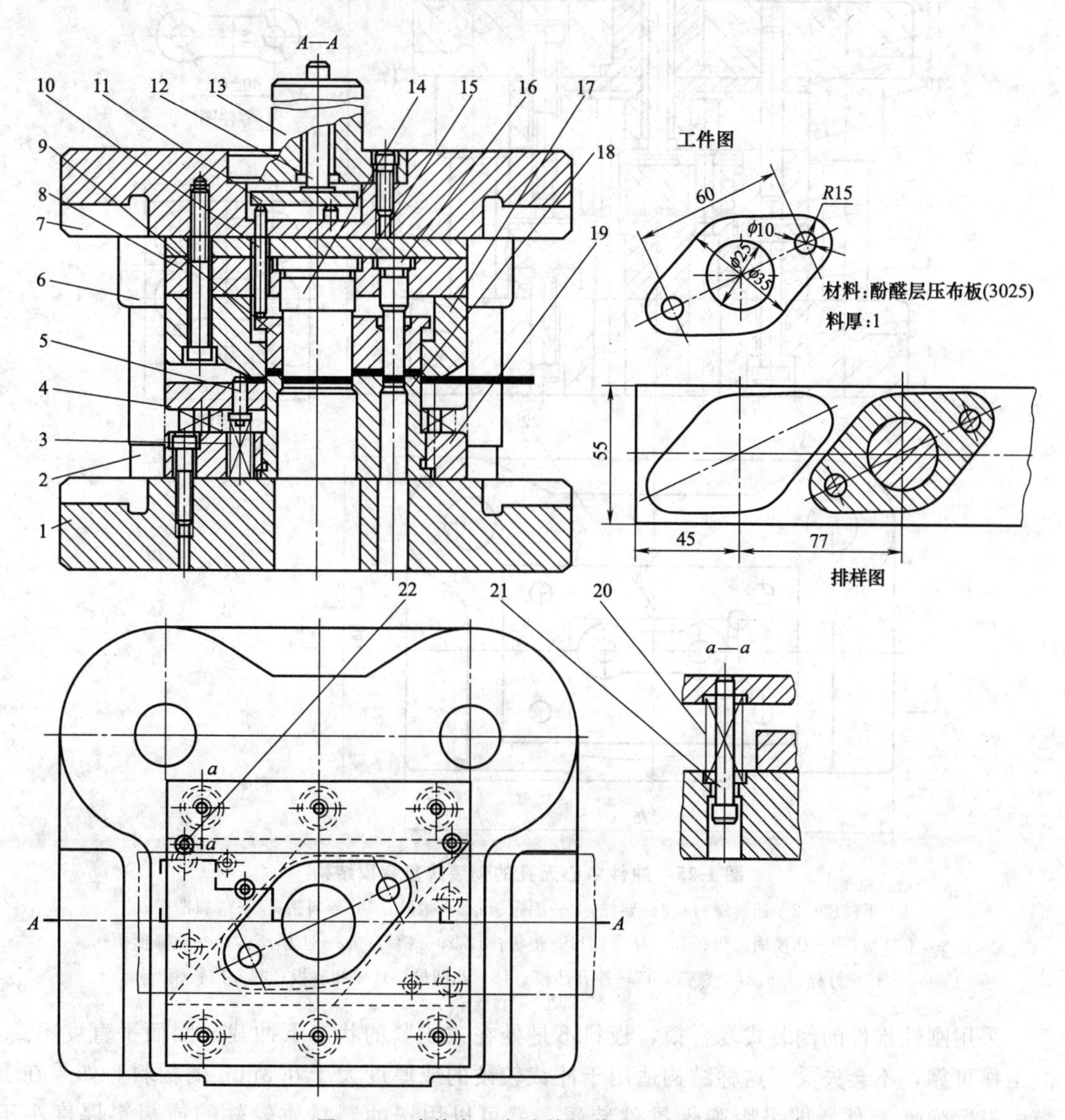

图 1-24　冲件中心有孔的倒装式复合模结构

1—下模座；2—导柱；3,20—弹簧；4—卸料板；5—活动挡料销；6—导套；7—上模座；8—凸模固定板；9—推件块；10—连接推杆；11—推板；12—打杆；13—模柄；14,16—冲孔凸模；15—垫板；17—落料凹模；18—凸凹模；19—固定板；21—卸料螺钉；22—导料销

② 倒装式复合模典型结构　冲件中心有孔的倒装式复合模的结构如图 1-24 所示。模具的凸凹模 18 装在下模，它的外轮廓起落料凸模的作用，而内孔起冲孔凹模的作用。

图 1-25 所示的复合模结构与图 1-24 所示的复合模的结构类似。由于模具的冲孔凸模不在模具中心，因此推件块可由打杆直接推动，不需要安装推板和连接杆。其次，由于不需要安装推板，因此采用了压入式模柄。

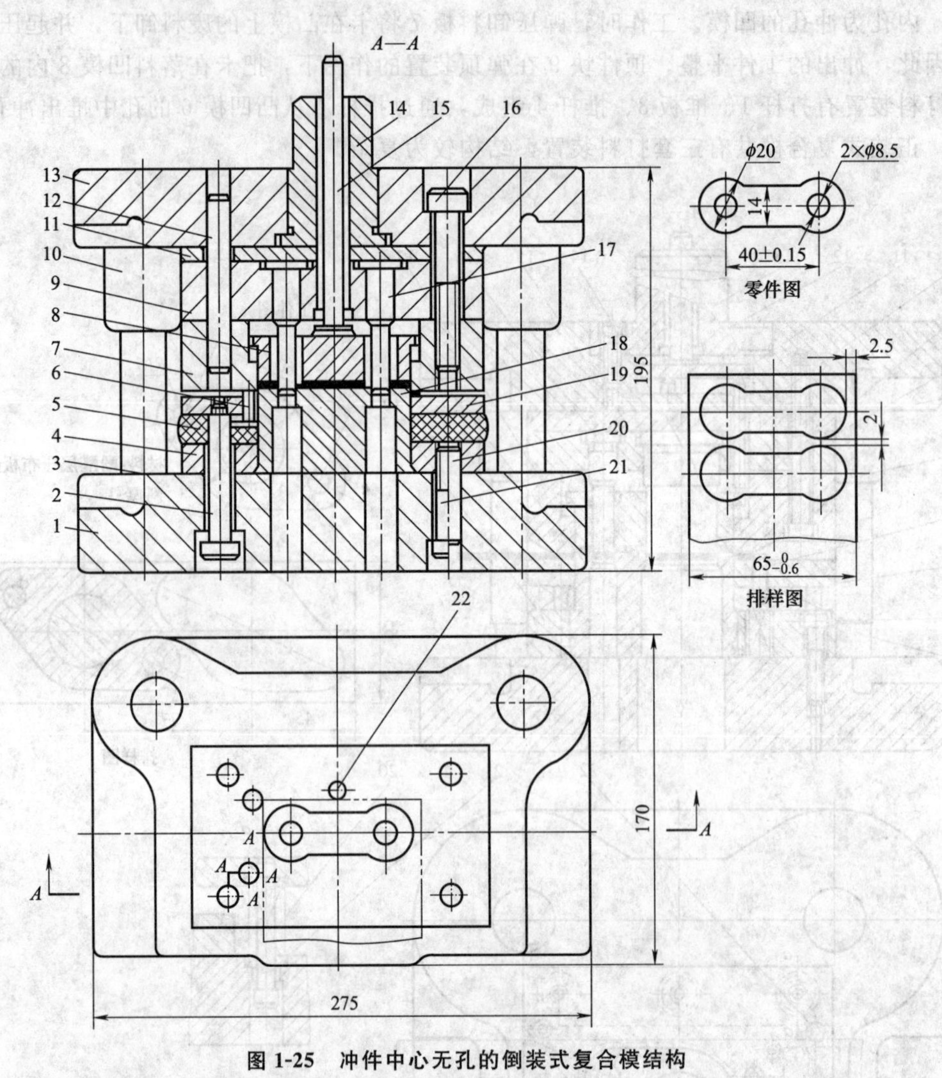

图 1-25　冲件中心无孔的倒装式复合模结构

1—下模座；2—卸料螺钉；3—导柱；4—固定板；5—橡胶；6—导料销；7—落料凹模；8—推件块；9—凸模固定板；10—导套；11—垫板；12,20—销钉；13—上模座；14—凸缘模柄；15—打杆；16,21—螺钉；17—冲孔凸模；18—凸凹模；19—卸料板；22—挡料销

采用刚性推件的倒装式复合模，板料不是处在被压紧的状态下冲裁，因而平直度不高，但工作可靠，不会失灵。这种结构适用于冲裁较硬的或厚度大于 0.3mm 的板料。如果在上模内设置弹性元件，即采用弹性推件装置，就可以用于冲制材质较软的或板料厚度小于 0.3mm，且平直度要求较高的冲裁件。

（3）级进冲裁模典型结构

级进冲裁产品的内孔与外形的相对位置精度比复合冲裁的要低，但级进冲裁模对产品的孔边距没有要求，且生产效率高。因此，当冲件的孔边距较小，不宜采用复合模时，可采用级进冲裁模。

① 挡料销和导正销定距的级进模　挡料销和导正销定距的级进模典型结构如图 1-26 所示。

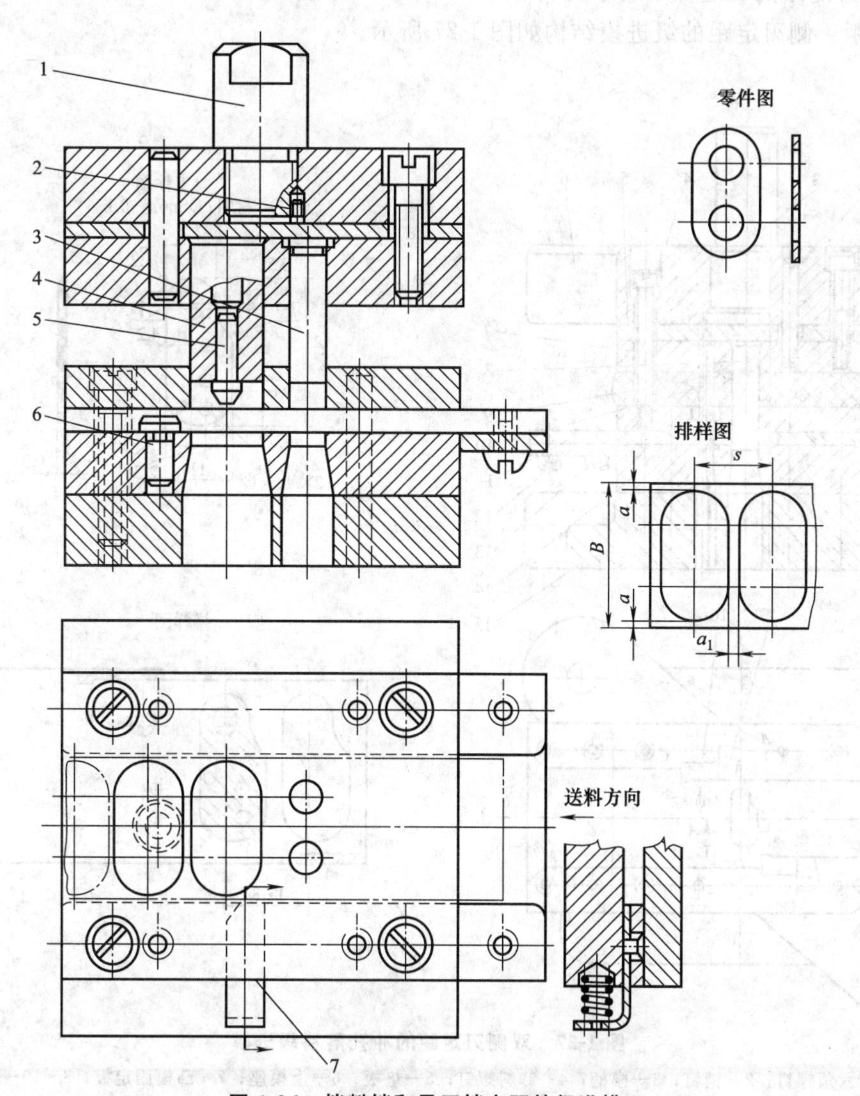

图 1-26　挡料销和导正销定距的级进模

1—模柄；2—螺钉；3—冲孔凸模；4—落料凸模；5—导正销；6—固定挡料销；7—始用挡料销

冲裁时，始用挡料销 7 挡首件，上模下压，凸模 3（两个）先将两个孔冲出，条料继续送进时，由固定挡料销 6 挡料，进行外形落料。此时，挡料销 6 只对步距起一个初步定位的作用。落料时，装在凸模 4 上的导正销 5 先进入已冲好的孔内，使孔与制件外形有较准确的相对位置，由导正销精确定位，控制步距。此模具在落料的同时冲孔工步也在冲孔，即下一个制件的冲孔与前一个制件的落料是同时进行的，这样就使冲床每一个行程均能冲出一个制件。

这种定距方式多用于较厚板料、冲件上有孔、精度低于 IT12 级的冲件冲裁。它不适用于软料或板厚 $t<0.5$mm 的冲件。

为了使导正销工作可靠，避免折断，导正销的直径一般应大于 2mm。孔径小于 2mm 的孔不宜用导正销导正，可在条料上的废料部分冲出直径大于 2mm 的工艺孔，利用装在凸模固定板上的导正销导正。

② 侧刃定距的级进模　对于薄料（$t<0.5$mm）或不方便采用挡料销定距的冲裁，可采用侧刃定距。侧刃定距的级进模结构如图 1-27 所示。

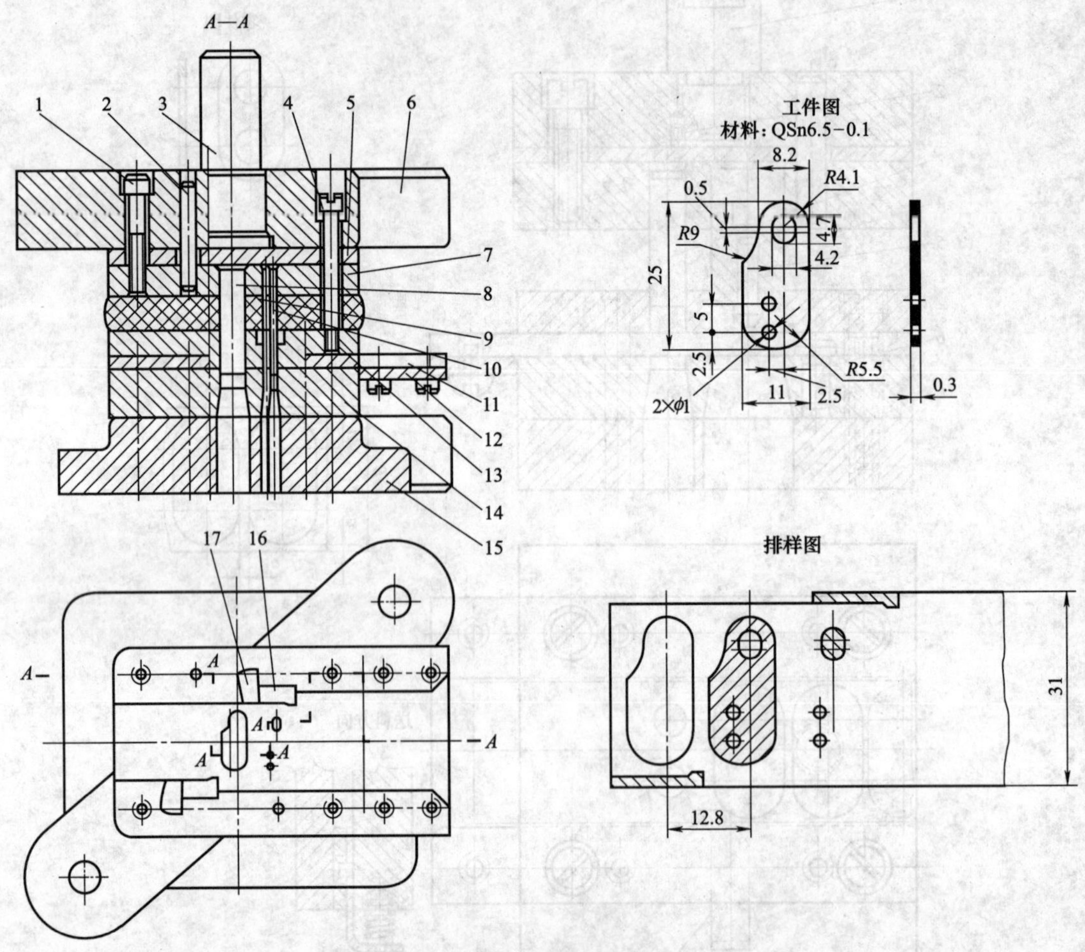

图 1-27　双侧刃定距的冲孔落料级进模

1—内六角螺钉；2—销钉；3—模柄；4—卸料螺钉；5—垫板；6—上模座；7—凸模固定板；8～10—凸模；11—导料板；12—承料板；13—卸料板；14—凹模；15—下模座；16—侧刃；17—侧刃挡块

在凸模固定板上，除装有一般的冲孔、落料凸模外，还装有特殊的凸模——侧刃。侧刃断面的长度等于送料步距，在压力机的每次行程中，侧刃在条料的边缘冲下一块长度等于步距的料边。由于侧刃前后导料板之间的宽度不同，前宽后窄，只有在侧刃切去一个长度等于步距的料边而使其宽度减少之后，条料才能再向前推进一个步距，从而保证了孔与外形相对位置的正确。

也可以采用单侧刃定距，这时当条料冲到最后一件的孔时，条料的狭边被冲完，于是在条料上不再存在凸肩，在落料时无法再定位，所以末件是废品。如果连续模在 n 个步距内工作，则将有（$n-1$）个成品失去定位。若采用错开排列的双侧刃，如图 2-27 所示，一个侧刃排在第一个工作位置或其前面；另一个侧刃排在最后一个工作位置或其后面，则可避免条料末端的浪费。图 1-27 中的第二个侧刃安排在落料工位之后是考虑凹模的强度问题。

在一般情况下，侧刃定距的定距精度比导正销低，所以有些级进模将侧刃与导正销联合使用。这时用侧刃作粗定位，用导正销作精定位。侧刃断面的长度应略大于送料步距，使导正销有导正的余地。

1.3.8 工作零件设计

(1) 凸模

① 圆凸模　圆凸模结构已标准化，分 A 型和 B 型两种，A 型凸模多用于刃口直径 $D<3$mm 情形。设计时可查附录 E1、E2 选购，也可按图 1-28、表 1-15 的规定进行设计，相关模板的结构尺寸见表 1-16。

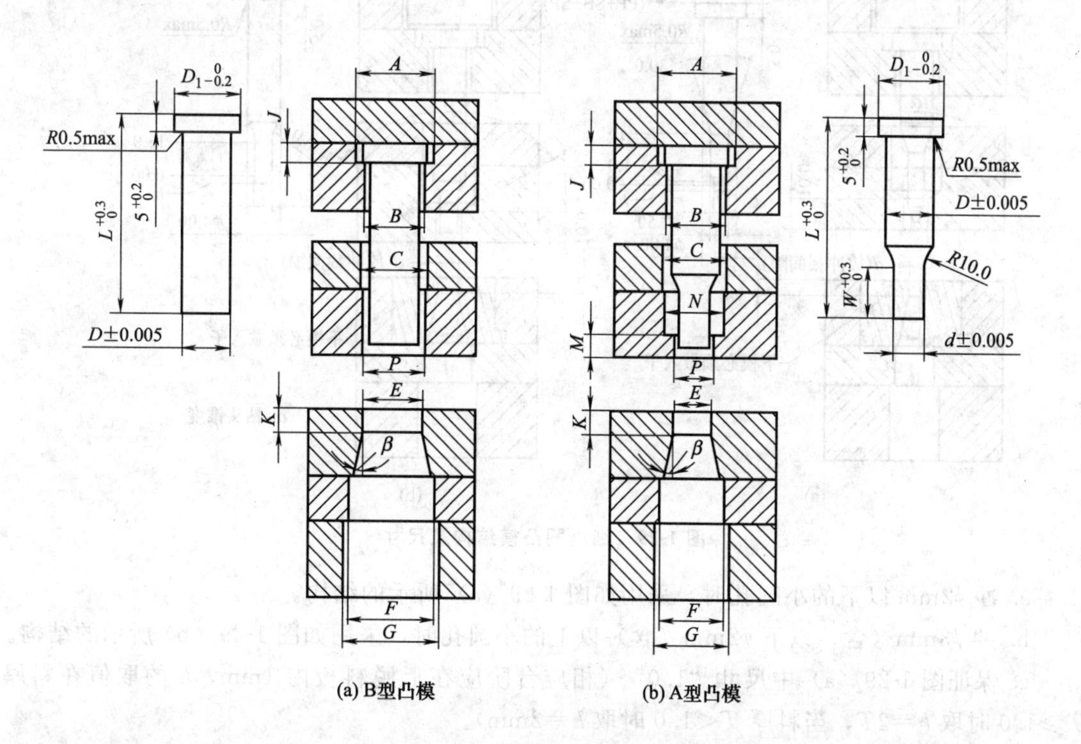

图 1-28　圆凸模结构及尺寸

表 1-15　标准圆凸模规格

凸模类型	B 型凸模					A 型凸模			
凸模尺寸	$d=\phi3.5$	$d=\phi4$	$d=\phi5$	$d=\phi6$	$d\geqslant\phi8$	$d<\phi4$	$\phi4<d<\phi5$	$\phi5<d<\phi6$	$\phi6<d<\phi8$
D	$\phi3.5$	$\phi4$	$\phi5$	$\phi6$	d	$\phi4$	$\phi5$	$\phi6$	$\phi8$
d						d	d	d	d
D_1	$\phi6$	$\phi6$	$\phi7$	$\phi8$	$\phi(D+3)$（四舍五入）	$\phi6$	$\phi7$	$\phi8$	$\phi11$

注：1. d 值是指冲孔直径（一般以 0.1mm 为一阶，如 $\phi3.4$、$\phi3.5$ 等，但在产品图上有特殊公差要求的圆孔除外）。

2. L 取值为 40、50、60、70，在选择模板厚度时，要考虑相应的 L 值。

3. A 型凸模的 W 取值与模板的 M 取值一起保证开模时能良好导向，闭模时 $R10$ 圆弧段与模板导向部分（M 段）不干涉。

4. D_1 值：$D<\phi8$ 时，$D_1=(D+2)$；$D\geqslant\phi8$ 时，$D_1=(D+3)$，D_1 四舍五入成整数。

表 1-16　相关模板的结构尺寸

模板名称	凸模固定板 PP			卸料背板 SB	卸料板 SP		凹模板 DB				下垫板 CB	下模座 DD
模板尺寸	A	B	J	C	P	M	N	E	K	β	F	G
基本尺寸（绘图尺寸）	D_1+2	D	5.5	$D+2$	d	≥5	$D+2$	d	3.0 (2.0)	1.0°	$d+2$	$d+3$

② 细小圆凸模　细小圆凸模的结构如图 1-29 所示，可按以下规则进行设计。

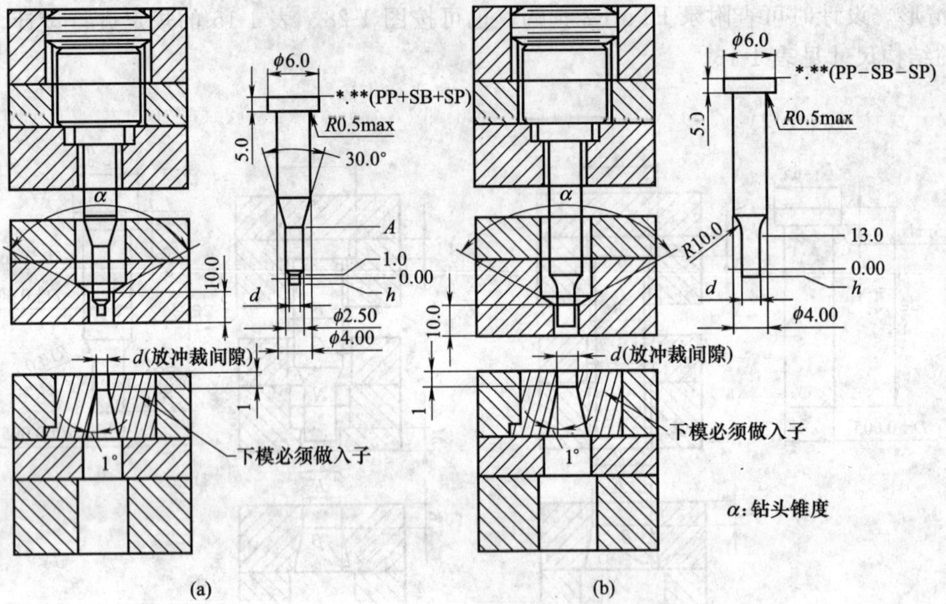

图 1-29　细小圆凸模结构及尺寸

a. 冲 ϕ2mm 以下的小圆孔时，采用如图 1-29（a）所示的结构。

b. 冲 ϕ3mm（含）以下 ϕ2mm（含）以上的小圆孔时，采用如图 1-29（b）所示的结构。

c. 保证图 1-29（a）中尺寸“1.0”（相应台阶应在上脱料板内 1mm，h 的取值在料厚 $T\geqslant1.0$ 时取 $h=2T$，当料厚 $T<1.0$ 时取 $h=2$mm）。

d. 冲 ϕ3mm 以下小圆孔时，需加上快速更换冲头装置（即上垫板钻孔，上模座攻螺纹）。图中尺寸 10.0 可适当加大，以保证开模时脱料板能对冲子良好导向。

③ 异形凸模　异形凸模是指非圆形凸模，根据凸模截面尺寸大小可分为普通凸模、大凸模及细小异形凸模。除细小异形凸模外，一般均采用线切割加工成形。

a. 普通凸模固定方式。$B<20$ 时，采用挂钩固定，如图 1-30（a）所示，图中尺寸关系如下。

ⅰ. $C=1.0$mm；$H=C+2=3$mm。

ⅱ. D 依产品尺寸尽量取大，但应保证 $D\leqslant15$mm；$G=D+2$。

ⅲ. $E=5_{-0.10}^{\ 0}$ mm；　$F=5_{\ 0}^{+0.10}$ mm。

ⅳ. 凸模尺寸较大时，可取两个或多个挂钩，但挂钩的分布位置及数量需考虑挂钩的研磨加工方便性和凸模的夹持稳定性。

b. 大凸模固定方式。$A\times B>20\times20$ 时，凸模采用内六角螺钉固定，如图 1-30（b）所示，攻螺纹深 $K=25\text{mm}$。

ⅰ. $A\times B>20\times20$ 用 1 个 M8 内六角螺钉固定。

ⅱ. $A\times B>50\times20$ 用 2 个 M8 内六角螺钉固定。

ⅲ. $A\times B>50\times50$ 用 4 个 M8 内六角螺钉固定。

以上可适当增加内六角螺钉数量固定凸模。

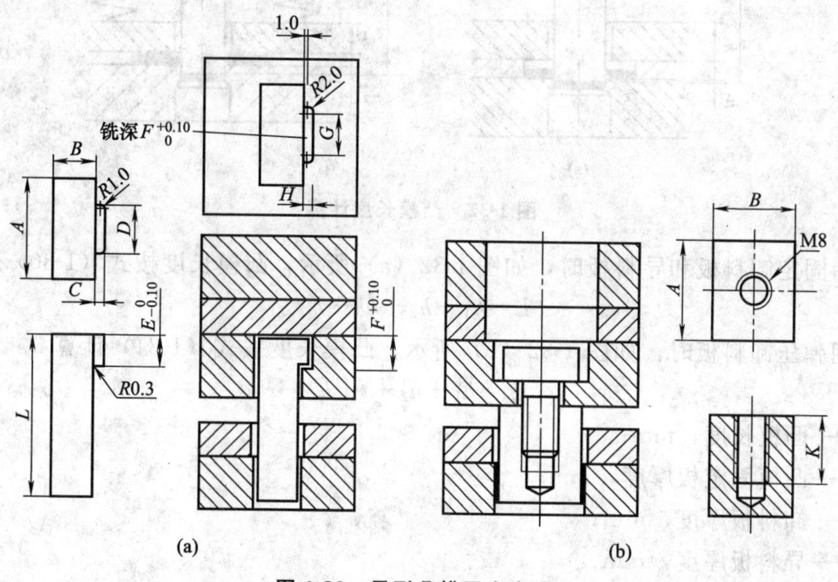

图 1-30　异形凸模固定方式

c. 氩焊固定方式。$A<20$，凸模较小，形状复杂，上述两种固定方式都不适用时，可采用氩焊固定的方式，即在凸模上用氩焊的方法焊出挂钩，再经修磨达到要求的尺寸和形状，修磨后的挂钩尺寸和形状要求，与前面的普通凸模挂钩固定方法相同。

d. 细小异形凸模固定方式。当异形凸模的外形尺寸在 $\phi8$ 的范围内时，采用圆凸模研磨的方式。如图 1-31 所示，当 $D\leqslant\phi8$，可取 $\phi4$、$\phi5$、$\phi6$、$\phi8$ 标准直径系列圆凸模研磨成形，台阶固定。图中 $J=5.5\text{mm}$，$M=5\sim10.0\text{mm}$。

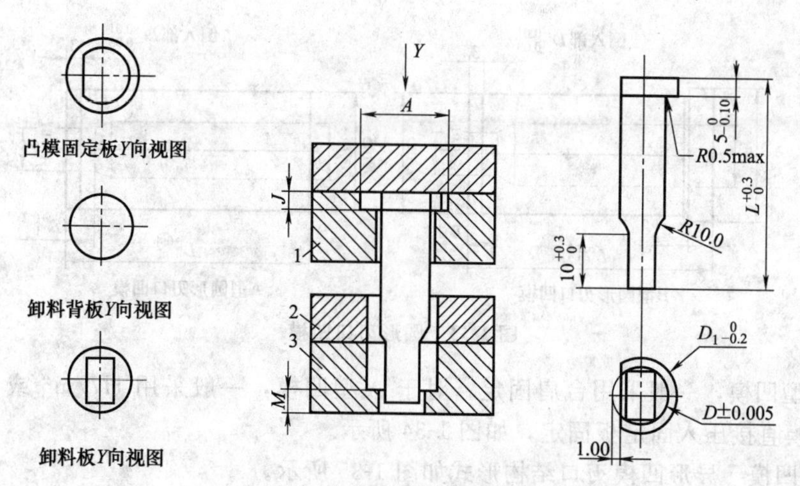

图 1-31　细小异形凸模固定方式

1—凸模固定板；2—卸料背板；3—卸料板

④ 凸模长度计算

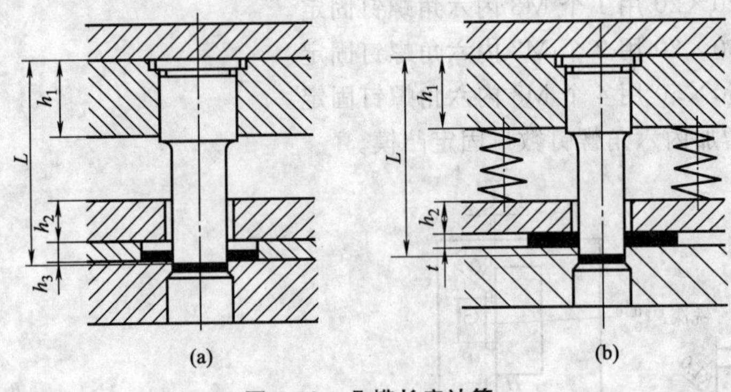

图 1-32 凸模长度计算

当采用固定卸料板和导料板时，如图 1-32（a）所示，凸模长度按式（1-30）计算

$$L=h_1+h_2+h_3+h \tag{1-30}$$

当采用弹压卸料板时，如图 1-32（b）所示，凸模长度按式（1-31）计算

$$L=h_1+h_2+t+h \tag{1-31}$$

式中 L——凸模长度，mm；

h_1——凸模固定板厚度，mm；

h_2——卸料板厚度，mm；

h_3——导料板厚度，mm；

t——材料厚度，mm；

h——增加长度。它包括凸模的修磨量、凸模进入凹模的深度（0.5～1mm）、凸模固定板与卸料板之间的安全距离等，一般取 10～20mm。

（2）凹模

① 圆形刃口凹模　圆形刃口凹模结构已标准化，分为 A 型与 B 型两种，如图 1-33 所示。B 型凹模用于冲裁力较大的情形，如图 1-33 所示。可以根据五金配件厂家提供的样本订购，也可根据附录 E3（设计圆凹模）的结构参数进行设计、自行加工。

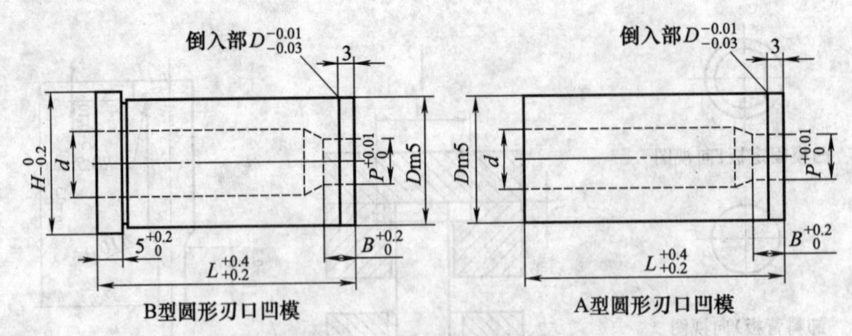

图 1-33 圆形刃口凹模

对于 B 型凹模，一般采用台肩固定；对于 A 型凹模，一般采用 H7/m6 或 H7/r6 的配合关系将凹模直接压入固定板固定，如图 1-34 所示。

② 异形凹模　异形凹模刃口结构形式如图 1-35 所示。

图 1-35（a）所示结构，刃口强度较高，修磨后刃口尺寸不变，常用于冲裁形状复杂或精度要求较高的工件。β 取 3°，刃口高度 h 部分一般可按材料厚度选取：

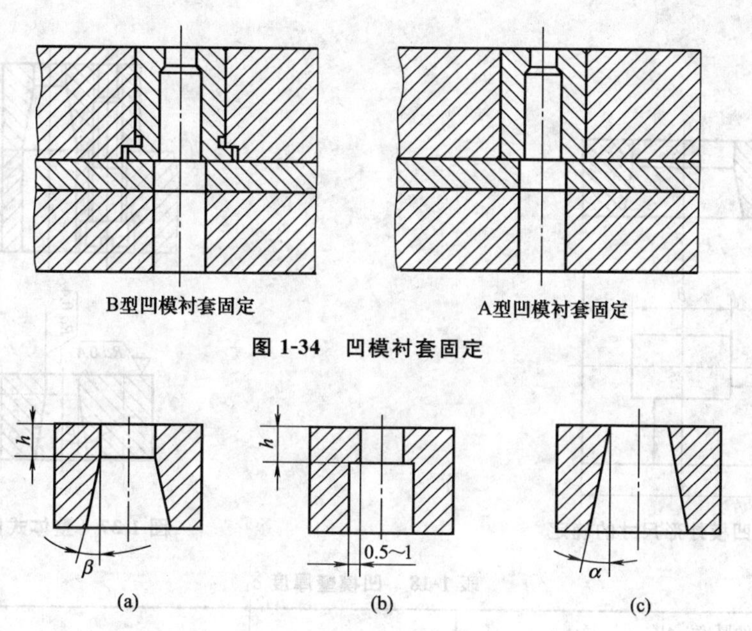

图 1-34　凹模衬套固定

图 1-35　异形凹模刃口结构

$t<0.5$mm 时，$h=3\sim5$mm。

$t<0.5\sim5$mm 时，$h=5\sim10$mm。

$t<5\sim10$mm 时，$h=10\sim150$mm。

图 1-35（b）所示结构，刃口强度较高，修磨后刃口尺寸无变化，加工简单，工件容易漏下，适合冲裁直径小于 5mm、厚度 1mm 以下的工件，h 取 3～5mm。

图 1-35（c）所示结构，冲裁件容易漏下，但刃口强度不高，修磨后，刃口有变大的趋势，适于冲制自然漏料、精度不高、形状简单的工件。α 角在采用电加工时，取 $\alpha=4'\sim20'$（落料模$<10'$，复合模 $\alpha=5'$），采用机械加工经钳工精修时，取 $\alpha=15'\sim30'$。

如图 1-36 所示，凹模高度 H 按式（1-32）计算

$$H=kb(>15\text{mm}) \tag{1-32}$$

式中　b——凹模刃口的最大尺寸，mm；

　　k——系数，与板料厚度有关，见表 1-17。

凹模壁厚度 c 值（如图 1-36 所示）可参考表 1-18 选取。

根据刃口尺寸和凹模壁厚度，可计算出凹模外形参数 A、B、H，按就高就近的原则，查附录 F1 选取标准凹模板，由标准凹模板加工出异形凹模。

对于异形凹模，可用螺钉和销钉直接固定在下模座上，如图 1-37 所示。

表 1-17　凹模高度系数 k　　mm

b	材料厚度		
	≤1	＞1～3	＞3～6
≤50	0.30～0.40	0.30～0.40	0.30～0.40
＞50～100	0.30～0.40	0.30～0.40	0.30～0.40
＞100～200	0.30～0.40	0.30～0.40	0.30～0.40
＞200	0.30～0.40	0.30～0.40	0.30～0.40

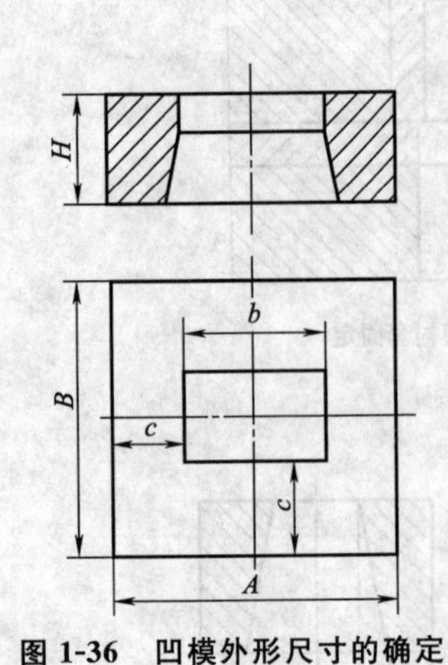

图 1-36 凹模外形尺寸的确定

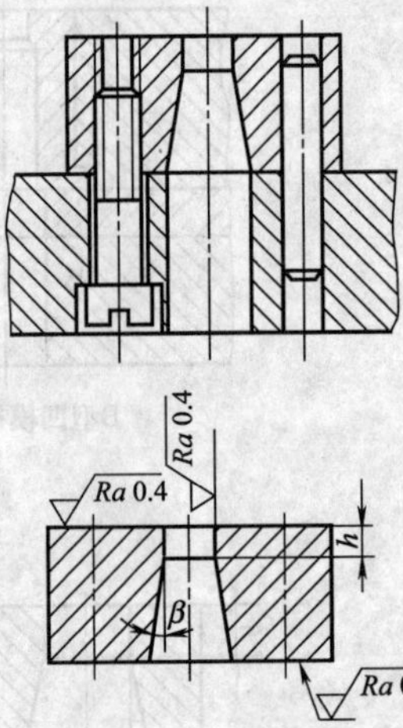

图 1-37 整体式凹模固定

表 1-18 凹模壁厚度 c

mm

制件厚度 / c / 条料宽度	≤0.8	>0.8～1.5	>1.5～3	>3～5
≤40	20～25	22～28	24～32	28～36
>40～50	22～28	24～32	28～36	30～40
>50～70	28～36	30～40	32～42	35～45
>70～90	32～42	35～45	38～48	40～52
>90～120	35～45	40～52	42～54	45～58
>120～150	40～52	42～54	45～58	48～62

(3) 凸凹模

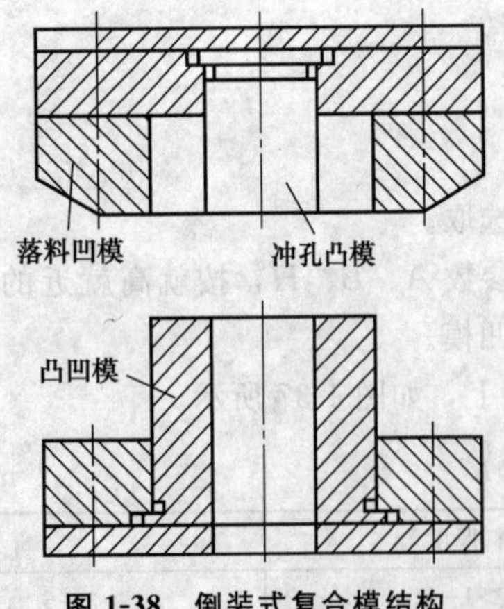

图 1-38 倒装式复合模结构

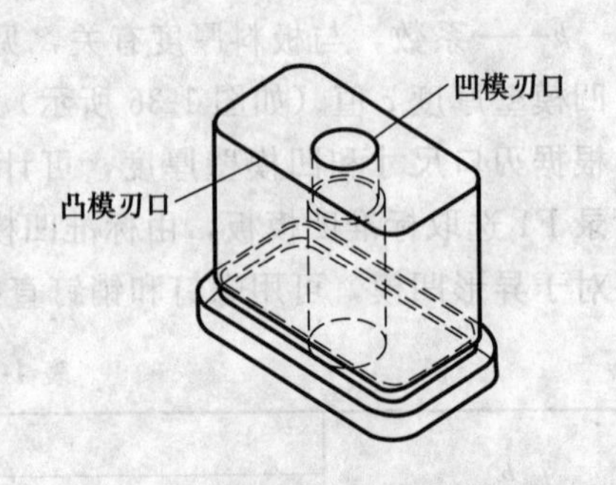

图 1-39 凸凹模结构

凸凹模是复合模中同时具有落料凸模和冲孔凹模作用的工作零件，它的内外缘均为刃口，如图 1-38、图 1-39 所示。内外缘之间的壁厚取决于冲裁件相应部位的尺寸。设计复合模时必须要保证凸凹模有足够的强度，防止壁部太薄而在冲压时开裂。

复合模最小壁厚应大于表 1-19 中的规定值，小于此数值时一般不宜采用复合模冲裁。

表 1-19 倒装式复合模的凸凹模最小壁厚 δ mm

简图											
材料厚度 t	0.4	0.6	0.8	1.0	1.2	1.4	1.6	1.8	2.0	2.2	2.5
最小壁厚 δ	1.4	1.8	2.3	2.7	3.2	3.6	4.0	4.4	4.9	5.2	5.8
材料厚度 t	2.8	3.0	3.2	3.5	3.8	4.0	4.2	4.4	4.6	4.8	5.0
最小壁厚 δ	6.4	6.7	7.1	7.6	8.1	8.5	8.8	9.1	9.4	9.7	10

1.3.9 卸料装置设计

(1) 刚性卸料装置（固定卸料板）

刚性卸料装置又称固定卸料板，有两种结构形式，如图 1-40 所示。

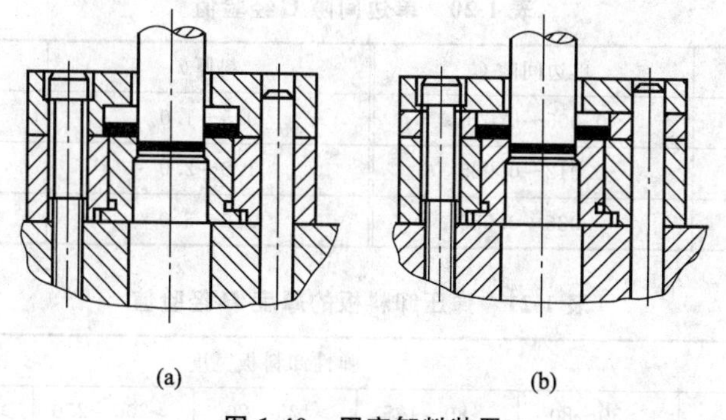

图 1-40 固定卸料装置

当条料宽度小于 60mm 时，卸料板和导料板可做成一体，如图 1-40（a）所示；一般情况下，使用标准卸料板，即卸料板与导料板是分开的，如图 1-40（b）所示。

凸模与卸料板的双边间隙取决于冲裁板料厚度，一般在 0.2～0.5mm 之间，冲裁板料薄时取小值，冲裁板料厚时取大值。

固定卸料板厚度可取凹模厚度的 0.6 倍。根据轮廓尺寸和厚度查 F1 选取标准尺寸的模板作为固定卸料板。

固定卸料板的卸料力大，卸料可靠。因此，当冲裁板料较厚（大于 0.3mm）、卸料力较大、平直度要求不很高的冲裁件时，一般采用固定卸料装置。

(2) 弹压卸料装置

弹压卸料装置既起卸料作用又起压料作用，所得冲裁零件质量较好，平直度较高。因此，当板料较薄，工件平直度要求较高时，一般采用弹压卸料装置。

① 弹压卸料板的结构尺寸　弹压卸料板的结构尺寸见图 1-41。导向孔高度可取 3～5mm，与凸模的单边间隙 C 见表 1-20，厚度 H 值见表 1-21。

在模具开启状态，卸料板顶面应高出模具工作零件刃口 0.3～0.5mm，以便顺利卸料。

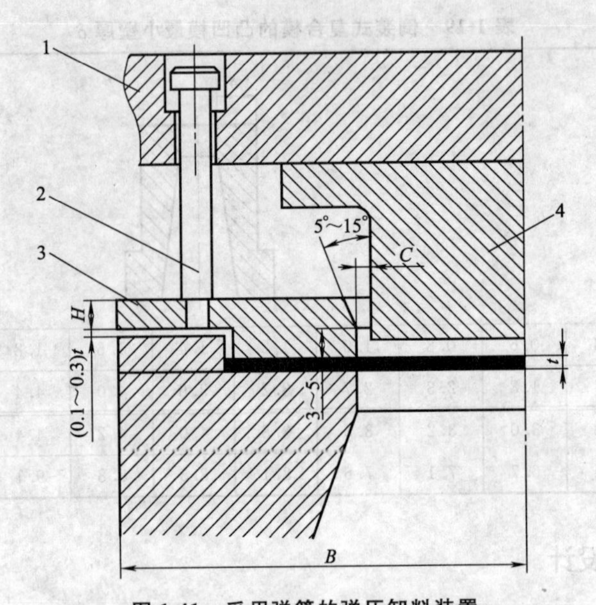

图 1-41　采用弹簧的弹压卸料装置

1—上模座；2—卸料螺钉；3—卸料板；4—凸模

表 1-20　单边间隙 *C* 经验值　　mm

料厚 *t*	单边间隙 *C*	料厚 *t*	单边间隙 *C*
0.05～0.10	0.005～0.010	0.5～1.0	0.060～0.10
0.1～0.3	0.012～0.025	1.0～2.0	0.15～0.20
0.3～0.5	0.035～0.050	2.0～3.0	0.25～0.35

表 1-21　弹压卸料板的厚度 *H* 经验值　　mm

料厚 *t*	弹性卸料板宽度						
	≤50	>50～80	>80～125	>125～200	>200～250	>250～315	>315～400
<1	8	10	12	14	16	18	22
1～1.5	10	12	14	16	18	20	25
1.5～2	12	14	16	18	20	22	28
2～3	15	16	18	20	22	24	30
3～4.75			22	22	24	26	32
>4.75				30	30	30	36

② 弹簧选用　弹簧是模具中广泛应用的弹性零件，主要用于卸料、压料、推件和顶出等工作。根据荷重不同，分为轻小荷重、轻荷重、中荷重、重荷重、极重荷重五种，对应颜色分别为黄色、蓝色、红色、绿色和棕色。

弹簧实物如图 1-42 所示，各种弹簧规格、荷重及压缩比见附录 C1。

a. 弹簧种类选择

ⅰ. 卸料、顶料优先选用绿色或棕色弹簧；如果顶料销所需的顶料力不很大时，可选用红色弹簧或蓝色弹簧。

ⅱ. 复合模外脱料板用红色弹簧，内脱料板用绿色或棕色弹簧。

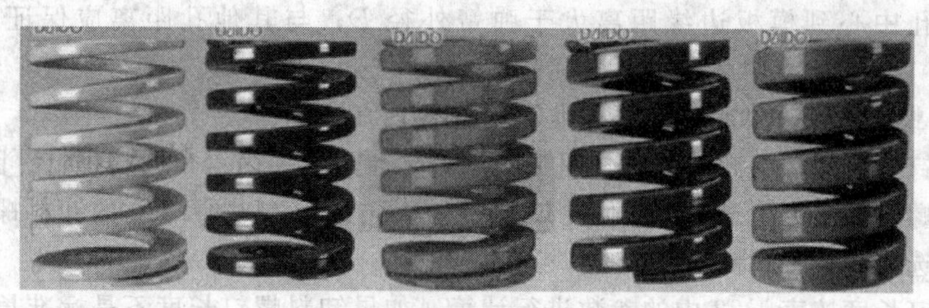

图 1-42　弹簧实物

ⅲ. 冲孔模和成形模用绿色或棕色弹簧。

ⅳ. 活动定位销一般选用 $\phi8.0$ 顶料销，配 $\phi10.0\times\phi1.0$ 圆线弹簧和 M12.0×1.5 的紧固螺栓。

b. 弹簧个数计算　卸料弹簧个数按式（1-33）计算

$$n=F\times0.05/220+2\sim3 \tag{1-33}$$

式中　F——冲裁力，kgf；

n——应放弹簧的个数（小型模具一般为 2～6 个）。

c. 弹簧直径选择　尽可能选择较大直径的压缩弹簧，弹簧外径优先选用 $\phi25$，在空间较小区域可考虑选用其他规格（如 $\phi20$、$\phi18$、$\phi16$ 等），弹簧内径应大于卸料螺钉直径。

d. 弹簧长度估算　开模状态，弹簧的预缩量一般取值 2～4mm；闭模状态，弹簧的压缩量小于或等于最大压缩量（最大压缩量 L_A＝弹簧自由长 L×最大压缩比）。

e. 弹簧过孔直径　弹簧在模板上的过孔直径，根据弹簧外径不同取值不一样。

弹簧直径≥$\phi25.0$ 时，弹簧与过孔单边间隙取 1.0mm，如 $\phi30.0$ 的弹簧，在模板上的过孔取为 $\phi32.0$；

弹簧直径＜$\phi25.0$ 时，弹簧与过孔单边间隙取 0.5mm，如 $\phi20.0$ 的弹簧，在模板上的过孔取为 $\phi21.0$。

f. 弹簧排配原则　弹簧排列首先考虑受力重点部位，然后再考虑整个模具受力均衡平稳。受力重点部位是指复合模的内脱料板外形和凸凹模的周围、冲孔模的冲头周围、成形模的折弯边及有压凸成形的地方。

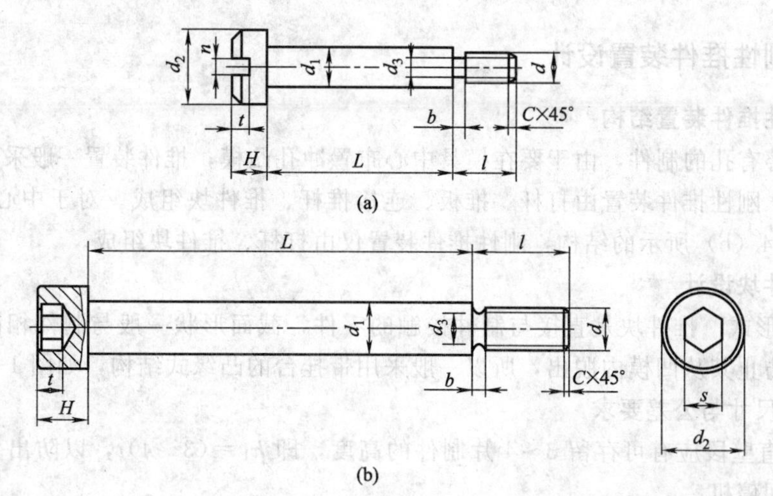

图 1-43　卸料螺钉结构

弹簧过孔中心到模板边缘距离大于弹簧外径 D，与其他孔距离应保证实体壁厚大于 5mm。

③ 卸料螺钉选用　卸料螺钉属标准件，如图 1-43 所示。

卸料螺钉分为圆柱头卸料螺钉［图 1-43（a）］和圆柱头内六角卸料螺钉［图 1-43（b）］两种，卸料螺钉规格见附录 L1 和附录 L2。一般优先选用 M8 或 M10 的卸料螺钉，如果空间不够，可选用 M6 的卸料螺钉。

卸料螺钉长度按表 1-22 中的参数进行计算，如果卸料螺钉长度不是标准长度，则选用稍长的卸料螺钉，此时必须在备注栏里注明卸料螺钉的工作长度，由装配现场自行加工。

表 1-22　卸料螺钉装配尺寸　mm

d	M6	M8	M10	M12
d_1	8	10	12	16
d_2	8.5	10.5	13	15
D	13.5	16	20	26
D_1	12.5	15	18	24
h_1 圆头	5	6	7	9
h_1 内六角	8	10	12	16
h_{min}	铸铁模座：$h \geqslant d$ 钢制模座：$h \geqslant 0.75d$			
h_x	10～15mm（模具刃磨量 4～6mm＋安全余量 5～10mm）			
h_2	卸料板行程			
h_3	垫板厚度			
h_4	固定板厚度			
h_5	卸料板与固定板安全距离			
L	螺杆长度			
说明	①若模座开通孔，则 h 为零 ②若采用橡胶垫做弹性元件，h_5 尺寸即为橡胶垫压缩后的高度 ③凸模刃口刃磨后，重新安装卸料板时，需要在螺钉头部添加垫圈，垫圈的厚度与刃磨量相等			

1.3.10　刚性推件装置设计

（1）刚性推件装置结构

对于中心有孔的制件，由于要在模具中心布置冲孔凸模，推件装置一般采用图 1-44（a）所示的结构，刚性推件装置由打杆、推板、连接推杆、推件块组成。对于中心无孔的制件，可采用图 1-44（b）所示的结构，刚性推件装置仅由打杆、推件块组成。

（2）推件块设计

① 结构形式　推件块是直接与制件接触的零件，截面形状一般与制件相同，但是设计时需要注意防止其从凹模内脱出，所以一般采用带挂台的凸缘式结构，如图 1-45 所示。

② 配合尺寸与公差要求

a. 凹模直壁段应有可存留 3～4 片制件的高度，即 $h_1=(3\sim4)t$，以防出件失灵时，能有足够的时间停机。

b. 推件块在工作行程内不能脱离凹模的直壁段，应有至少约 4mm 的配合段（即 $h_2=$

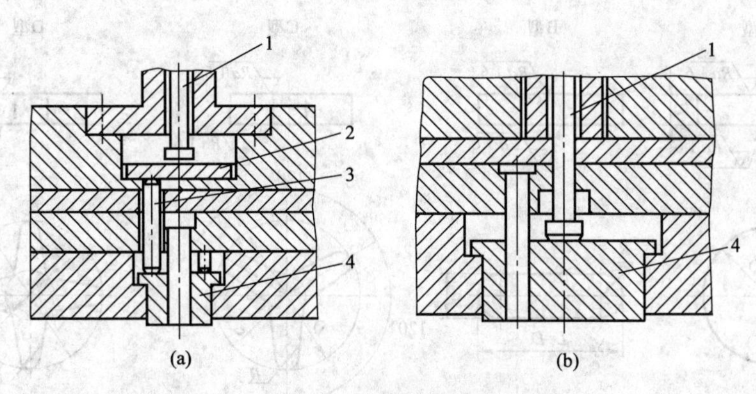

图 1-44 刚性推件装置

1—打杆；2—推板；3—连接推杆；4—推件块

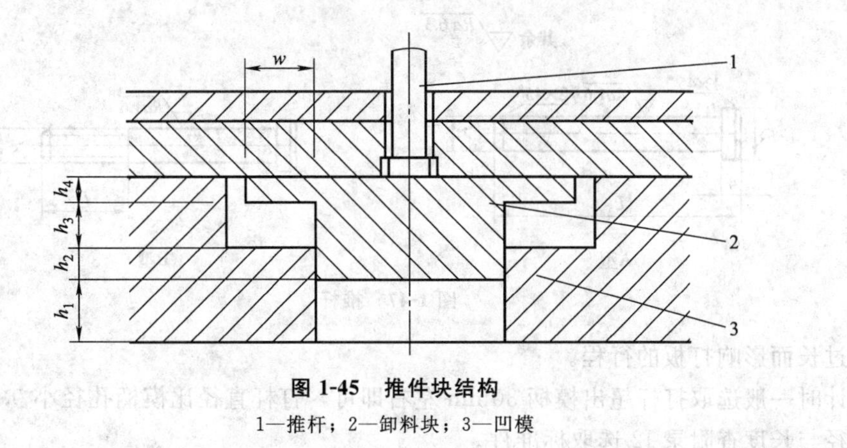

图 1-45 推件块结构

1—推杆；2—卸料块；3—凹模

4mm)。

c. 推件块在下极点位置时要保证能伸出凹模面 0.5mm 左右，这种设计可以使推出的制件与凹模彻底脱离，同时，为修磨方便，应保证 h_3 至少大于 5.0mm，即 $h_3=h_1+0.5\text{mm}>5\text{mm}$。

d. 推件块的凸缘高度可取 2mm（$h_4=2\text{mm}$），凸缘宽度可取 5mm（即 $w=5\text{mm}$）。

e. 推件块与凹模、凸模的配合间隙查附录 D2 确定。

(3) 推板设计

为了使刚性推件装置正常工作，必须保证推力均衡，不能出现偏移。所以，设计时需要注意以下两点。

① 推杆尽量对称。连接推杆的数量一般为 2～4 根，而且要求分布均匀，长短一致。

② 推板平面面积尽量小。推板安装在上模座内，由于所占空间有限，所以设计时不必设计得太大，只要能覆盖所有推杆即可。

推板的形状结构已标准化，如图 1-46 所示，设计时可以根据零件形状查附录 J 选用。

(4) 连接推杆

连接推杆的直径根据推板尺寸选取，长度按应保证推件块的行程要求。

(5) 推杆设计

推杆又称打杆，已标准化，分为 A、B 两种型号，结构如图 1-47 所示。

推杆的设计关键在于确定其长度。设计时既要考虑其能被压力机滑块中的横梁撞击到，

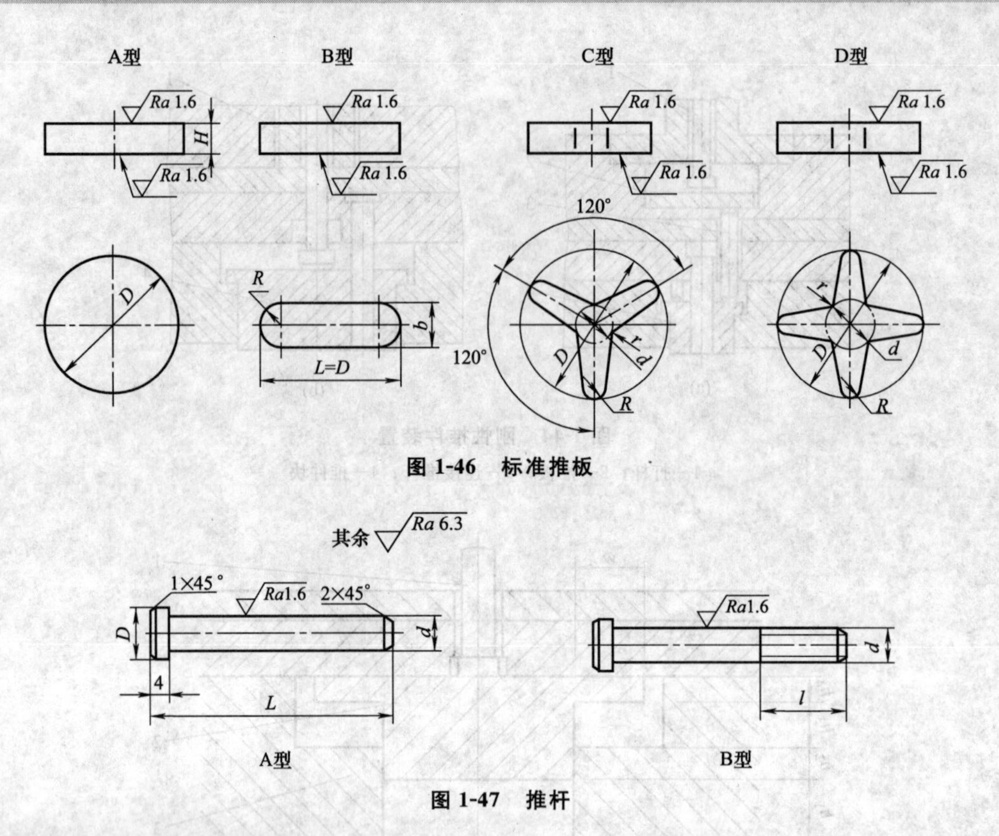

图 1-46　标准推板

图 1-47　推杆

又不能过长而影响打板的行程。

设计时一般选取打杆超出模柄 30mm 左右即可，打杆直径比模柄孔径小 0.5～1mm。根据其直径与长度查附录 J2 选取标准件。

1.3.11　定位零件设计

(1) 导料板、承料板设计

导料板如图 1-48 所示，导料板在与送进方向垂直的方向上对条料限位，以保证条料沿正确的方向送进。

① 导料板　导料板一般设在条料两侧，手工送料时也可只在一侧设导料板。

导料板长度 L 一般应大于凹模的长度，使其伸出凹模外 10mm 以上，其伸出部分的底下设承料板。

导料板宽度 B 参考表 1-23 确定；导料板厚度 H 取决于挡料销的种类和冲裁板料厚度，其与挡料销的关系见表 1-24；导料板的其他参数可查附录 G1 确定。

② 承料板　承料板对进入模具之前的条料起支承作用，结构如图 1-49 所示。

承料板一般与导料板配对使用，自动送料时，不需要承料板。承料板长度 L 根据导料板跨度确定，其他参数可查附录 G2 确定。

表 1-23　紧固螺钉及导料板宽度　mm

条料宽度	<25	25～50	50～100	100～200
螺钉规格	M5、M6	M6、M8	M8	M10
导料板宽度 B	10～15	12～18	15～25	18～30

注：导料板尺寸应该按标准选用。

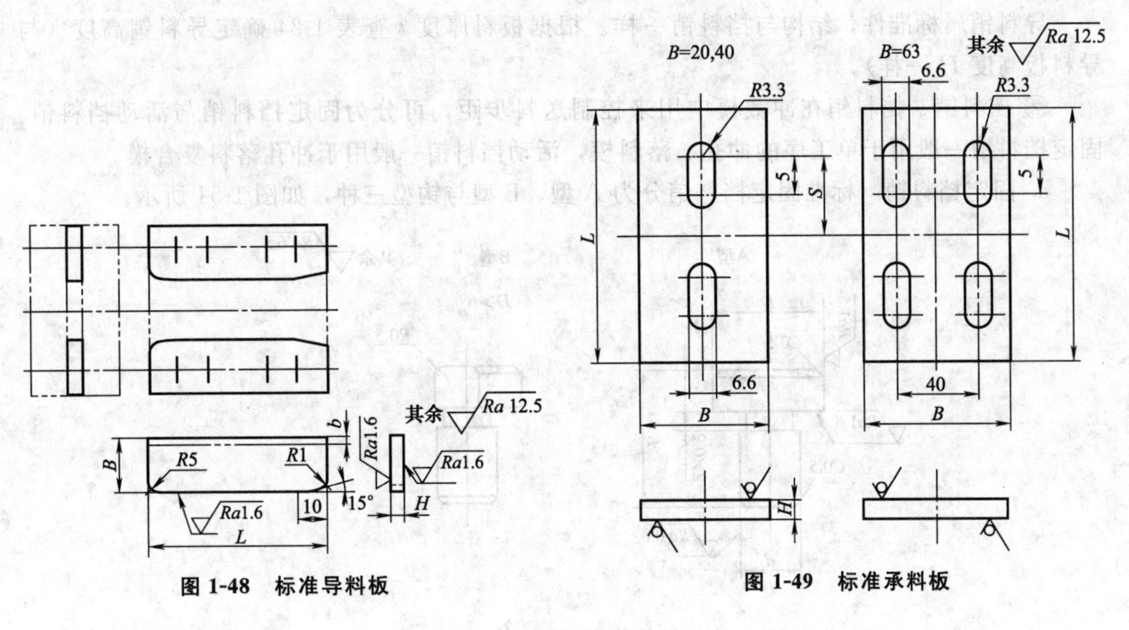

图 1-48　标准导料板　　　　图 1-49　标准承料板

表 1-24　导料板厚度　　mm

简图			
材料厚度 t	挡料销高度 h	导料板厚度 H	
		使用固定挡料销时	使用自动挡料销或侧刃时
0.3～2	3	6～8	4～8
2～3	4	8～10	6～8
3～4	4	10～12	8～10
4～6	5	12～15	8～10
6～10	8	15～25	10～15

(2) 导料销、挡料销设计

① 导料销　用于毛坯以外形定位，多用于有弹压卸料板的单工序模和复合模。

导料销一般设两个，并位于条料的同一侧，从右向左送料时，导料销装在后侧；从前向后送料时，导料销在左侧，如图 1-50 所示。

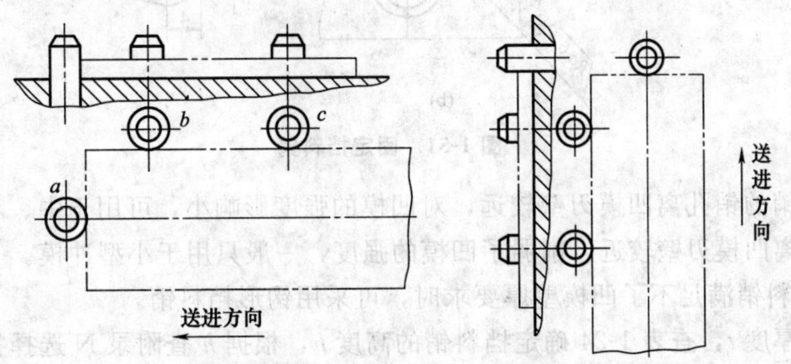

图 1-50　导料销与挡料销

导料销属标准件，结构与挡料销一样。根据板料厚度 t 查表 1-24 确定导料销高度（与导料板高度 H 一样）。

② 挡料销　挡料销在冲裁模中用来控制送料步距，可分为固定挡料销与活动挡料销。固定挡料销一般用于单工序的冲孔、落料模，活动挡料销一般用于冲孔落料复合模。

a. 固定挡料销　标准固定挡料销分为 A 型、B 型与钩型三种，如图 1-51 所示。

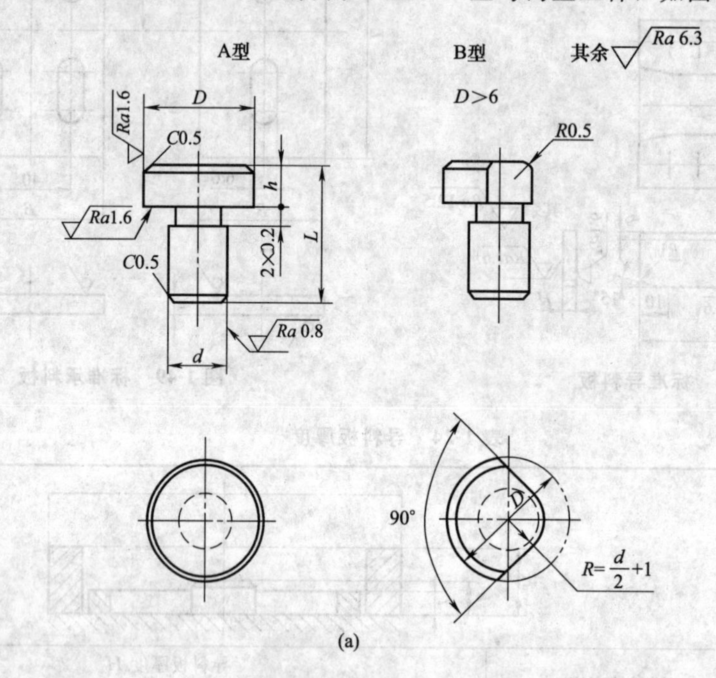

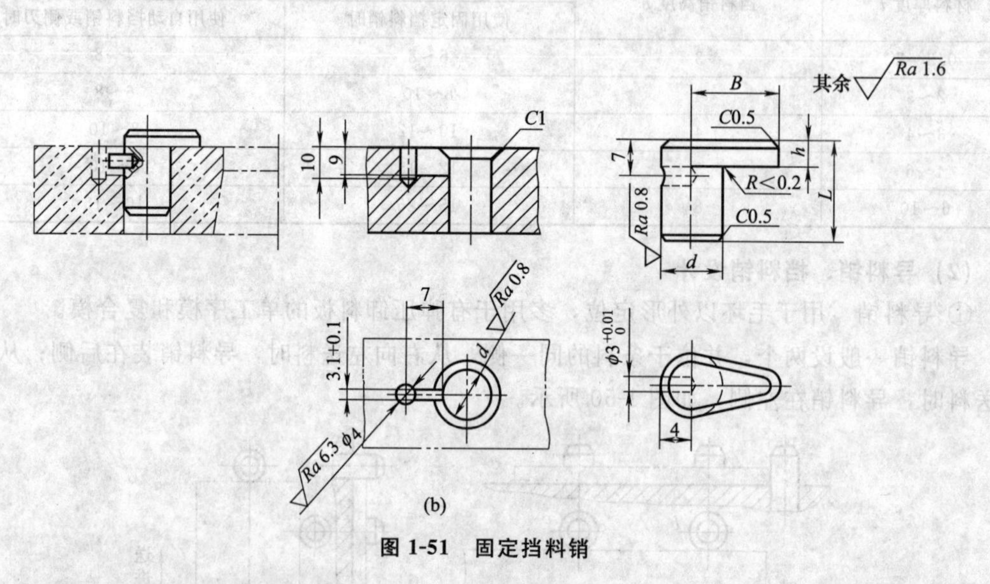

图 1-51　固定挡料销

A 型挡料销的销孔离凹模刃壁较远，对凹模的强度影响小，可用于中、小型冲模；B 型挡料销的销孔离凹模刃壁较近，削弱了凹模的强度，一般只用于小型冲模。

当 A 型挡料销满足不了凹模壁厚要求时，可采用钩形挡料销。

根据材料厚度 t，查表 1-24 确定挡料销的高度 h，根据 h 查附录 N 选择挡料销参数。

b. 活动挡料销　活动挡料销装配尺寸如图 1-52 所示，查附录 H6 可确定活动挡料销的

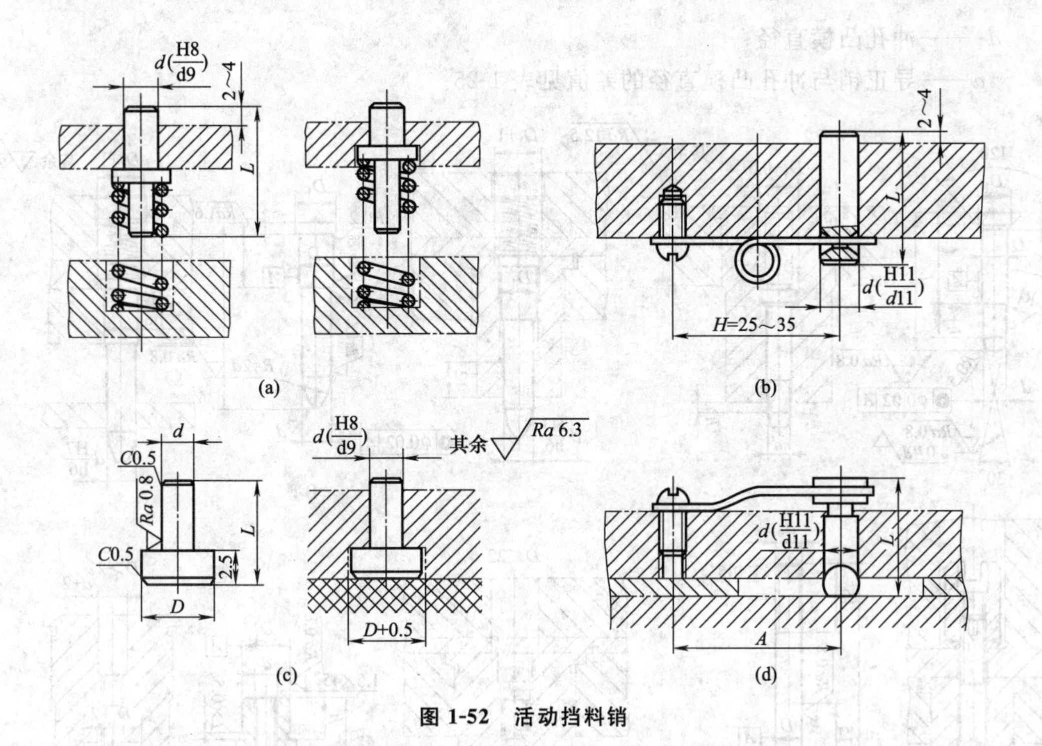

图 1-52 活动挡料销

结构尺寸。

c. 始用挡料销（块） 用于确定级进模中条料料头在第一次送进时的位置，不适用于多工位的级进模。始用挡料销（块）装配尺寸见图 1-53 所示，查附录 H6 可确定其结构尺寸。

（3）导正销设计

导正销常用于级进模中，以保证工件上的孔与外形的相对位置精度，消除送料的步距误差，起到精确定位的作用，导正销的类型及结构如图 1-54 所示。

A 型导正销适用于孔径 $d=5\sim16$mm。

B 型导正销适用于孔径 $d=5\sim32$mm。这种型式的导正销采用弹簧压紧结构，如果送料不正确时，可以避免导正销的损坏，这种导正销还可用于级进模上对条料工艺孔的导正。

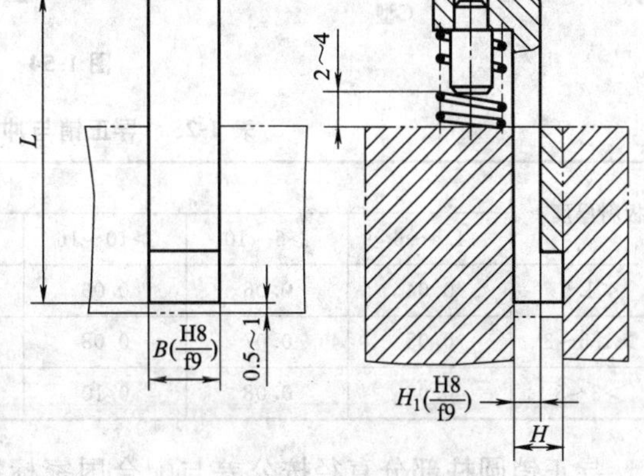

图 1-53 始用挡料销（块）结构

C 型导正销适用于孔径 $d=4\sim12$mm。

D 型导正销适用于孔径 $d=12\sim50$mm。

为了使导正销工作可靠，避免折断，导正销的直径一般应大于 2mm。孔径小于 2mm 的孔不宜用导正销导正，但可另冲直径大于 2mm 的工艺孔进行导正。

导正销的头部由圆锥形的导入部分和圆柱形的导正部分组成。导正部分的直径和高度尺寸及公差很重要。导正销的基本尺寸可按式（1-34）计算

$$d=d_T-a \tag{1-34}$$

式中 d——导正销的基本尺寸；

d_T——冲孔凸模直径；

a——导正销与冲孔凸模直径的差值见表 1-25。

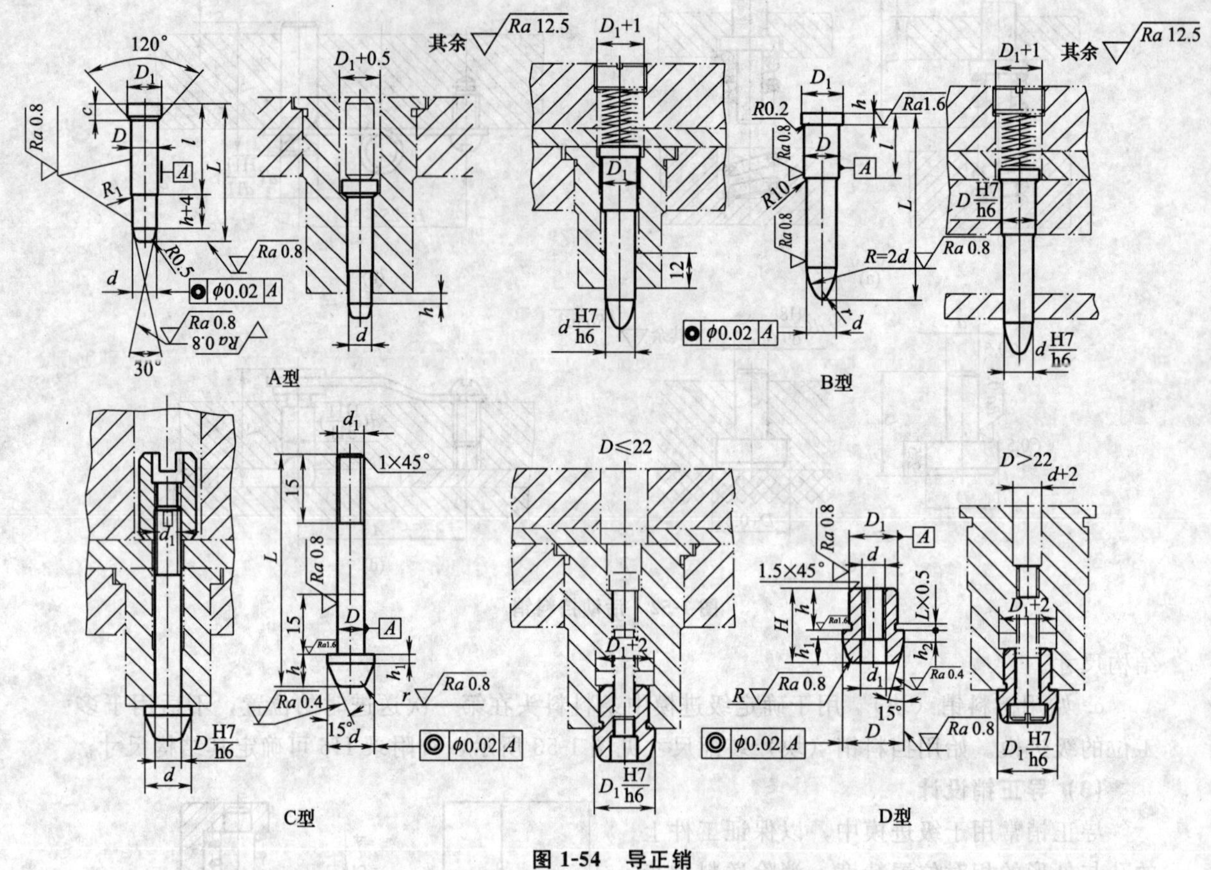

图 1-54 导正销

表 1-25 导正销与冲孔凸模直径的差值 mm

板料厚度 t	冲孔凸模直径 d_T						
	1.5～6	>6～10	>10～16	>16～24	>24～32	>32～42	>42～60
<1.5	0.04	0.06	0.06	0.08	0.09	0.10	0.12
>1.5～3	0.05	0.07	0.08	0.10	0.12	0.14	0.16
>3～5	0.06	0.08	0.10	0.12	0.16	0.18	0.20

导正销圆柱部分直径按公差与配合国家标准 h6 至 h9 制造，导正销的高度尺寸一般取 $(0.5\sim0.8)t$ 或按表 1-26 选取。

表 1-26 导正销圆柱段高度 h_1 mm

板料厚度 t	冲裁件孔尺寸 d		
	1.5～10	>10～25	>25～50
1.5	1	1.2	1.5
1.5～3.0	0.6t	0.8t	t
3.0～5.0	0.5t	0.6t	0.8t

导正销常与挡料销配合使用，挡料销的位置必须保证导正销在导正的过程中，条料有少

许活动的可能。挡料销与导正销位置关系如图 1-55 所示。

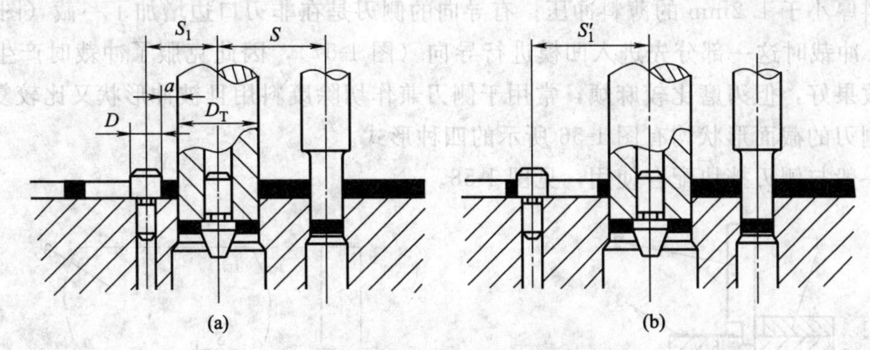

图 1-55　挡料销与导正销的位置关系

按图 1-55（a）方式定位，挡料销与导正销的中心距为

$$S_1=S-\frac{D_T}{2}+\frac{D}{2}+0.1=S-\left(\frac{D_T-D}{2}\right)+0.1 \tag{1-35}$$

按图 1-55（b）方式定位，挡料销与导正销的中心距为

$$S'_1=S+\frac{D_T}{2}-\frac{D}{2}-0.1=S+\left(\frac{D_T-D}{2}\right)-0.1 \tag{1-36}$$

式中　S——送料步距；

D_T——落料凸模直径；

D——挡料销头部直径；

S_1，S'_1——挡料销与落料凸模的中心距。

（4）侧刃、挡块设计

① 侧刃　在级进模中，为了限定条料送进距离，在条料侧边冲切出一定尺寸缺口的凸模，称为侧刃，侧刃结构如图 1-56 所示。

按侧刃进入凹模孔时有无导向分为两种：无导向的直入式Ⅰ型和有导向的Ⅱ型两类（图

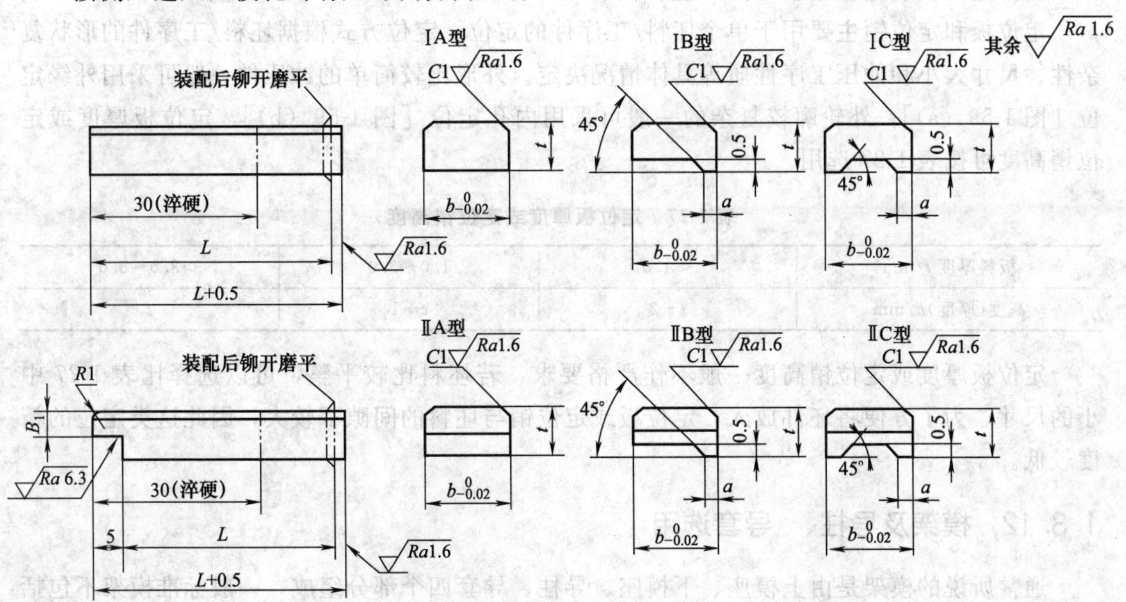

图 1-56　侧刃结构

1-56）。直入式侧刃的刃口面是平面，加工以及刃磨方便，但冲切时是单边切割，因此它一般适用于料厚小于 1.2mm 的薄料冲压；有导向的侧刃是在非刃口边增加了一截（图 1-56 中 B_1 部分），冲裁时这一部分先进入凹模进行导向（图 1-57），因此克服了冲裁时产生的侧向力，定位效果好，但刃磨比较麻烦，常用于侧刃兼作切除废料用且被冲形状又比较复杂的模具。每种侧刃的截面形状均有图 1-56 所示的四种形式。

侧刃一般与侧刃挡块配合使用，见图 1-58。

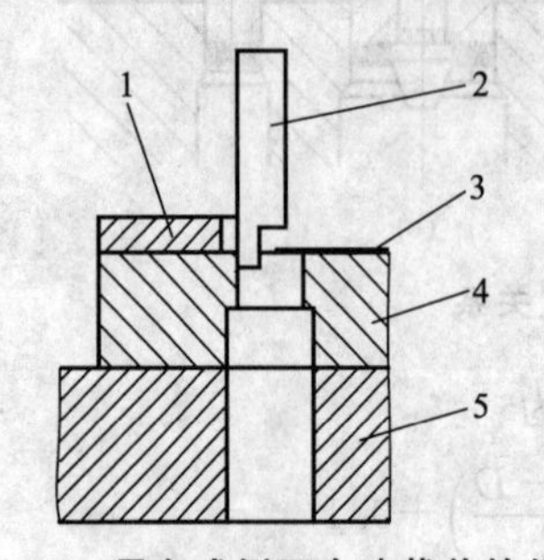

图 1-57　导向式侧刃在冲裁前的位置

1—导料板；2—侧刃；3—条料；4—凹模；5—下模座

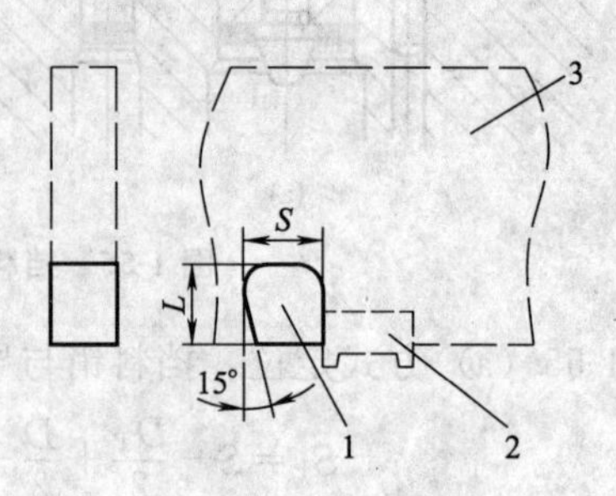

图 1-58　侧刃挡块

1—侧刃挡块；2—侧刃；3—导料板

侧刃断面宽度：

$$b=[S+(0.05\sim0.1)]_{-\delta_c}^{0} \tag{1-37}$$

侧刃冲裁边与相配合的凹模间隙取正常冲裁间隙，侧刃非冲裁边与相配合的凹模的单边间隙取 0.02mm。

其他尺寸如下：$t=6\sim10$mm，$B_1=3$mm，$a=2$mm。

② 挡块　侧刃一般与侧刃挡块配合使用，见图 1-58，侧刃挡块的作用是提高挡料部分材料的硬度和耐磨，安装时与导料板采用 H7/k6 的过渡配合。

挡块的尺寸按如下值确定：$S=6\sim8$mm（与图 1-56 中的 t 相等），$L=14\sim18$mm，高度与导料板的高度相等。

(5) 定位板、定位销设计

定位板和定位销主要用于单个坯料/工序件的定位。定位方式根据坯料/工序件的形状复杂性、尺寸大小和冲压工序性质等具体情况决定。外形比较简单的冲压件一般可采用外缘定位［图 1-59 (a)］；外轮廓较复杂的一般可采用内孔定位［图 1-59 (b)］，定位板厚度或定位销高度可按表 1-27 选用。

表 1-27　定位板厚度或定位销高度

板料厚度 t/mm	<1.0	$1.0\sim3.0$	$>3.0\sim5.0$
高度(厚度)h/mm	$t+2$	$t+1$	t

定位板厚度或定位销高度一般不作严格要求，若坯料比较平整，可以选择比表 1-27 中小的尺寸。为了方便将坯件放入，定位板或定位销与坯料的间隙都较大，因此这类定位的精度较低。

1.3.12　模架及导柱、导套选用

通常所说的模架是由上模座、下模座、导柱、导套四个部分组成，一般标准模架不包括模柄。上、下模座的作用是直接或间接地安装冲模的所有零件，分别与压力机滑块和工作台

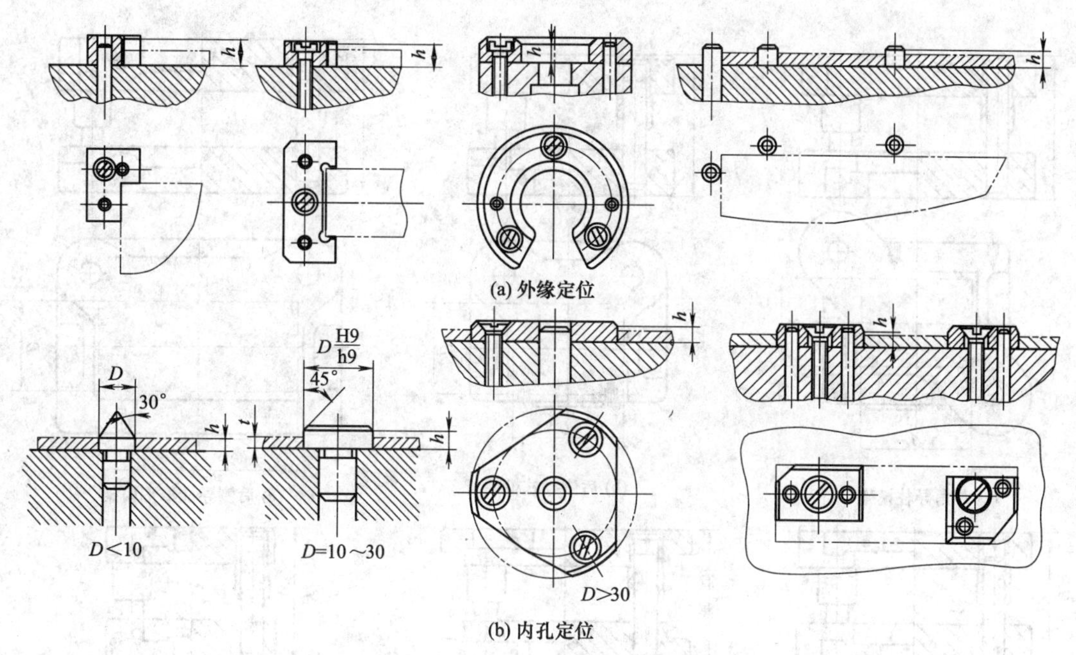

(a) 外缘定位

(b) 内孔定位

图 1-59　定位板和定位销的结构形式

连接，传递压力。上、下模间的精确位置，由导柱、导套的导向来保证。

(1) 模架类型

模架按材料分类：一类是钢模架，主要用于高速冲裁；一类是铸铁模架，主要用于普通冲裁。

按导向型式分，一类是滑动导向模架（图 1-60），一类是滚动导向模架（图 1-61）。滚动导柱、导套通过滚珠保持无间隙相对运动，具有精度高、寿命长的特点，但加工复杂，装配困难，适用于高速、精密冲模及多工位级进模。滑动导柱、导套虽然导向精度不及滚动导柱、导套，但价格便宜，加工方便，容易装配，在模具行业中获得广泛应用。

按导柱导套的布置形式可分为对角导柱模架、中间导柱模架、四角导柱模架、后侧导柱模架 4 种结构形式。对角导柱模架、中间导柱模架、四角导柱模架的共同特点是，导向装置安装在模具的对称线上，滑动平稳，导向准确可靠。所以要求导向精确可靠时都采用这 3 种结构形式。

对角导柱模架上、下模座，其工作平面的横向尺寸 L 一般大于纵向尺寸 B，常用于横向送料的级进模，纵向送料的单工序模或复合模。

中间导柱模架只能纵向送料，一般用于单工序模或复合模。

四角导柱模架常用于精度要求较高或尺寸较大冲件的生产及大批量生产。

后侧导柱模架的特点是导向装置在后侧，横向和纵向送料都比较方便，但假如有偏心载荷，压力机导向又不精确，就会造成上模歪斜，导向装置和凸、凹模都容易磨损，从而影响模具寿命，此模架一般用于较小的冲模。

(2) 模座参数的确定

模座已标准化，模座可查附录 M1 选用，在选用时应考虑如下几点。

① 所选用的模座的凹模周界尺寸（$L \times B$）应与凹模的周界尺寸一致。模座的厚度一般为凹模板厚度的 1.0～1.5 倍，以保证有足够的强度和刚度。

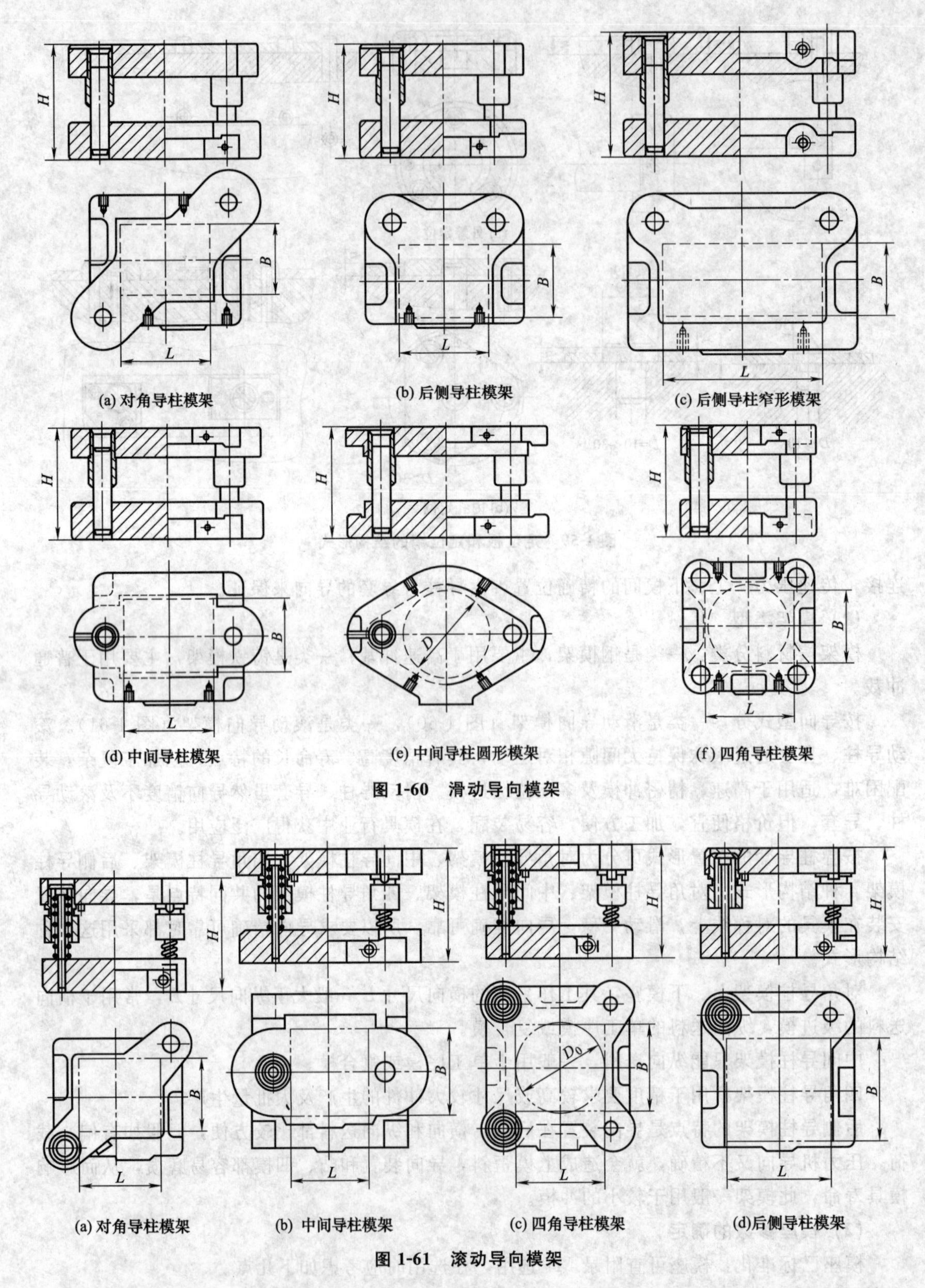

图 1-60 滑动导向模架

图 1-61 滚动导向模架

② 所选用的模座必须与所选压力机的工作台和滑块的有关尺寸相适应，并进行必要的校核。下模座的最小轮廓尺寸，应比压力机工作台上漏料孔的尺寸每边至少要大 40～

50mm。下模座的最大轮廓尺寸比所选压力机的工作台尺寸每边至少要小 40～50mm，以便安装、固定。

（3）导柱、导套的类型

图 1-62 是标准导柱结构形式，图 1-63 是标准导套结构形式。

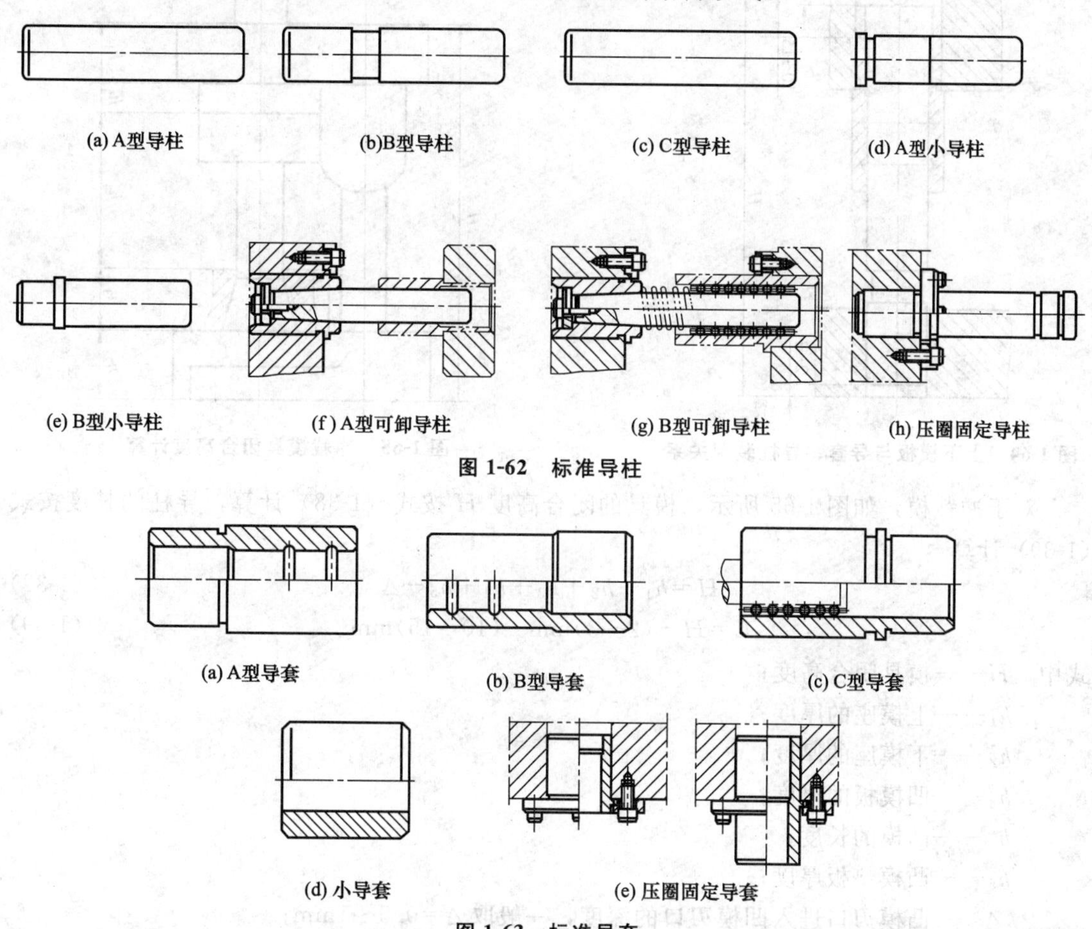

图 1-62　标准导柱

图 1-63　标准导套

A 型、B 型、C 型导柱结构简单，制造方便，但与模座为过盈配合，装拆麻烦。A 型和 B 型可卸导柱与衬套为锥度配合并用螺钉和垫圈紧固；衬套又与模座以过渡配合并用压板和螺钉紧固，其结构复杂，制造麻烦，但装拆更换容易。

A 型导柱、B 型导柱和 A 型可卸导柱一般与 A 型或 B 型导套配套用于滑动导向，导柱导套按 H7/h6 或 H7/h5 配合。其配合间隙必须小于冲裁间隙，冲裁间隙小的一般应按 H6/h5 配合，间隙较大的按 H7/h6 配合。C 型导柱和 B 型可卸导柱公差和表面粗糙较小，与用压板固定的 C 型导套配套，用于滚珠导向。压圈固定导柱与压圈固定导套的尺寸较大，用于大型模具上，拆装方便。导套用压板固定或压圈固定时，导套与模座为过渡配合，避免了用过盈配合而产生对导套内孔尺寸的影响，这是精密导向的要求。

A 型和 B 型小导柱与小导套配套使用，一般用于卸料板导向等结构上。

（4）导柱参数

导柱直径 d 根据下模座导柱安装孔直径确定，导柱的长度 L 应保证在模具最小闭合高度时，导柱上端面与上模座上平面的距离约为 10～15mm，下模座下平面与导柱下端面的距离应为 2～3mm，如图 1-64 所示。

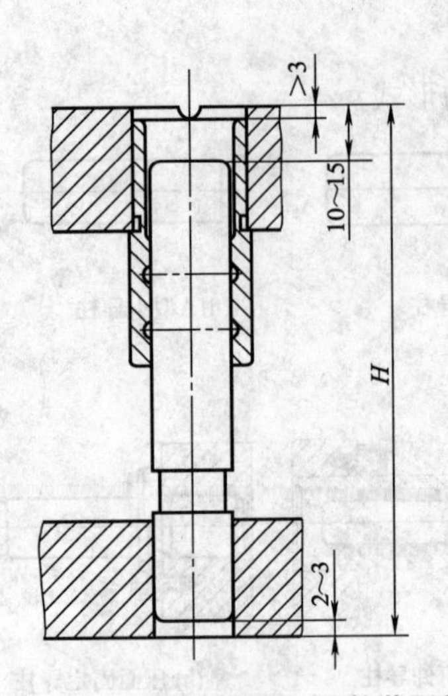

图 1-64 上下模板与导套、导柱装配关系

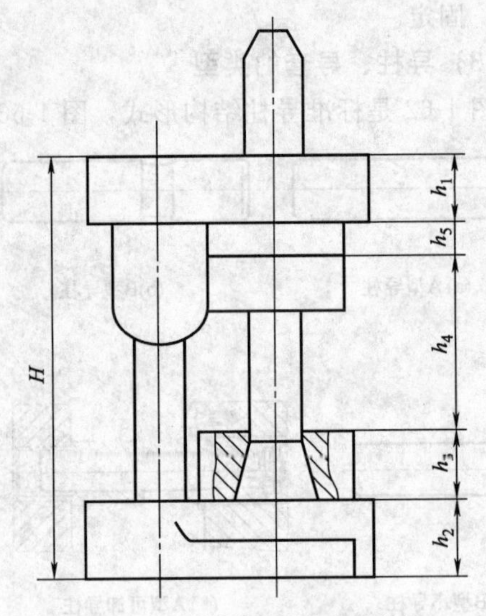

图 1-65 冲裁模具闭合高度计算

对于冲裁模，如图 1-65 所示，模具的闭合高度 H 按式（1-38）计算，导柱的长度按式（1-39）计算

$$H=h_1+h_2+h_3+h_4+h_5-\Delta \tag{1-38}$$

$$L=H-(2\sim3)\text{mm}-(10\sim15)\text{mm} \tag{1-39}$$

式中 H——模具闭合高度；

h_1——上模座的厚度；

h_2——下模座的厚度；

h_3——凹模板的厚度；

h_4——凸模的长度；

h_5——凸模垫板厚度；

Δ——凸模刃口进入凹模刃口的深度，一般取 $\Delta=0.5\sim1$mm；

L——导柱长度；

导柱已标准化，根据导柱直径 d、长度 L 查附录 M5 选取。

(5) 导套参数

导套内径 d 根据导柱外径确定，导套外径 D 根据上模座导套安装孔直径确定，导套的长度 H 应小于上模座厚度 3mm 以上，如图 1-64 所示，导套长度 L 可参考表 1-28 取值。

导套已标准化，根据导套内径 d，导套外径 D、长度 H 和长度 L 查附录 M6 选取。

表 1-28 导套长度 L mm

导柱直径	25	28	32	36
导套长度	55	60	70	80

1.3.13 连接与固定零件设计

(1) 模柄

小型模具的上模座一般采用模柄与压力机滑块连接，模柄类型如图 1-66 所示。

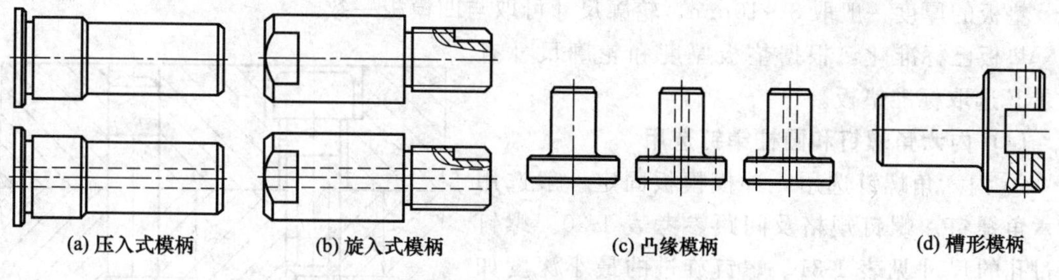

图 1-66 冷冲模模柄

① 图 1-66（a）为压入式模柄，这种模柄可较好保证轴线与上模座的垂直度，适用于各种中、小型冲模，生产中最常见，模柄与模座孔采用 H7/m6 或 H7/h6 配合，并可加销钉以防转动。

② 图 1-66（b）为旋入式模柄，它通过螺纹与上模座连接，并加螺纹防止松动。这种模柄拆装方便，但模柄与上模座的垂直度较差。多用于各种中、小型冲模。

③ 图 1-66（c）是凸缘模柄，用 3～4 个螺钉紧固于上模座，模柄的凸缘与上模座的窝孔采用 H7/js6 过渡配合，多用于较大型的模具。

④ 图 1-66（d）为槽形模柄，一般用于弯曲模具。

可根据所用的压力机的滑块孔的尺寸确定模柄的直径和长度

$$D_{\text{模柄直径}}=D_{\text{滑块孔的直径}} \tag{1-40}$$

$$L_{\text{模柄长度}}=H_{\text{滑块孔的深度}}-10\sim15\text{mm} \tag{1-41}$$

根据计算出的模柄直径和长度值查附录 N 选取标准模柄。

（2）固定板

固定板主要用于固定小型的凸模和凹模。将凸模或凹模按一定相对位置压入固定板后，作为一个整体安装在上模座或下模座上。固定板分为圆形固定板和矩形固定板两种。

固定板的厚度按凹模厚度的 0.6～0.8 倍确定，一般取 16～20mm，如果冲压材料厚 3mm 以上，固定板也可取 25mm。

固定板已标准化，根据厚度和轮廓尺寸查附录 F 选用标准固定板。

（3）垫板

垫板的作用是直接承受凸模的压力，以降低模座所受的压应力，防止模座被局部压陷。凸模端面对模座的压应力可按式（1-42）计算

$$p=\frac{F_Z}{A} \tag{1-42}$$

式中 p——凸模端面对模座的压应力，MPa；

F_Z——凸模承受的总压力，N；

A——凸模头部端面支承面积，mm^2。

若 p 大于模座材料的许用压应力时，就需要加垫板；反之则不需要加垫板。模座的许用压应力见表 1-29。

表 1-29 模座材料的许用压应力

模座材料	$[\sigma_{bc}]$/MPa
铸铁 HT250	90～140
铸钢 ZG310-570	110～150

垫板的厚度一般取 8～10mm，轮廓尺寸可取与凹模板一致。

垫板已标准化，根据垫板厚度和轮廓尺寸查附录 F 选取标准垫板。

(4) 内六角螺钉和圆柱销钉选用

① 内六角螺钉选用　冲模模板固定一般选用内六角螺钉。螺钉规格及间距参考表 1-30。螺钉通过孔的尺寸见表 1-31。螺钉旋进的最小深度如图 1-67 所示。

② 圆柱销钉选用　小型模具一般选用两个圆柱销钉对模板进行定位连接。销钉的直径可按同一个组合中的螺钉直径选取，销钉孔位置参考表 1-30，尺寸选用标准系列，配合尺寸参考图 1-67。

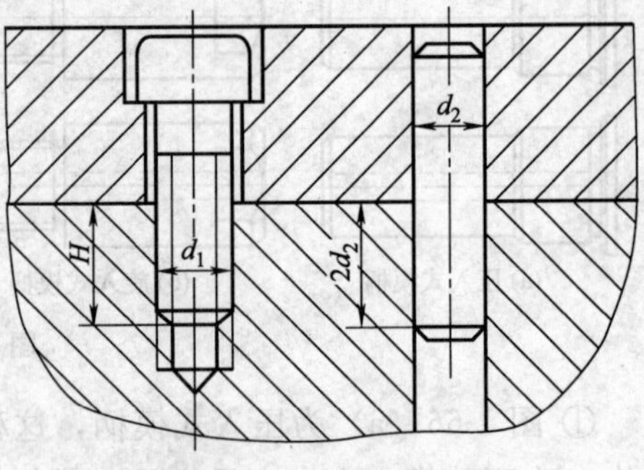

对于钢$H=d_1$，对于铸铁$H=1.5d_1$

图 1-67　螺钉装配尺寸

表 1-30　模板紧固螺钉孔及销孔的配置尺寸

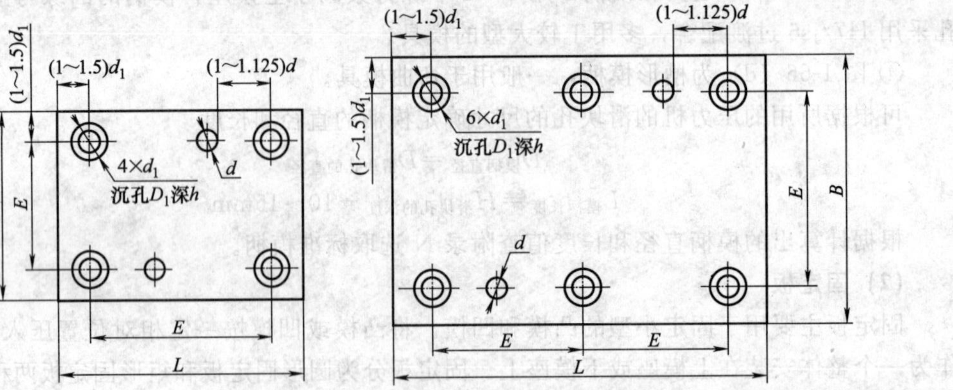

宽度尺寸 B	长度尺寸 L	厚度	紧固螺钉孔 d_1	(B 与 L 方向)孔数	定位销尺寸 d	紧固螺孔间距极限值 E 最大	紧固螺孔间距极限值 E 最小
75	90,125	22	M8	B 方向 2,L 方向 2	与螺孔尺寸 d_1 相同,取 H6/m6 或 H7/n6 配合,数目为 2 个	95	35
100	100,125						
	150		M10			120	63
	175,200	27		B 方向 2,L 方向 3			
125	125,150	22		B 方向 2,L 方向 2		120	60
	200,250	27		B 方向 2,L 方向 3			
150	200,250	32	M12			140	80
175	280			B 方向 2,L 方向 3			

注：如模板上加工通孔及沉孔，则按螺孔尺寸选标准尺寸。

表 1-31　螺钉规格及相对应模板开孔尺寸

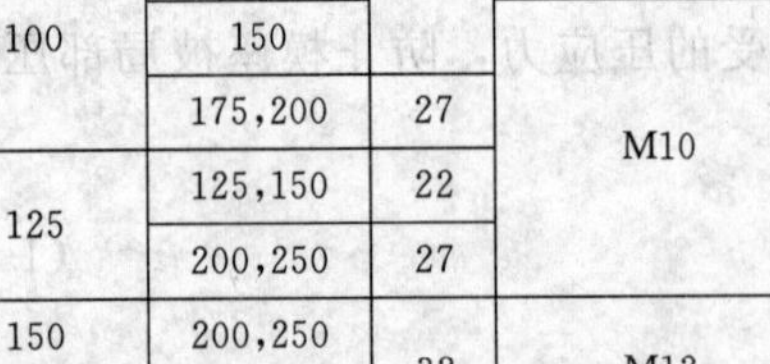

通过孔尺寸	螺钉 M6	M8	M10	M12	M16
D	11	14	17	19	25
H	8	10	12	14	18
d	7	9	11	13	17
h_{min}	3	4	5	6	8
h_{max}	25	35	45	55	75

1.3.14　模具零件图绘制

对于不需要二次加工的模具标准件，只要在模具装配图标题栏标出其代号，不需要出零件图，而对于其他零件，应按标题栏逐个绘制出完整的零件图。

模具零件图是模具零件加工的依据，绘制时应包括制造和检验的全部内容。

（1）视图

视图应充分、准确地表示出零件内、外部的结构形状和尺寸大小。

（2）制造和检验数据

尺寸完备，不重复。正确选择尺寸基准，尽量避免基准不重合误差的出现。零件图的方位尽量与其在总装图中的方位一致。不要任意旋转和颠倒，以免画错。

（3）尺寸公差、形位公差和表面粗糙度

对于功能尺寸，如凸、凹刃口尺寸，其尺寸公差由刃口尺寸公差计算公式计算确定；对于配合尺寸，如凸模固定板与凸模的配合尺寸公差、压入式模柄与上模座的配合尺寸公差等，查附录D2、附录D3确定；对于自由尺寸，如模板轮廓尺寸等，因其尺寸对装配及工件精度均无影响，可不标注公差。

对于凸模、凹模及其固定板应标注平行度、垂直度，对圆形凸模、凹模及其固定板还应标注同轴度形位公差。

（4）技术要求

对材质的要求，如热处理方法及热处理表面应达到的硬度要求，未注倒圆角半径的说明等。

1.3.15　模具装配图绘制

（1）装配图的作图状态，绘图比例

冲模装配图一般画合模的工作状态，这有助于校核各模具零件之间的相互关系，装配图一般采用1∶1的比例，这样直观性好。

（2）图面布置及绘图内容

如图1-68所示，位置①处布置模具结构主视图。

主视图剖面的选择，应重点反映凸模的固定，凸模刃口的形状、模柄与上模座间的安装关系、凹模的安装关系、凹模的刃口形状、漏料孔的形状、各模板间的安装关系（即螺钉、销钉如何安装）、导向系统与模座安装关系（即导柱与下模座，导套与上模座的装配关系）等。

在剖视图中所剖切到的凸模和顶件块等旋转体，其剖面不画剖面线。有时为了图面结构清晰，非旋转形的凸模也可以不画剖面线。条料或制件轮廓涂黑（涂红），或用双点画线表示。

位置⑥处布置模具结构俯视图。只画下模部分的结构形状，重点反映凹模的刃口形状及下模部分零件的安装情况，如导料板、挡料销、螺钉、销钉等的平面布置情况。

位置②处布置冲压产品图。在冲压产品图的右方或下方标注冲压件的名称、材料及料厚等参数。对于不能在一道工序内完成的产品，装配图上应将该道工序图画出，并且还要标注本道工序有关的尺寸。

位置③处布置排样图。排样图上的送料方向与模具结构图上的送料方向应一致。

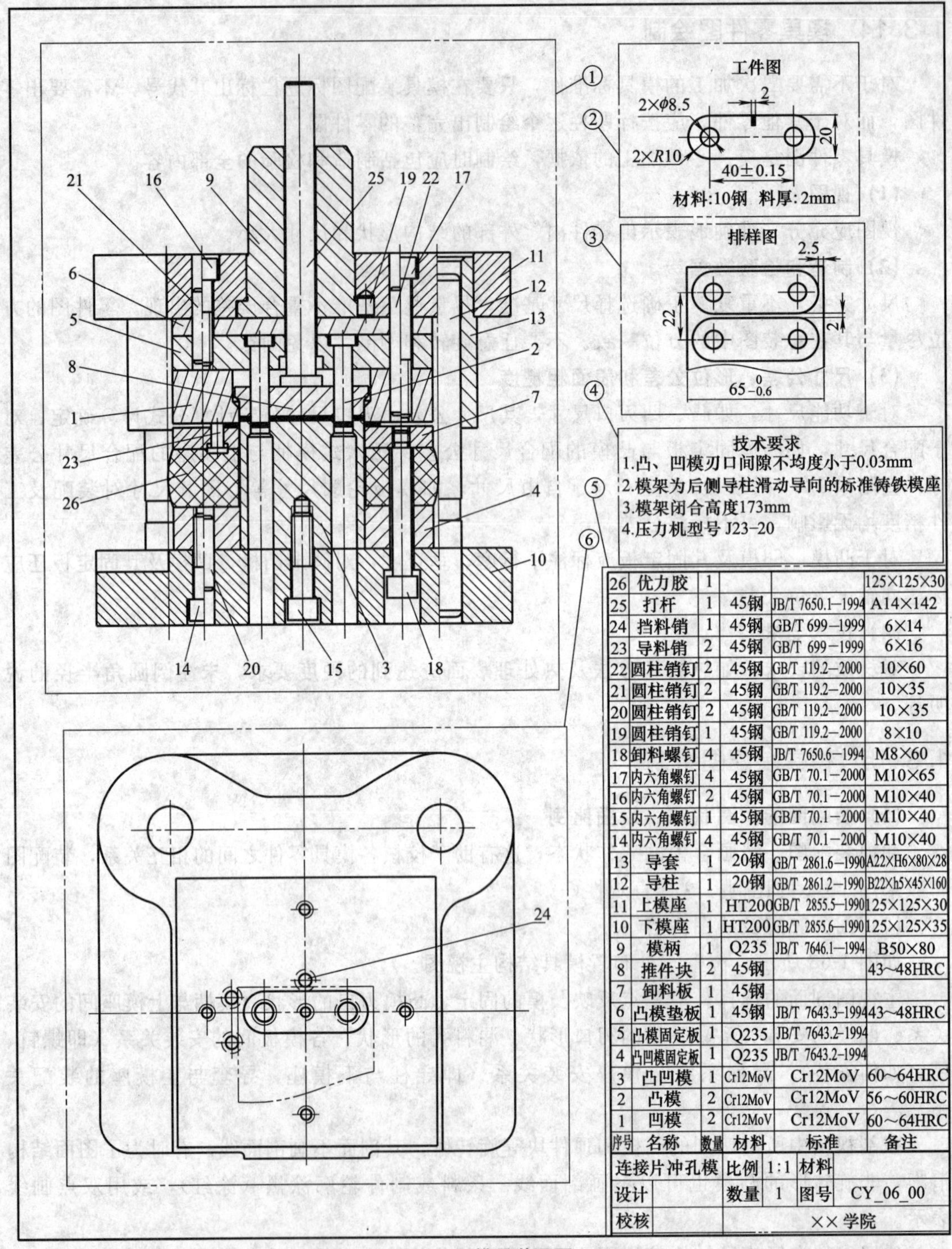

序号	名称	数量	材料	标准	备注
26	优力胶	1			125×125×30
25	打杆	1	45钢	JB/T 7650.1—1994	A14×142
24	挡料销	1	45钢	GB/T 699—1999	6×14
23	导料销	2	45钢	GB/T 699—1999	6×16
22	圆柱销钉	2	45钢	GB/T 119.2—2000	10×60
21	圆柱销钉	2	45钢	GB/T 119.2—2000	10×35
20	圆柱销钉	2	45钢	GB/T 119.2—2000	10×35
19	圆柱销钉	1	45钢	GB/T 119.2—2000	8×10
18	卸料螺钉	4	45钢	JB/T 7650.6—1994	M8×60
17	内六角螺钉	4	45钢	GB/T 70.1—2000	M10×65
16	内六角螺钉	2	45钢	GB/T 70.1—2000	M10×40
15	内六角螺钉	1	45钢	GB/T 70.1—2000	M10×40
14	内六角螺钉	4	45钢	GB/T 70.1—2000	M10×40
13	导套	1	20钢	GB/T 2861.6—1990	A22×H6×80×28
12	导柱	1	20钢	GB/T 2861.2—1990	B22×h5×45×160
11	上模座	1	HT200	GB/T 2855.5—1990	125×125×30
10	下模座	1	HT200	GB/T 2855.6—1990	125×125×35
9	模柄	1	Q235	JB/T 7646.1—1994	B50×80
8	推件块	2	45钢		43~48HRC
7	卸料板	1	45钢		
6	凸模垫板	1	45钢	JB/T 7643.3—1994	43~48HRC
5	凸模固定板	1	Q235	JB/T 7643.2—1994	
4	凸凹模固定板	1	Q235	JB/T 7643.2—1994	
3	凸凹模	1	Cr12MoV	Cr12MoV	60~64HRC
2	凸模	2	Cr12MoV	Cr12MoV	56~60HRC
1	凹模	2	Cr12MoV	Cr12MoV	60~64HRC

连接片冲孔模	比例	1:1	材料	
设计	数量	1	图号	CY_06_00
校核		××学院		

图 1-68 模具装配图

位置④处布置技术要求。如模具的闭合高度、标准模架型号、装配要求和所用的冲压设备型号等。

位置⑤处布置明细表及标题栏。

明细表至少应有序号、零件名称、数量、材料、标准代号和备注等栏目。同类零件的数字序号一般应连续编号，以方便统计。备注一栏主要填写热处理要求、外购或外加工等内容，标题栏主要填写模具名称、作图比例及签名等内容。

1.4 任务实施（步骤、方法、内容）

1.4.1 止动片冲孔落料复合模设计工作引导文

表 1-32 止动片冲孔落料复合模设计工作引导文

步骤	方法	内容	效果	时间/min
1	学习教材 1.1 节～1.2 节，听教师讲解设计任务及要求	冲孔落料复合模设计工作任务及要求	明确止动片冲孔落料复合模设计工作任务的内容、要求	15
2	学习教材 1.3.1 节	对零件进行冲压工艺分析	判断零件复合冲裁工艺的合理性	15
3	学习教材 1.3.2 节	排样设计	绘制排样图	25
4	学习教材 1.3.3 节	冲压力计算	计算冲孔落料工艺的总冲压力	20
5	学习教材 1.3.4 节	压力机型号参数选择	初选冲压设备	15
6	学习教材 1.3.5 节、1.3.6 节	凸、凹模刃口尺寸计算	计算凸、凹模刃口尺寸	45
7	学习教材 1.3.7 节	冲裁模结构设计	确定冲孔落料复合模的结构	30
8	学习教材 1.3.8 节	凸模、凹模、凸凹模设计	确定凸模、凹模、凸凹模结构形式、尺寸	45
9	学习教材 1.3.9～1.3.15 节	冲孔凸模固定板、垫板设计	确定冲孔凸模固定板、垫板结构形式、尺寸	15
10	学习教材 1.3.14 节	凸凹模固定板设计	确定凸凹模固定板的轮廓尺寸	15
11	学习教材 1.3.9 节	卸料方式的选择与零部件设计	确定弹性卸料板结构，弹簧参数，卸料螺钉型号参数	30
12	学习教材 1.3.10 节	出件方式的选择与零部件设计	确定推件块、打杆结构及尺寸	30
13	学习教材 1.3.11 节	导料销、挡料销设计	确定导料销、挡料销型号参数	20
14	学习教材 1.3.12 节	标准模架的选用	确定上模座、下模座、导套、导柱的型号、参数；校核压力机闭合高度与模具闭合高度是否相适应，否则重选压力机	30
15	学习教材 1.3.13 节	模柄设计	确定压入式标准模柄参数	20
16	学习教材 1.3.13 节	螺钉、销钉选择	螺钉、销钉参数、数量	20
17	学习教材 1.3.14 节	零件详细设计	根据前面步骤确定的参数绘制模具零件图	160
18	学习教材 1.3.14 节	模具装配图绘制	根据零件尺寸绘制模具装配图，同时检查零件尺寸的合理性，发现问题及时修改	160
19		计算说明书整理及图纸整理、归档	计算说明书一份，零件图 7～10 张，装配图 1 张	25
合计				720

备注：完成本项目需要 16 课时，每课时按 45min 计。

1.4.2 止动片冲孔落料复合模设计实例

(1) 冲压工艺分析及工艺方案的确定

① 零件的冲裁工艺性分析

a. 结构形式、尺寸大小。材料厚度＝2mm＜3.2mm，属薄板冲裁；零件结构简单，并

在转角有四处 $R2$ 圆角，内外形符合冲裁件结构设计规范；零件最大尺寸为 65mm，属小型冲件。

b. 尺寸精度、粗糙度、位置精度。孔边距 $12_{-0.11}^{\ 0}$ 属于 IT11 级精度，其余未注公差的尺寸，属自由尺寸，可按 IT14 级确定工件尺寸的公差，经查公差表，其公差分别：

零件外形：$65_{-0.74}^{\ 0}$，$24_{-0.52}^{\ 0}$，$30_{-0.52}^{\ 0}$，$R30_{-0.52}^{\ 0}$，$R2_{-0.25}^{\ 0}$。

零件内孔：$\phi10_{\ 0}^{+0.36}$。

孔心距：37±0.31。

零件图中未标注粗糙度、位置精度。

c. 冲裁件材料性能。零件材料为 45 钢，是优质碳素钢，抗剪强度 $\tau=432\sim549$MPa，具有较好的冲压性能，满足冲压工艺要求。

d. 冲压加工的经济性分析：该产品属于大批量生产，采用冲裁模进行冲压生产，不但能保证产品的质量，满足生产率要求，还能降低生产成本。

② 冲压工艺方案的确定

零件包括冲孔、落料两道冲压工序，可采用以下几个方案。

方案一（单工序模）：分两道工序做，先落料，后冲孔，采用两副单工序模具生产。

方案二（复合模）：将冲孔、落料两道冲压工序在一副模具一次完成，进行落料—冲孔复合冲压，采用落料冲孔复合模具来生产。

方案三（连续模）：将冲孔、落料两道冲压工序在一副模具依次完成，进行冲孔—落料连续冲压，采用连续模具来生产。

方案一模具结构简单，但需两副模具，生产率较低，精度低，难以满足该零件的年产量及精度要求。方案二只需要一副模具，冲压件形位精度和尺寸精度容易保证，且生产率也高。方案三也是只需要一副模具，生产率也很高，适合生产精度要求不高的工件。

由于孔边距尺寸 $12_{-0.11}^{\ 0}$mm 有公差要求，且工件最小壁厚满足表 1-19 的要求，为了更好地保证尺寸精度，最后确定采用方案二。

（2）模具结构形式

① 模具类型的选择　复合模有两种结构形式：正装式和倒装式。因为倒装式复合模的结构简单，在工件平直度要求不高、工件材料较硬时，应优先采用倒装式复合模。

② 定位方式的选择　采用手动送料方式，从右往左送料。如果采用固定导料销，在凹模上要钻出让位孔，这样会降低凹模的强度，因此，控制条料的送进方向采用活动导料销，控制条料的送进步距采用活动挡料销。

③ 卸料、出件方式的选择　复合模冲裁时，条料将卡在凸凹模外缘，因此需要装卸料装置。根据倒装式复合模具冲裁的运动特点，该模具采用弹性卸料。

④ 导向方式的选择　由于后侧导柱模架前面和左、右不受限制，送料和操作比较方便，因此，该复合模采用滑动导向的后侧导柱模架。

（3）排样设计

根据零件材料类型、厚度和形状查表 1-8 可确定零件之间的搭边值 2.2mm；零件与条料侧边之间的搭边值 2.5mm。

查表 1-9 得条料宽度的单向偏差 $\Delta=0.6$mm。

步距：$S=L+a_1=30+2.2=32.2$(mm)

条料宽度：$B=(D+2a_1)_{-\Delta}^{\ 0}=(65+2\times2.5)_{-0.6}^{\ 0}=70_{-0.6}^{\ 0}$(mm)

一个步距内的材料利用率：$\eta=\dfrac{A}{BS}\times100\%=\dfrac{1550}{70\times32.2}\times100\%=68.6\%$

根据材料条料宽及步距，绘制排样图如图 1-69 所示。

(4) 冲压力、压力中心计算及压力机初选

① 冲压力计算　此例中零件的落料周长 L 采用 AutoCAD 查询功能算出，确定 $L\approx$ 177mm，材料厚度 $t=2$mm，查附录 A1 取 45 钢的抗剪强度 $\tau=450$MPa，则

落料力：$F_1=1.3Lt\tau=1.3\times177\times2\times450\approx207.1$kN

冲孔力　$F_2=1.3Lt\tau=1.3\times2\times(\pi\times10)\times2\times450\approx73.5$kN（2 个孔）

卸料力：$F_X=K_XF_1=0.05\times207.1\approx10.36$kN（查表 1-11，取 $K_X=0.05$）

推件力：$F_T=nK_TF_2=\dfrac{7.5}{2}\times0.055\times73.5\approx15.2$kN（查表 1-11，取 $K_T=0.055$，假设冲孔凹模刃壁高 7.5mm）

计算零件所需总冲压力

$$F=F_1+F_2+F_X+F_T=207.1+73.5+10.36+15.2\approx306\text{kN}$$

② 压力中心计算　选择 X、Y 轴如图 1-70 所示，忽略 $4\times R2$ 圆角，列表 1-33 计算工件各线段长度及各自压力中心的坐标。

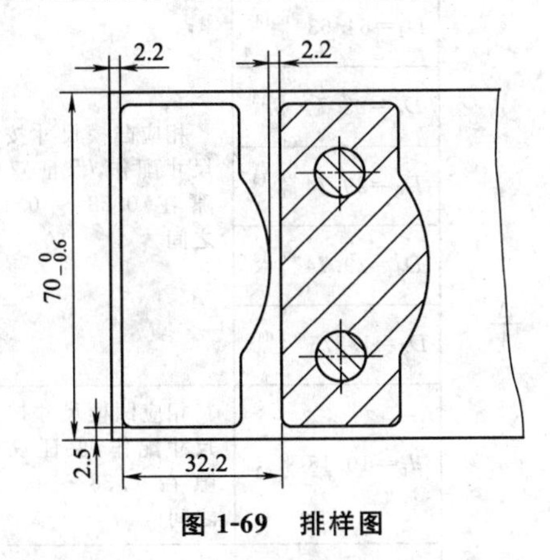

图 1-69　排样图

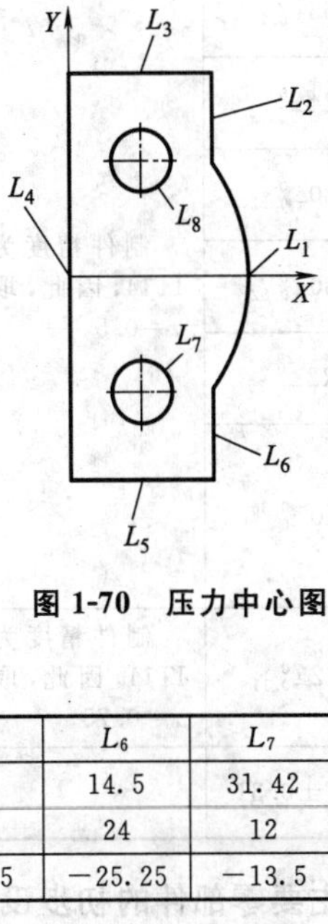

图 1-70　压力中心图

表 1-33　长度及压力中心坐标

段号		L_1	L_2	L_3	L_4	L_5	L_6	L_7	L_8
长度/mm		38.61	14.5	24	65	24	14.5	31.42	31.42
压力中心坐标	X	27.97	24	12	0	12	24	12	12
	Y	0	25.25	32.5	0	−32.5	−25.25	−13.5	13.5

由于工件对称于 X 轴，因此，模具的压力中心位于 X 轴上，只需根据式（1-15）计算模具的压力中心的 X 坐标

$$x_0=\frac{L_1x_1+L_2x_2+\cdots+L_nx_n}{L_1+L_2+\cdots+L_n}$$

$$=\frac{38.61\times27.97+14.5\times24+24\times12+65\times0+24\times12+14.5\times24+31.42\times12+31.42\times12}{38.61+14.5+24+65+24+14.5+31.42+31.42}$$

$$=\frac{3106}{243.45}\approx13.0\text{mm}$$

因此，模具压力中心坐标为（13.0，0）。

③ 压力机初选　根据压力机的公称压力必须大于或等于总冲压力，初步选用 J21-40 开

式压力机，压力机参数为：

公称压力：400kN。

滑块行程：80mm。

最大闭合高度：255mm。

连杆调节量：65mm。

工作台尺寸（前后×左右）：460mm×720mm。

模柄孔尺寸（直径×深度）：ϕ50mm×70mm。

(5) 工作零件刃口尺寸计算

落料部分以落料凹模为基准计算，落料凸模按间隙值配作；冲孔部分以冲孔凸模为基准计算，冲孔凹模按间隙值配作；以落料凹模、冲孔凸模为基准，凸凹模按间隙值配作。

根据材料种类和厚度查表 1-13 可确定 $Z_{min}=0.38$，$Z_{max}=0.42$，刃口尺寸计算结果见表 1-34。

表 1-34　模具刃口尺寸计算表

制件基本尺寸及分类		磨损系数	模具刃口尺寸计算公式	制造公差	模具刃口尺寸计算结果	
落料凹模	$65_{-0.74}^{0}$	制件精度为IT14，因此，取 $x=0.5$	$D_d=(D_{max}-x\Delta)_{0}^{+\frac{1}{4}\Delta}$	$\frac{\Delta}{4}$	$D_d=64.63_{0}^{+0.185}$	相应凸模尺寸按凹模尺寸配作，保证双面间隙在 0.38～0.42mm 之间
	$24_{-0.52}^{0}$				$D_d=23.74_{0}^{+0.13}$	
	$30_{-0.52}^{0}$				$D_d=29.74_{0}^{+0.13}$	
	$30_{-0.52}^{0}$				$D_d=29.74_{0}^{+0.13}$	
	$R2_{-0.25}^{0}$				$D_d=1.875_{0}^{+0.063}$	
冲孔凸模	$10_{0}^{+0.36}$		$d_p=(d_{min}+x\Delta)_{-\frac{1}{4}\Delta}^{0}$		$d_p=10.18_{-0.09}^{0}$	相应凹模尺寸按凸模尺寸配作，保证双面间隙在 0.38～0.42mm 之间
孔边距	$12_{-0.11}^{0}$	制件精度为IT11，因此，取 $x=0.75$	$B_j=(B_{max}-x\Delta)_{0}^{+\frac{1}{4}\Delta}$		$L_p=11.95_{0}^{+0.028}$	
孔心距	37 ± 0.31		$L_d=(L_{min}\pm0.5\Delta)$	$\frac{\Delta}{8}$	$L_d=37\pm0.078$	

(6) 主要零部件的初步设计

① 落料凹模结构尺寸　根据式（1-32）计算凹模高度：$H=kb=0.22\times65\approx14.3$mm

查表 1-18 得凹模壁厚：$c=32\sim42$mm。

垂直于送料方向的尺寸：$B=b+2c=65+2\times32=129$mm

送料方向的尺寸：$A=a+2c=30+2\times32=94$mm

根据就近、就高的原则，参考附录 F1 标准矩形凹模板尺寸，可确定凹模长、宽、高尺寸为：125mm×125mm×14mm。

② 空心垫板结构尺寸　因为凹模板的厚度空间不足以安装推件块，为了安装推件块，在凹模上方增加长、宽、高尺寸为 125mm×125mm×12mm 的空心垫板。

③ 标准模座参数　采用滑动导向、后侧导柱标准铸铁模架，根据凹模周界尺寸及厚度，

查附录 M1，初定下模座参数为 125mm×125mm×35mm，上模座参数为 125mm×125mm×30mm。

④ 冲孔凸模固定板　厚度取为 14mm，平面尺寸与凹模外形尺寸相同，查附录 F1 可确定冲孔凸模固定板的结构尺寸为 125mm×125mm×14mm。

⑤ 上垫板　厚度取 6mm，平面尺寸与凹模外形尺寸相同，查附录 F1 可确定上垫板的结构尺寸为 125mm×125mm×6mm。

⑥ 冲孔凸模　根据冲孔凸模刃口与落料凹模刃口平齐的原则确定冲孔凸模长度。

冲孔凸模长度＝冲孔凸模固定板厚度＋落料凹模厚度＋空心垫板厚度＝14＋14＋12＝40mm。

⑦ 下垫板　本例的凸凹模受力比冲孔凸模大，因此下垫板厚度应大于上垫板厚度，取 8mm，平面尺寸与凹模外形尺寸相同，查附录 F1 可确定下垫板的结构尺寸为 125mm×125mm×8mm。

⑧ 凸凹模固定板　本例的凸凹模固定板厚度应大于冲孔凸模固定板厚度，取 16mm，平面尺寸与凹模外形尺寸相同，查附录 F1 可确定凸凹模固定板的结构尺寸为 125mm×125mm×16mm。

⑨ 卸料板　根据 1.3.9 节的介绍，查表 1-21 可确定卸料板的厚度为 10mm，卸料板结构尺寸为 125mm×125mm×10mm。

⑩ 凸凹模高度　确定凸凹模高度 H：$H=10+16+10\sim20\text{mm}=36\sim46\text{mm}$，初定为 44mm。

⑪ 卸料弹簧的选用

弹簧种类：根据 1.3.9 节的介绍，选取红色弹簧。

弹簧个数：根据 1.3.9 节的介绍，选取 4 个。

弹簧直径：根据 1.3.9 节的介绍及模板实际尺寸，取弹簧直径为 $\phi20$。

弹簧长度：根据凸凹模高度，初定弹簧自由长度为 40mm，查附录 C1，红色弹簧使用 30 万回的最大压缩比为 32%。

计算最大压缩量 ΔL：$\Delta L=L\lambda=40\times32\%=12.8$ (mm)

预压缩量 $S_{预}$：$S_{预}=2\sim4\text{mm}$，取 2mm。

校核弹簧压缩量是否满足要求：

$$S_{总}=S_{预}+S_{工作}+S_{修磨}$$
$$=2+(2+1)+4=9$$

满足 $\Delta L\geqslant S_{总}$

⑫ 卸料螺钉选用　根据弹簧内径为 $\phi10$，选取 M8 卸料螺钉，如图 1-71 所示。

卸料螺钉长度 L＝凸凹模高度＋下垫板高度－卸料板厚度＝44＋8－10＝42(mm)

查附录 L1，确定卸料螺钉为 M8×42 JB/T 7650.5—94，

⑬ 模具闭合高度及合模高度计算

根据图 1-71 可确定合模高度为：$H=(30+6+14+12+14)+(44-1)+8+35=162\text{mm}$。

因为压力机最大闭合高度为 270mm，连杆调节量为 55mm，在模座下增加垫脚，所选压力机就可满足模具闭合高度要求。

⑭ 导柱、导套的选取　如图 1-71 所示，据式 (1-39) 可确定导柱长度：$L=162-(2\sim$

3)－(10～15)＝144～150mm，查附录 M6，选取的导柱、导套型号为：

导柱　B22h5×150×45 GB/T 2861.1；

导套　A22H6×80×28。

⑮ 模柄　采用 B 型压入式模柄，根据压力机滑块的模柄孔尺寸，选用模柄规格为 B50×80。

⑯ 打杆　根据 1.3.10 节进行设计，由图 1-71 所示的各模板的相对位置关系可得：

$$打杆长度=(12-5-3)+14+6+80+30=134\text{mm}$$

⑰ 挡料销、导料销　考虑活动挡料销安装繁琐，且本例板料比较厚，因此采用固定挡料销，只要固定挡料销高度小于板料厚度，就不用在凹模上开避让孔。

查附录 H1，确定挡料销型号：A6 JB/T 649.10

⑱ 螺钉、销钉　根据 1.3.13 介绍的方法，可确定螺钉、销钉的规格

凸模固定板固定：螺钉 2×M10×35，销钉 2×ϕ10×30mm。

凹模固定板固定：螺钉 4×M10×60，销钉 2×ϕ10×55mm。

凸凹模固定：螺钉 M8×25。

凸凹模固定板固定：螺钉 4×M10×45，销钉 2×ϕ10×40mm。

模柄止转销：销钉 ϕ8×10mm。

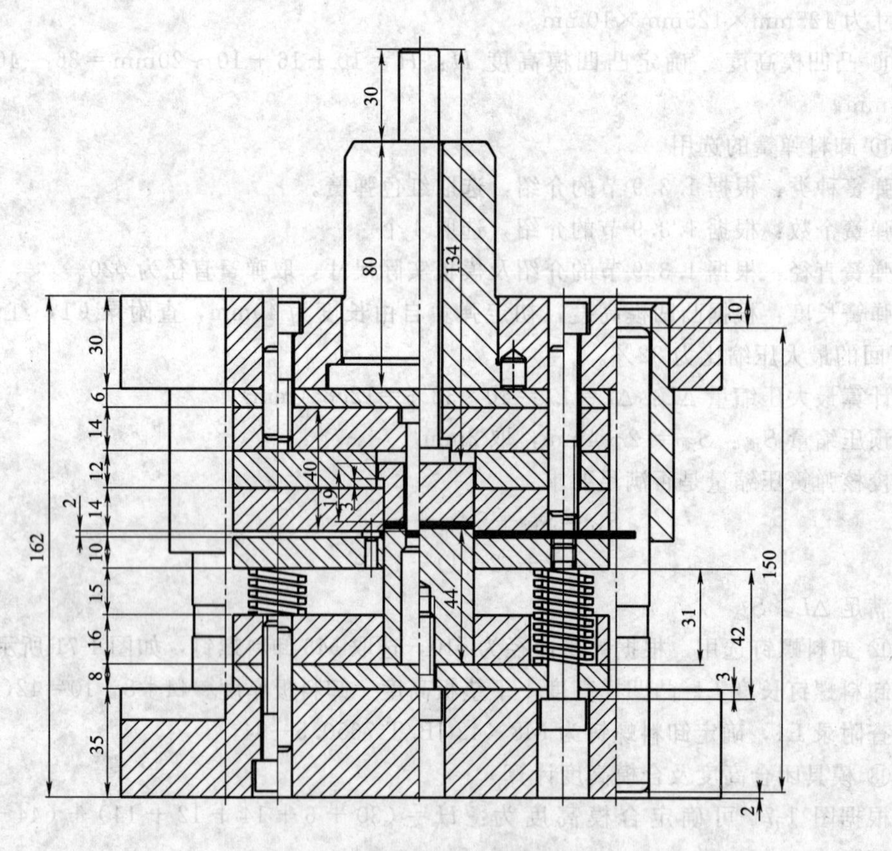

图 1-71　各零件尺寸关系简图

(7) 主要零部件的详细设计

① 凹模的详细设计

a. 凹模的外形尺寸、刃口尺寸及公差按初步设计阶段的设计计算结果，表面粗糙度可查附录 D4 确定，凹模材料及热处理要求查附录 A3 确定。

b. 凹模与上模座连接的螺钉孔及销孔位置及数量。根据表 1-30，可确定送料方向两螺孔间距为 95mm，与送料方向垂直方向的两螺孔间距为 95mm。

查附录 D2，可确定 $\phi10$ 销孔的配合公差为 H7/n6，查附录 D3，可确定销孔尺寸公差 $\phi10^{+0.015}_{0}$，销孔错开布置。

凹模零件图见图 1-72。

② 空心垫板的详细设计　空心垫板主要为安装推块而设，安装推块部分的尺寸按图 1-45设计。安装螺孔及销孔与凹模上的孔相对应。

空心垫板的零件图见图 1-73。

③ 推块的详细设计　推块结构及尺寸按图 1-45 设计。

推块的零件图见图 1-74。

④ 凸模、凸模固定板、上模垫板的详细设计

a. 凸模。参照图 1-28、表 1-15 进行凸模结构设计。刃口尺寸及公差按初步设计阶段的设计计算结果。

b. 凸模固定板。参照图 1-28、表 1-16 进行凸模固定板结构设计，根据表 1-20 及凹模板的结构布置凸模固定板的螺钉孔及销孔，2 个 M10 的螺钉孔距为 95mm，布置在送料方向的模板对称线上；4 个 $\phi10$ 销孔位置要与凹模板上的销孔、上模座上的销孔位置对齐。打杆过孔台尺寸根据打杆尺寸确定。

c. 上垫板。上垫板上的螺钉通孔、销钉孔的位置、尺寸应与凸模固定板上的螺钉孔、销钉孔相对应。

凸模零件见图 1-75，凸模固定板零件见图 1-76，上垫板零件见图 1-77。

⑤ 打杆的详细设计　根据 1.3.10 介绍进行详细设计。打杆零件见图 1-78。

⑥ 上模座的详细设计　上模座属标准件，轮廓尺寸见附录 M2，详细设计阶段只需确定螺钉通孔、销钉孔、模柄安装孔的位置及尺寸。

上模座零件见图 1-79。

⑦ 模柄的详细设计　模柄属标准件，结构、尺寸、材料及热处理要求见附录 N1。

模柄一般需自行加工，模柄零件见图 1-80。

⑧ 凸凹模的详细设计　凸凹模的外形尺寸、刃口尺寸及公差按初步设计阶段的设计计算结果，刃口形式参考图 1-35 进行设计。

凸凹模的零件见图 1-81。

⑨ 凸凹模固定板的详细设计　凸凹模固定板与凸凹模配合部分尺寸公差参考附录 D2 确定，根据表 1-30，可确定送料方向螺孔间距为 95mm，与送料方向垂直方向的螺孔间距为 95mm。

弹簧过孔尺寸参考附录 C2 确定。

凸凹模固定板的零件见图 1-82。

⑩ 卸料板的详细设计　与凸凹模配合部分尺寸参考图 1-41 进行设计。

根据固定挡料销的规格确定固定挡料销孔为 $\phi4$mm 通孔；查附录 D2，可确定固定挡料销孔的配合公差为 H7/n6，查附录 D3，可确定固定挡料销孔尺寸公差为 $\phi4^{+0.012}_{0}$；根据两工件间的搭边值（2.5mm）及固定挡料销直径（$\phi8$）确定挡料销孔中心到卸料板开腔边缘的距离为 6.5mm。卸料板零件见图 1-83。

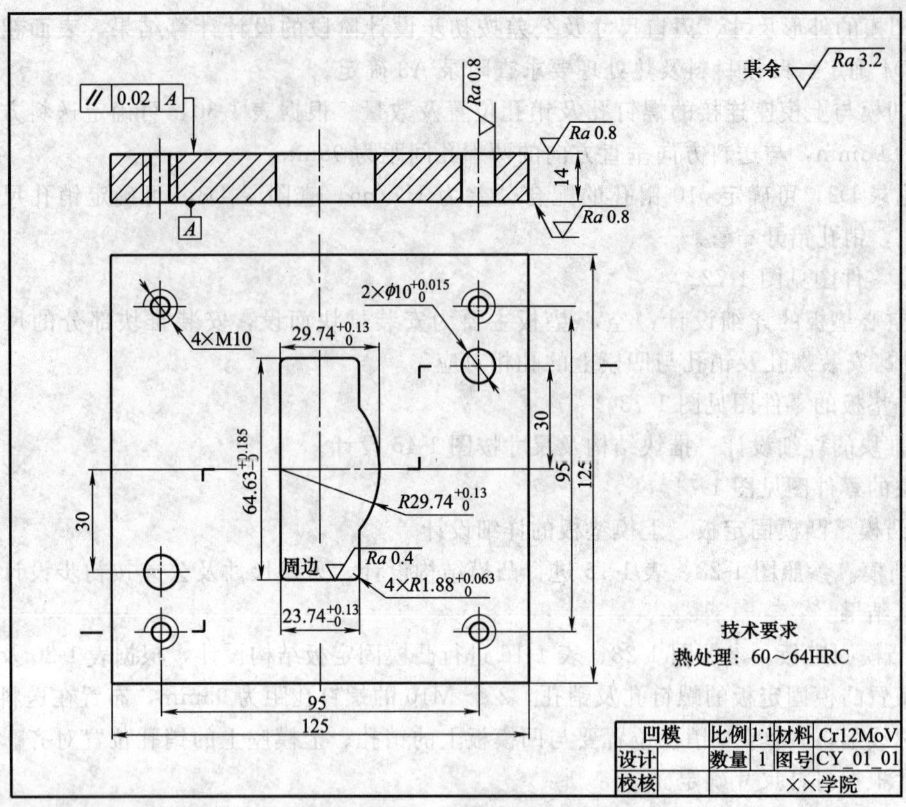

图 1-72　凹模零件图

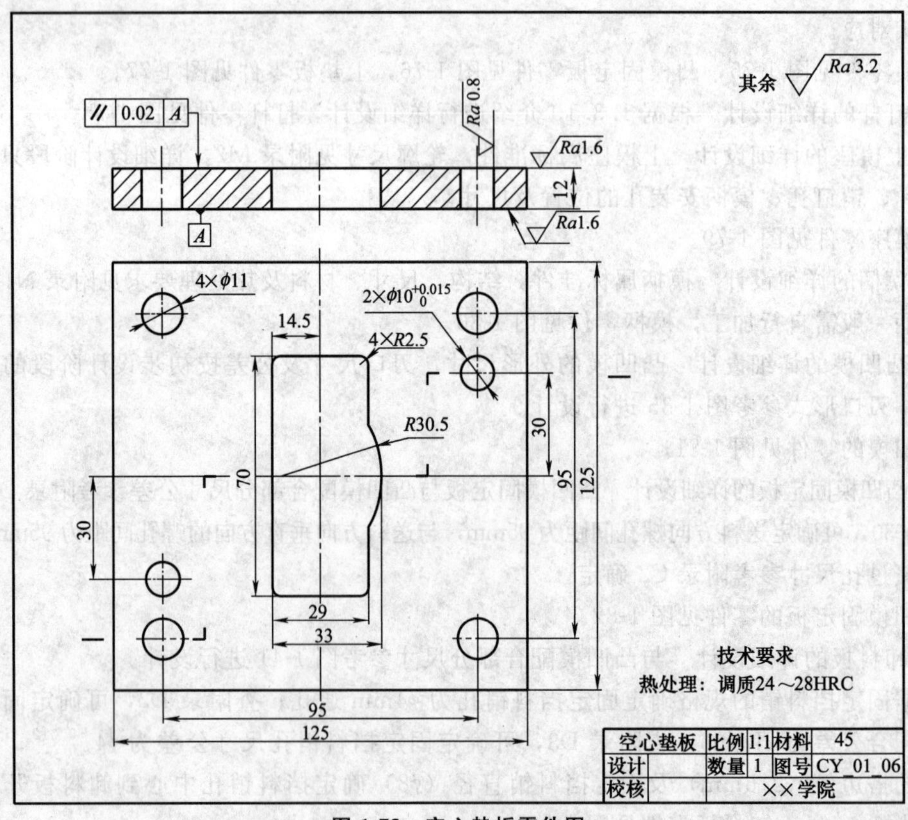

图 1-73　空心垫板零件图

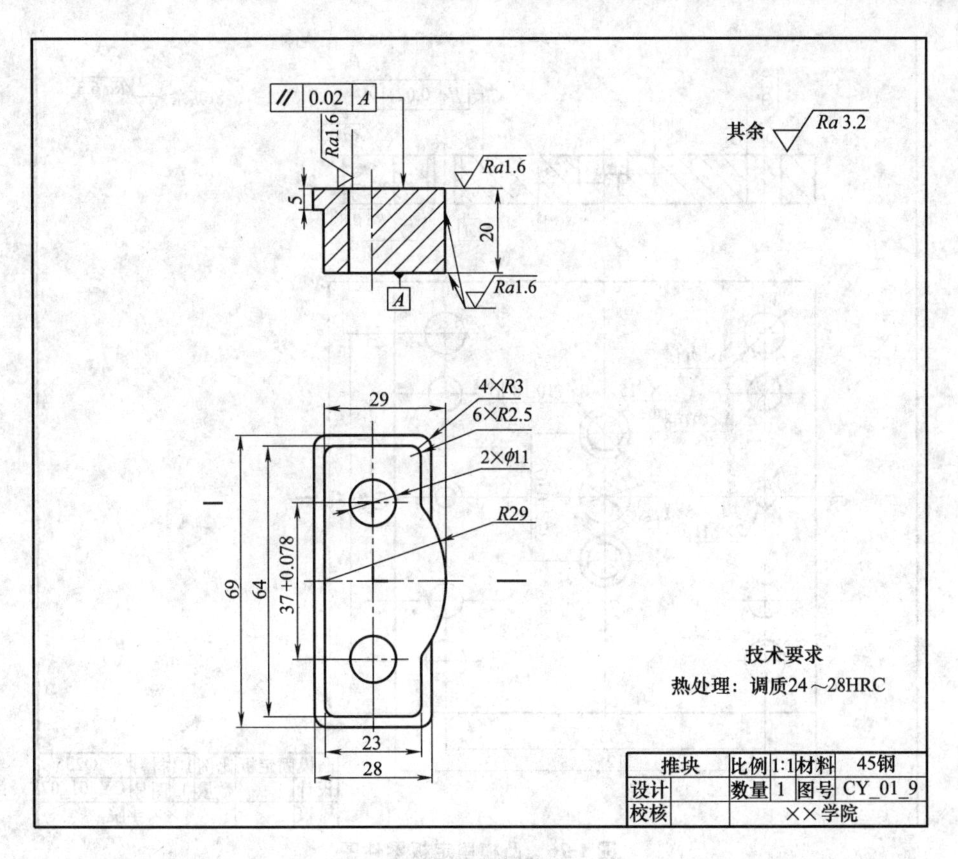

图 1-74　推块零件图

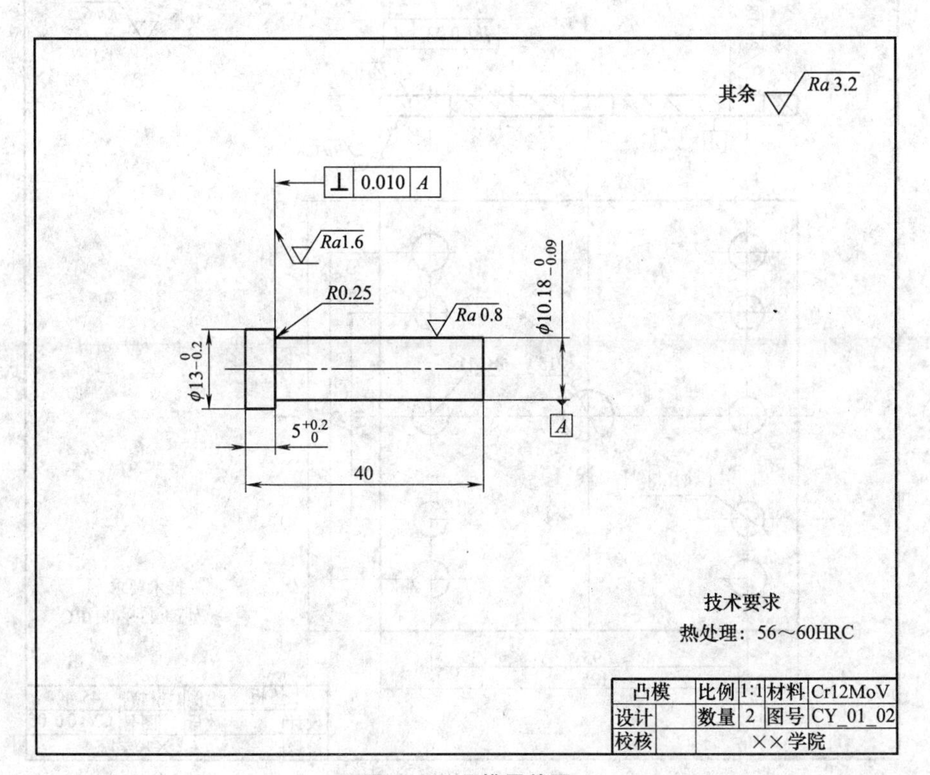

图 1-75　凸模零件图

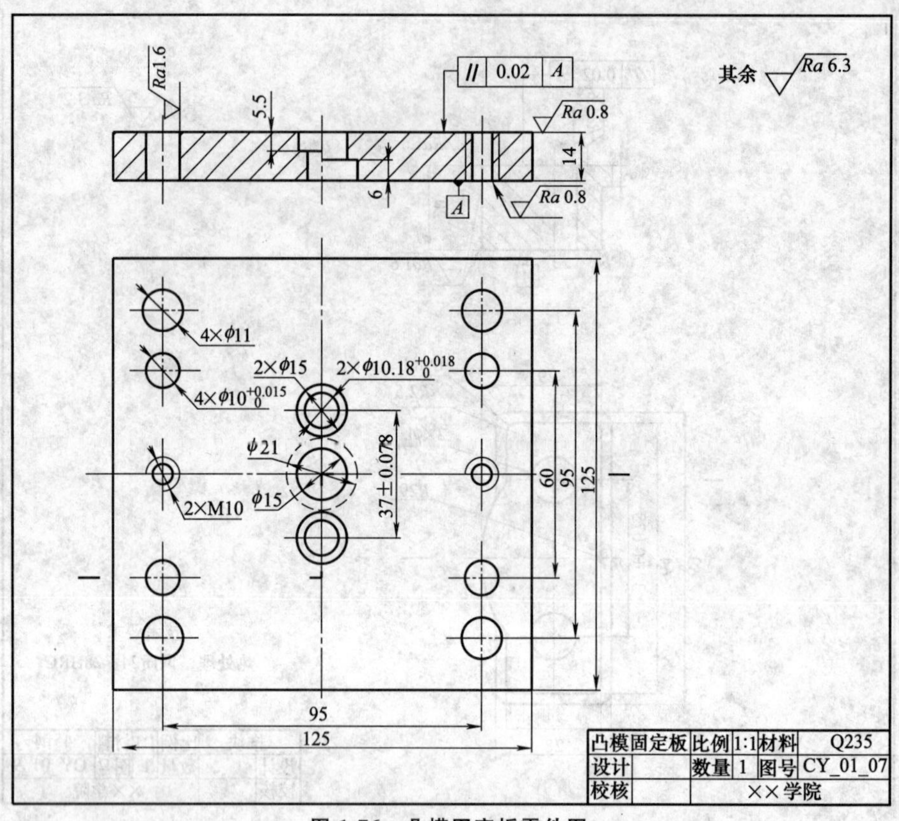

图 1-76 凸模固定板零件图

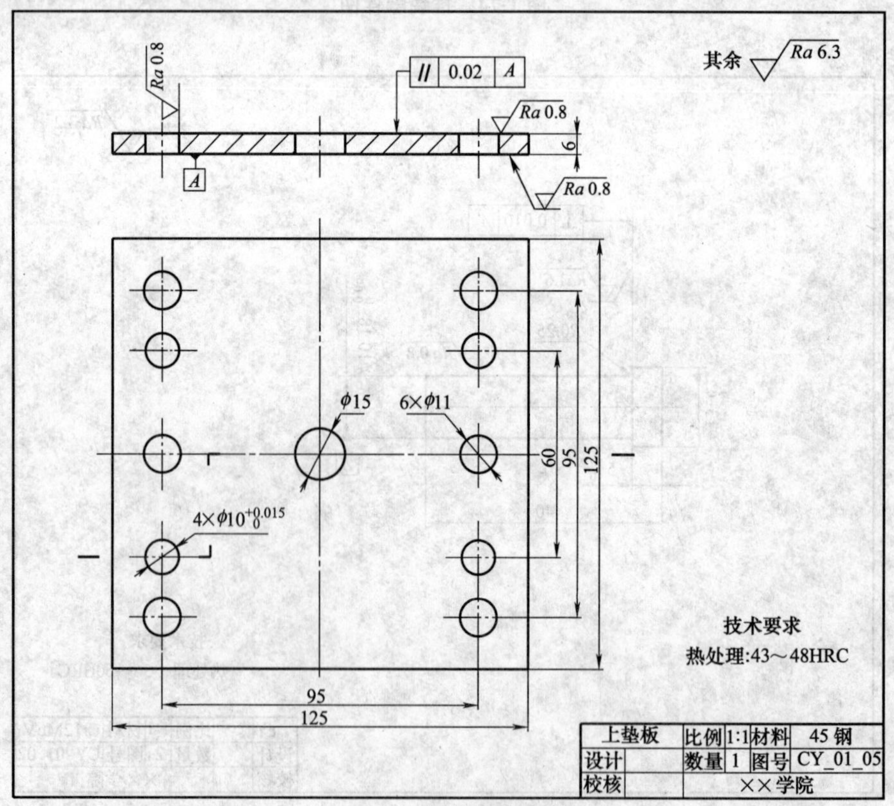

图 1-77 上垫板零件图

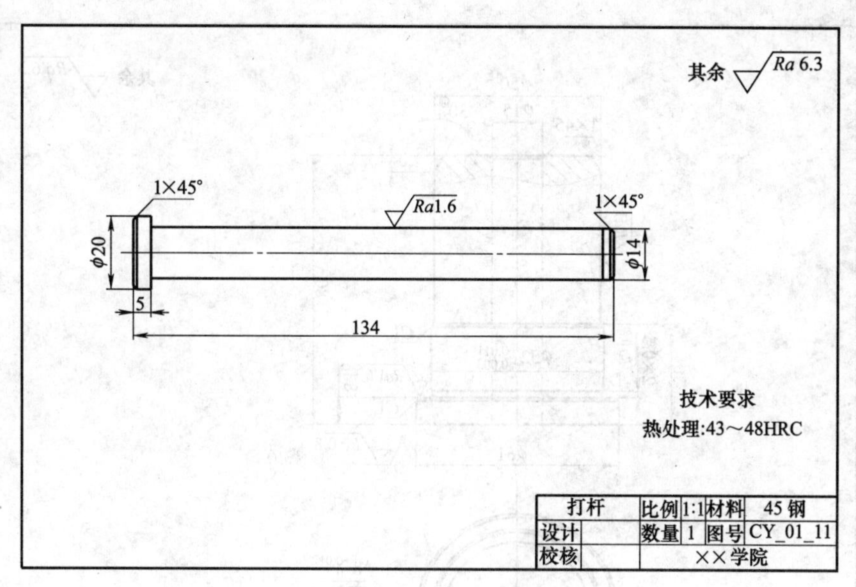

图 1-78 打杆零件图

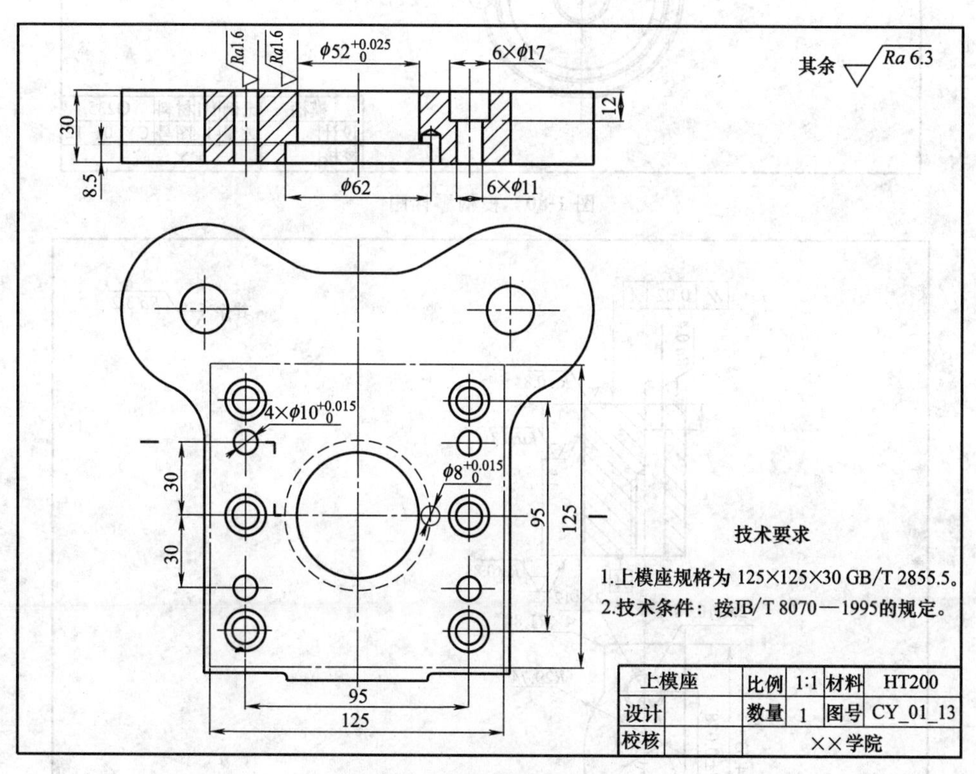

图 1-79 上模座零件图

⑪ 下垫板的详细设计 下垫板上的螺钉通孔、销钉孔的位置、尺寸应与凸凹模固定板上的螺钉孔、销钉孔相对应。下垫板上卸料螺钉过孔尺寸参考表 1-22 进行设计。

下垫板零件见图 1-84。

⑫ 下模座的详细设计 下模座属标准件，轮廓尺寸见附录 M1，详细设计阶段只需布置凸凹模固定孔、凸凹模固定安装孔、卸料螺钉过孔的位置及尺寸。

下模座零件图见图 1-85。

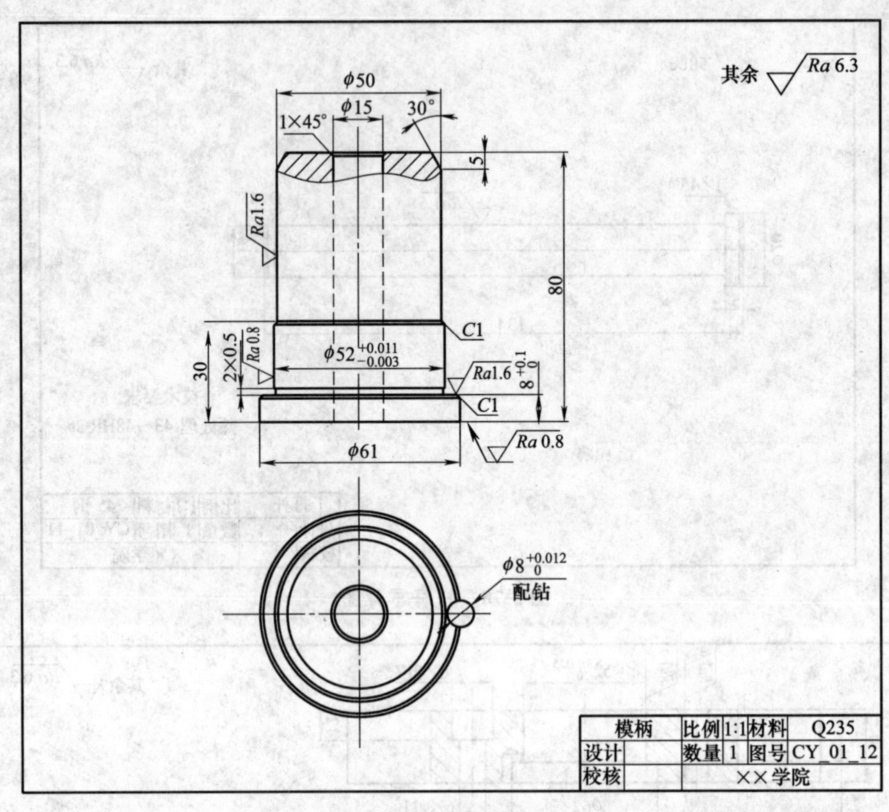

图 1-80 模柄零件图

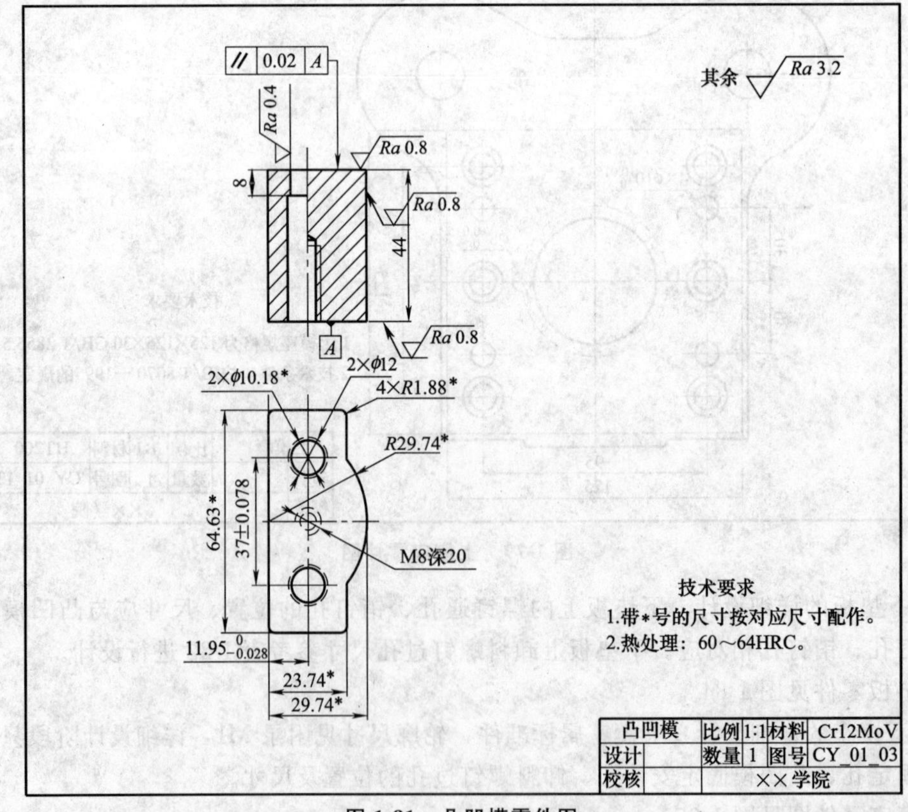

图 1-81 凸凹模零件图

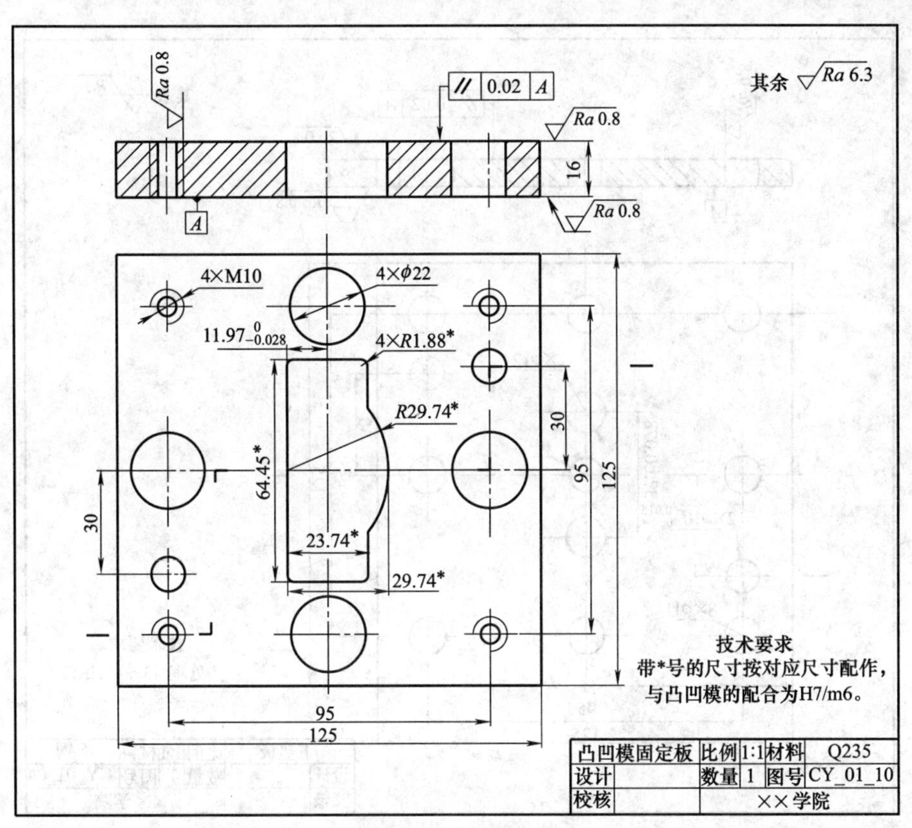

图 1-82 凸凹模固定板

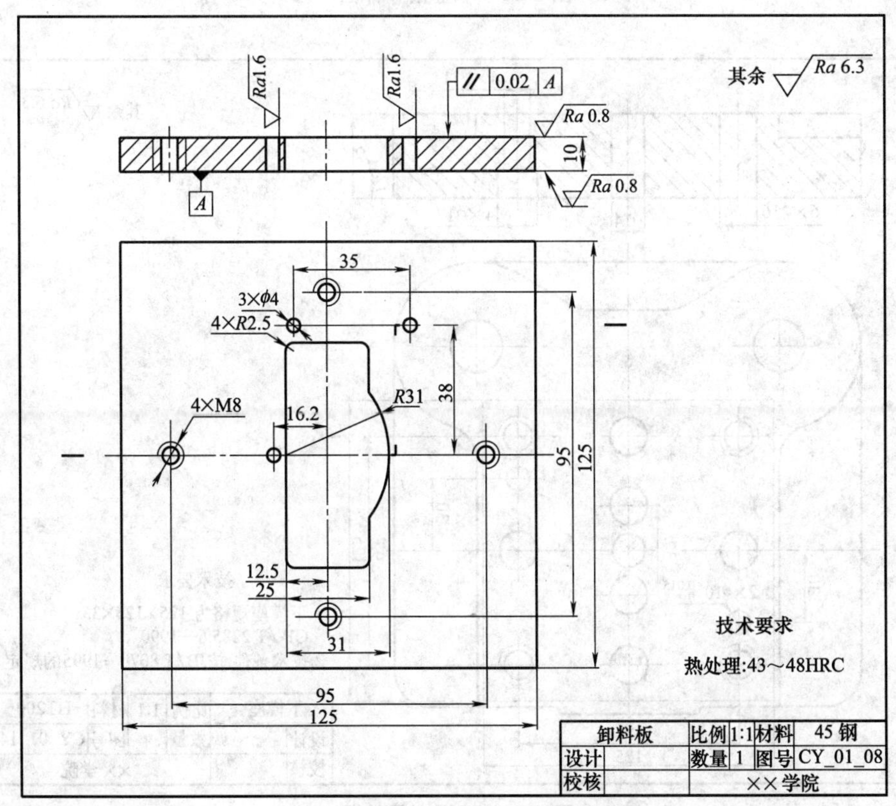

图 1-83 卸料板零件图

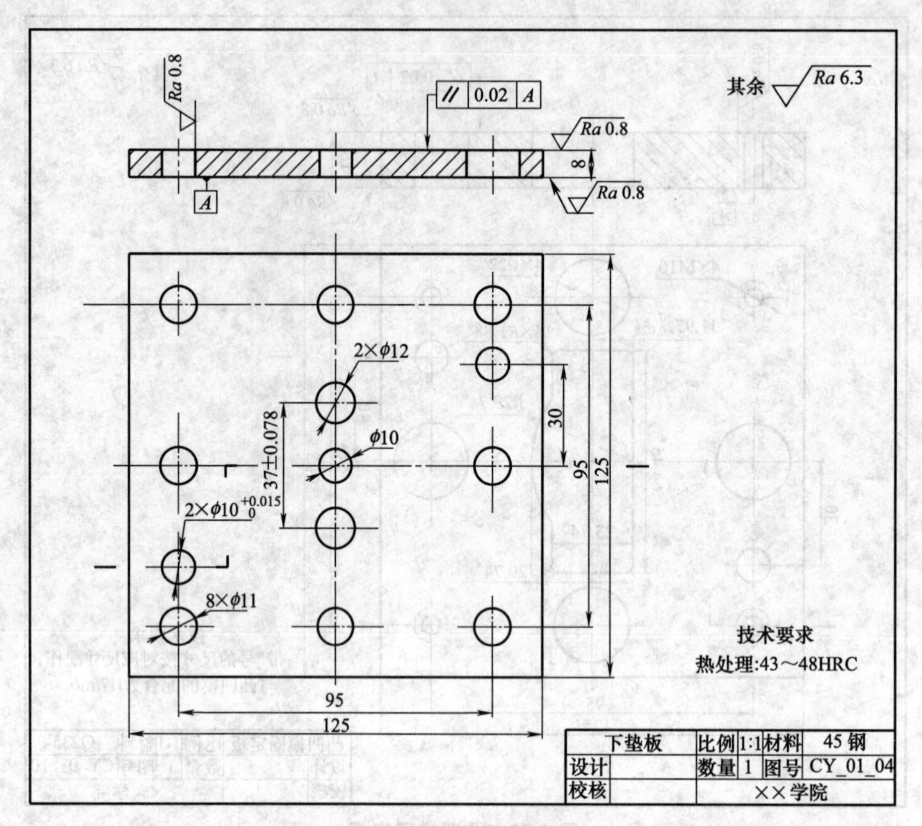

图 1-84 下垫板零件图

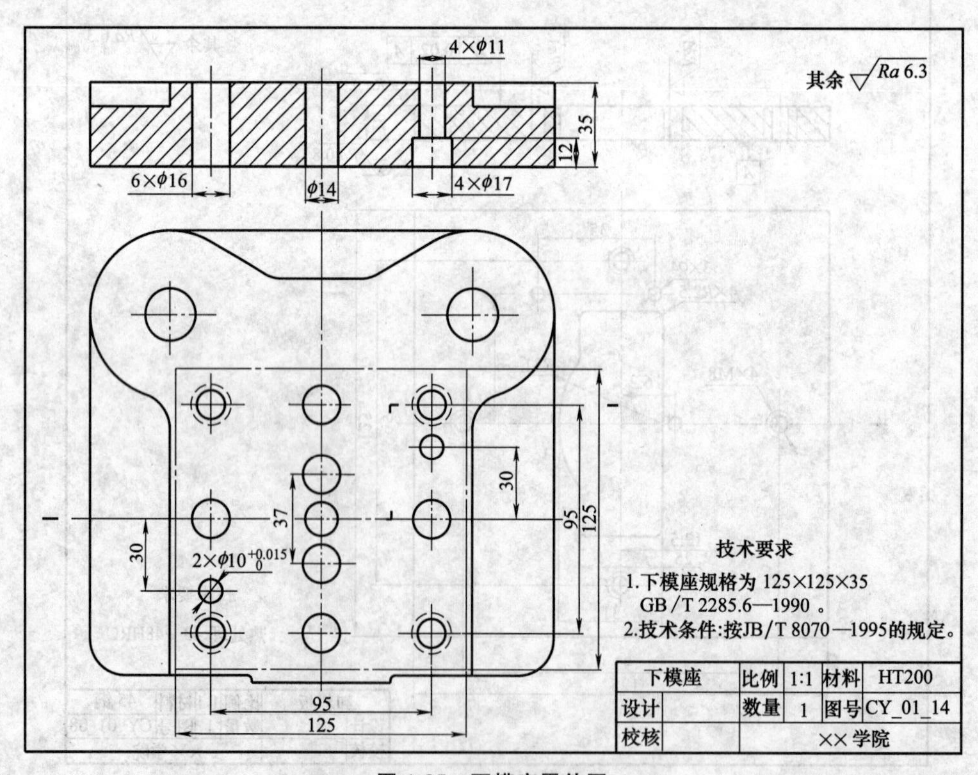

图 1-85 下模座零件图

⑬ 装配图的详细设计　根据详细设计阶段确定的零部件结构参数绘制模具装配图，在绘制过程中要注意检查各个零件的配合尺寸是否正确，发现问题，应重新修改零件图。

模具装配图见图 1-86。

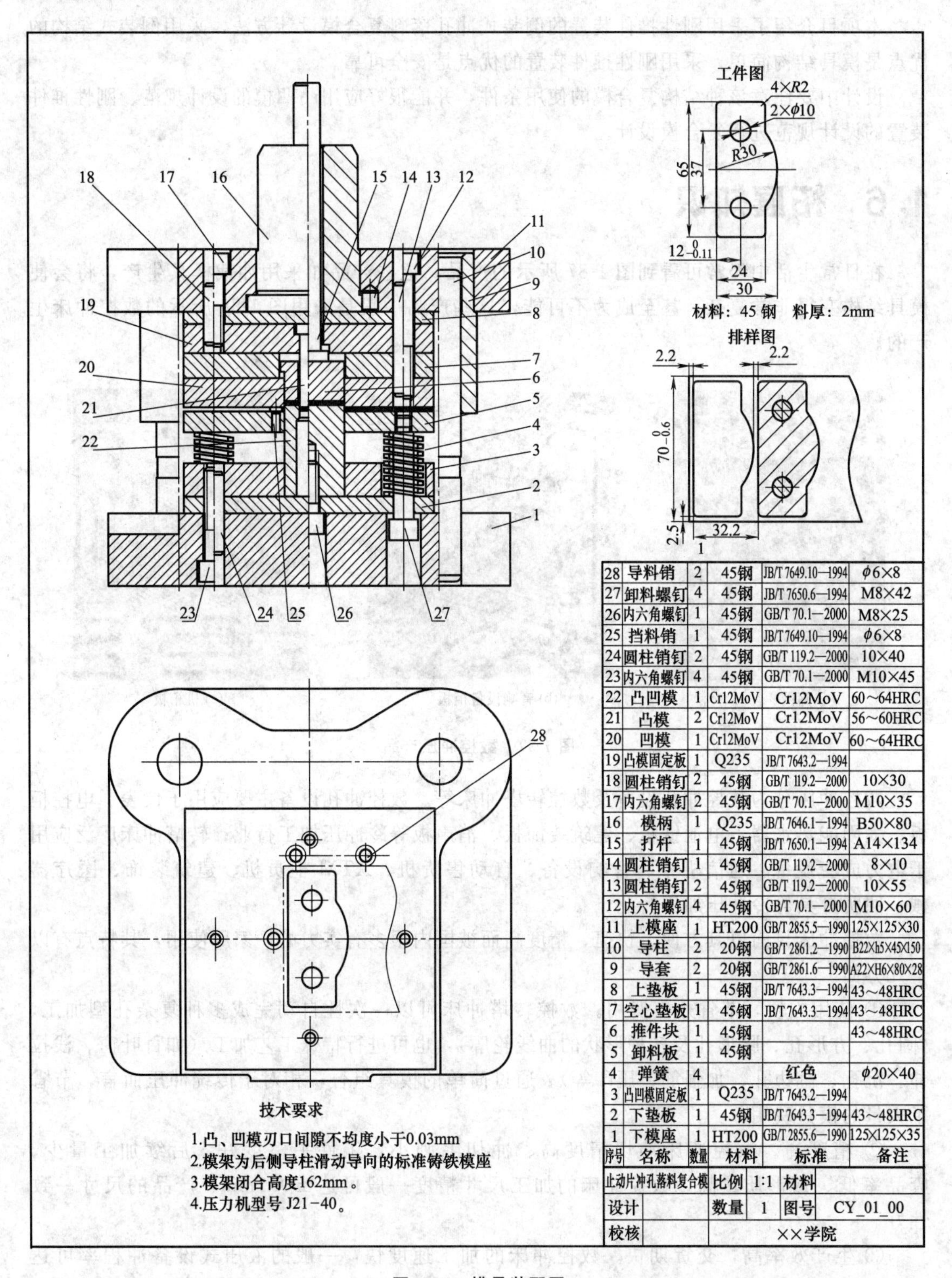

28	导料销	2	45钢	JB/T 7649.10—1994	φ6×8
27	卸料螺钉	4	45钢	JB/T 7650.6—1994	M8×42
26	内六角螺钉	1	45钢	GB/T 70.1—2000	M8×25
25	挡料销	1	45钢	JB/T 7649.10—1994	φ6×8
24	圆柱销钉	2	45钢	GB/T 119.2—2000	10×40
23	内六角螺钉	4	45钢	GB/T 70.1—2000	M10×45
22	凸凹模	1	Cr12MoV	Cr12MoV	60～64HRC
21	凸模	2	Cr12MoV	Cr12MoV	56～60HRC
20	凹模	1	Cr12MoV	Cr12MoV	60～64HRC
19	凸模固定板	1	Q235	JB/T 7643.2—1994	
18	圆柱销钉	2	45钢	GB/T 119.2—2000	10×30
17	内六角螺钉	2	45钢	GB/T 70.1—2000	M10×35
16	模柄	1	Q235	JB/T 7646.1—1994	B50×80
15	打杆	1	45钢	JB/T 7650.1—1994	A14×134
14	圆柱销钉	1	45钢	GB/T 119.2—2000	8×10
13	圆柱销钉	2	45钢	GB/T 119.2—2000	10×55
12	内六角螺钉	4	45钢	GB/T 70.1—2000	M10×60
11	上模座	1	HT200	GB/T 2855.5—1990	125×125×30
10	导柱	2	20钢	GB/T 2861.2—1990	B22×h5×45×150
9	导套	2	20钢	GB/T 2861.6—1990	A22×H6×80×28
8	上垫板	1	45钢	JB/T 7643.3—1994	43～48HRC
7	空心垫板	1	45钢	JB/T 7643.3—1994	43～48HRC
6	推件块	1	45钢		43～48HRC
5	卸料板	1	45钢		
4	弹簧	4		红色	φ20×40
3	凸凹模固定板	1	Q235	JB/T 7643.2—1994	
2	下垫板	1	45钢	JB/T 7643.3—1994	43～48HRC
1	下模座	1	HT200	GB/T 2855.6—1990	125×125×35
序号	名称	数量	材料	标准	备注

止动片冲孔落料复合模		比例	1:1	材料	
设计		数量	1	图号	CY_01_00
校核		××学院			

图 1-86　模具装配图

1.5 总结与回顾

本项目介绍了采用刚性推件装置的倒装式冲孔落料复合模设计方法，采用倒装式结构的优点是模具结构简单，采用刚性推件装置的优点是安全可靠。

设计中要注意该种结构复合模的使用条件，并能很好应用凸凹模的设计规范、刚性推件装置的设计规范进行复合模设计。

1.6 拓展知识

在日常生活中经常可看到图 1-87 所示的产品，这些产品如采用冲裁模具生产，将会使模具结构变得非常复杂，甚至成为不可能，这些产品一般是采用图 1-88 所示的数控冲床生产的。

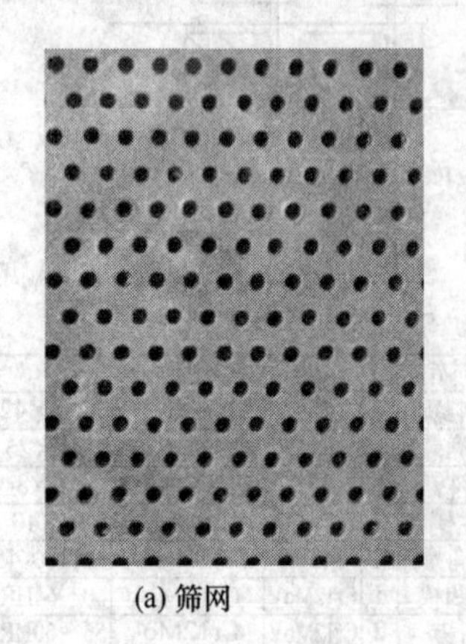

(a) 筛网

(b) 音响设备柜板

(c) 机箱板

图 1-87 数控冲压产品

数控冲床分为数控冲孔设备及数控转塔冲床等。数控冲孔设备主要应用于仪表、电控柜板、太阳能热水器、电池铁板、建筑装饰板、消声板等冷冲压加工行业；转塔冲床广泛应用于电力成套设备、通信机柜、音响设备、自动售货机、ATM 柜员机、建筑装饰、医疗器械、照明灯具等冷冲压加工行业。

数控冲床目前以其方便、快捷、精度高而被国内很多有实力的厂家所使用，其特点有以下几方面。

① 使用方便，节省开模费用。数控转塔冲床可以一次性自动完成多种复杂孔型加工，(圆孔、方形孔、腰形孔及各种形状的曲线轮廓)，也可进行特殊工艺加工（如百叶窗、浅拉伸、沉孔、翻边孔、加强筋、压印等）。通过简单的模具组合，相对于传统冲压而言，节省了大量的模具费用。

② 精度高。数控冲床冲切精度高、冲切毛刺小、工件平整度好、后续加工量少、废品率低、成形质量高，数控冲床的加工尺寸精度一般可达±0.1mm，产品的尺寸一致性好。

③ 生产效率高，交货期快。数控冲床的加工速度快，一般的液压式设备冲程率可达 500～600 次/min，有的甚至高达 900 次/min，最大定位速度可达 100m/min 以上。大尺寸

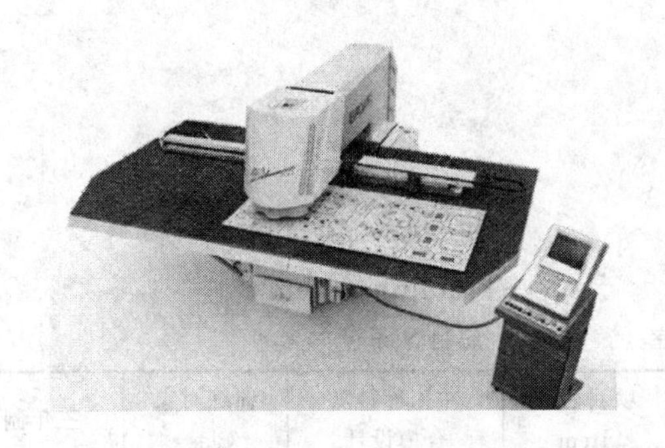

(a) 数控转塔冲床

(b) 数控转塔冲床用凸、凹模

图 1-88　数控转塔冲床及其凸、凹模

板材基本可一次加工就能完成，而不像传统的加工，需要多道工序，要在很多不同的设备上加工。这样由于减少了中间环节、减少了模具设计等步骤，且通过简单的模具、数控集成式的加工，大大节约了劳动力，降低了成本。

1.7　复习思考题

① 什么是排样？排样的方式有哪几种？排样图上应包括哪些内容？

② 如何计算冲裁力、卸料力、推件力和顶件力？刚性卸料与弹性卸料的总冲压力计算有何异同？

③ 什么是合理冲裁间隙？如何确定合理冲裁间隙？

④ 冲孔与落料的模具刃口尺寸如何计算？

⑤ 配作法与分别加工法各适用哪种情形？

⑥ 冲裁模包括哪几种类型？各有何特点？

⑦ 冲裁模主要由哪几部分组成？各部分的作用是什么？

⑧ 凸模和凹模有哪几种类型？常采用什么方式固定？

⑨ 冲模定位零件在冲模中起何作用？它有哪几种类型？

⑩ 冲模常用卸料方式有哪几种类型？各有什么特点？

⑪ 模架有几种形式？各有什么特点？

1.8 技能训练

××学院

实训（验）项目单

Training Item

编制部门 Dept.：模具设计制造实训室　　编制 Name：×××　　编制日期 Date：2012—12

<table>
<tr><td>项目编号
Item No.</td><td>CY001</td><td>项目名称
Item</td><td>冲孔落料复合模设计</td><td>训练对象
Class</td><td>三年制</td><td>学时
Time</td><td>16</td></tr>
<tr><td>课程名称
Course</td><td colspan="2">冲压模具设计</td><td>教材
Textbook</td><td colspan="4">冲压模具设计</td></tr>
<tr><td>目　的
Objective</td><td colspan="7">通过本项目的实训掌握复合冲裁模设计方法及步骤</td></tr>
<tr><td colspan="8">实训(验)内容(Content)</td></tr>
<tr><td colspan="8">冲孔落料复合模设计</td></tr>
<tr><td>1. 图样及技术要求</td><td colspan="7">零件名称:链板
材料:45 钢,厚度 2.0mm
生产批量:大批量
零件图:如图 1-89 所示
图 1-89　链板零件图</td></tr>
<tr><td>2. 生产工作要求</td><td colspan="7">手工送料,大批量,毛刺不大于 0.12mm</td></tr>
<tr><td>3. 任务要求</td><td colspan="7">计算说明书 1 份(Word 文档格式);绘制模具总装图 1 张、零件图 7～10 张(采用 AutoCAD)</td></tr>
<tr><td>4. 完成任务的思路</td><td colspan="7">为了能使本项目顺利完成,应按照“冲孔落料复合模设计工作引导文”的提示进行模具设计工作,在设计过程中掌握相关的知识技能</td></tr>
</table>

模块二

弯曲模具设计

项目　弯曲模具设计：V形支架弯曲模设计

● 学习目标

1. 能够进行弯曲工艺分析；
2. 能够计算弯曲件展开尺寸（毛坯尺寸）；
3. 能够进行弯曲回弹分析计算；
4. 能够计算弯曲模凸、凹模工作部分尺寸；
5. 能够设计弯曲模总体结构；
6. 能够设计非标模座；
7. 能够设计弹性顶件装置。

● 技能（知识）点

1. 弯曲件结构工艺设计规范；
2. 弯曲件展开尺寸（毛坯尺寸）计算规范；
3. 弯曲回弹值计算规范；
4. 弯曲模凸、凹模工作部分尺寸计算规范；
5. 弯曲模结构设计规范；
6. 弹性顶件装置设计规范；
7. 非标准模座设计规范。

2.1 引导案例

2.1.1 弯曲产品及弯曲工艺

图 2-1 所示是日常生活中常见的弯曲产品。从弯曲件的形状看，图 2-1（a）所示的是 V 形弯曲件，图 2-1（b）所示的是 U 形弯曲件，图 2-1（c）、（d）所示的产品既有 V 形弯曲，又有 U 形弯曲。

图 2-2 所示是 V 形弯曲模具及其工作过程。凸模固定在压力机的滑块上，并随滑块上下

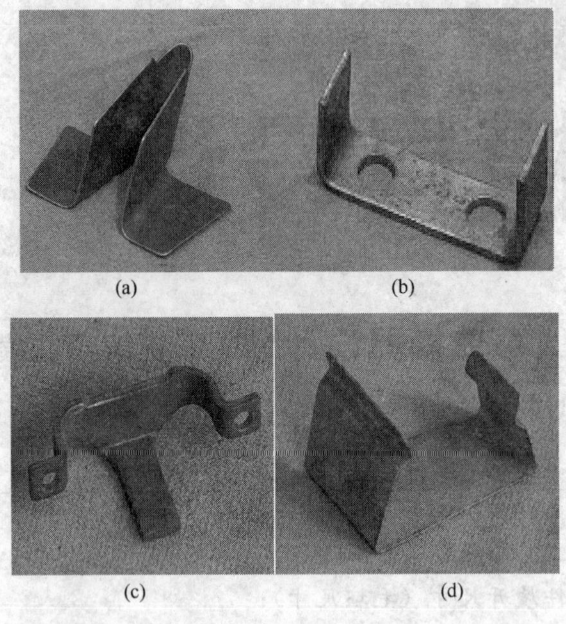

(a) (b) (c) (d)

图 2-1 板材弯曲产品

运动，形成模具的开模、合模动作。开模时送入板料，合模时，凸、凹模将板料压弯成所需形状。

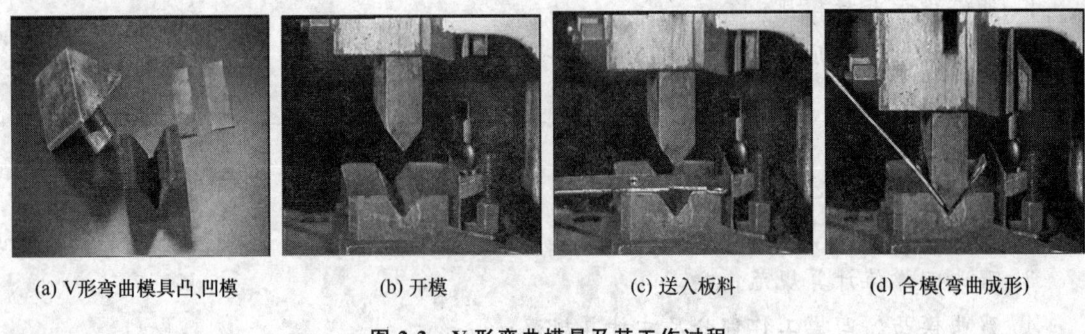

(a) V形弯曲模具凸、凹模 (b) 开模 (c) 送入板料 (d) 合模(弯曲成形)

图 2-2 V 形弯曲模具及其工作过程

2.1.2 弯曲变形过程

图 2-3 所示是板料压弯成 V 形件的变形过程。

如图 2-3（a）所示，在弯曲开始阶段，当凸模下压与板料接触时，在此接触部分便加上了集中载荷，此载荷与对毛坯起支撑作用的凹模肩部的支撑力构成弯矩，使毛坯产生弯曲。

随着凸模的下压，毛坯与凹模工作表面逐渐靠紧，弯曲半径由 r_0 变为 r_1，弯曲力臂也由 $l_0/2$ 变为 $l_1/2$，如图 2-3（b）所示。

凸模继续下压，毛坯弯曲半径继续减小，直到毛坯与凸模三点接触，此时弯曲半径已由 r_1 变为 r_2，毛坯的直边部分开始向回弯曲，逐步贴向凹模工作表面，如图 2-3（c）所示。

到凸模行程终了时，凸、凹模对毛坯进行校正，使其圆角、直边与凸模全部贴合，最终形成 V 形弯曲件，如图 2-3（d）所示。

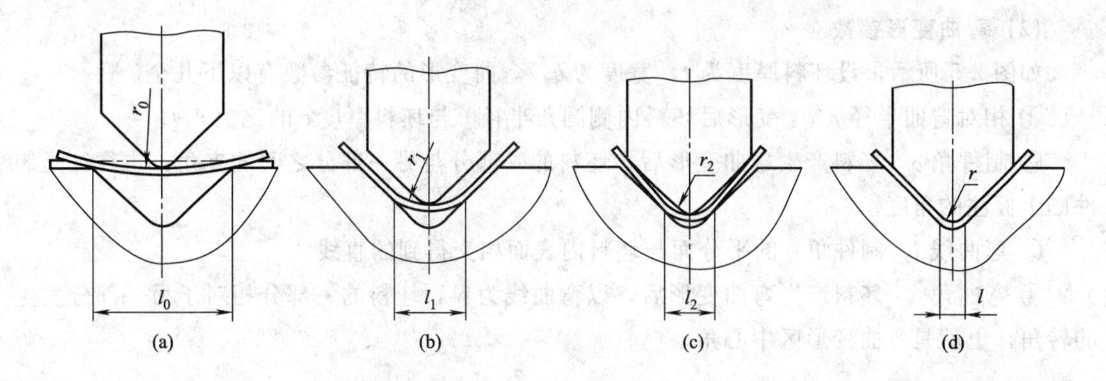

图 2-3 弯曲变形过程

2.1.3 弯曲变形特点及变形参数

(1) 弯曲变形特点

如图 2-4 所示，在一定厚度的板料侧面画出正方形网格，然后将板料进行弯曲，观察网格的变化，可以看出弯曲变形有如下特点。

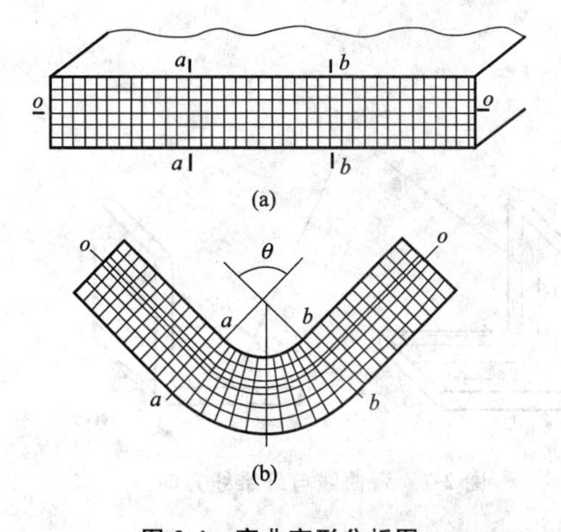

图 2-4 弯曲变形分析图

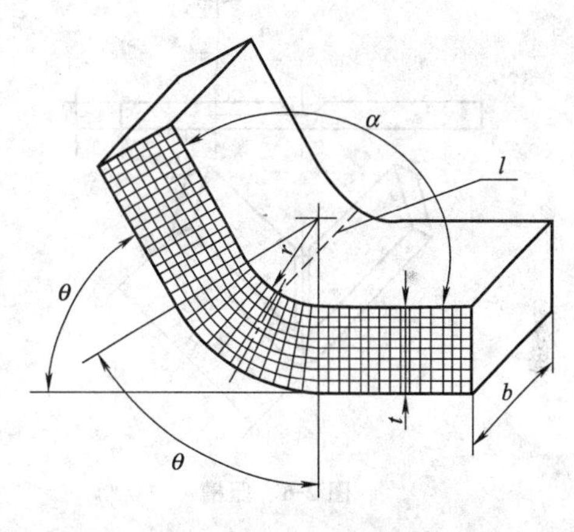

图 2-5 弯曲变形参数

① 圆角部分是变形区，直边部分是不变形区。弯曲时，在弯曲角（θ）的范围内，网格发生显著变化，而直边部分网格基本不变。因而可知，弯曲变形仅发生在弯曲件的圆角部分，直边部分不产生塑性变形。

② 板料中性层在弯曲前后长度保持不变，弯曲后向弯曲内侧偏移了一段距离。分析网格的纵向线条变化可以看出，变形区内侧网格线缩短，外侧网格线伸长，即在弯曲变形区内，纤维沿纵向变形是不同的。内侧材料沿纵向受到压缩，外侧材料受到拉伸，且压缩与拉伸的程度都是表层最大，向中间逐渐减小，在内、外侧之间必然存在着一个长度保持不变的中性层（图 2-4 中的 *o-o* 位置）。

③ 弯曲时存在回弹现象。弯曲工件的角度和圆角半径往往与模具不一致。这是因为压弯过程并不完全是材料的塑性变形过程，其弯曲部位还存在着弹性变形。所以，在压弯力卸载后，压弯制件的形状与模具的形状并不完全一致，这种现象称为回弹。

(2) 弯曲变形参数

如图 2-5 所示，设坯料厚度为 t，宽度为 b，弯曲变形的特征参数有以下几个。

① 相对弯曲半径 r/t　变形后坯料内侧圆角半径 r 与坯料厚度 t 的比值 r/t。

② 制件角 α　坯料产生弯曲变形后，坯料的一部分与另一部分之间的夹角，也往往是制件图上标注的角度。

③ 弯曲线 l　制件角 α 的平分面与坯料内表面相交得到的直线。

④ 弯曲角 θ　坯料产生弯曲变形后，以弯曲线为界，坯料的一部分相对于另一部分发生的转角，也就是弯曲变形区中心角。

2.1.4 弯曲的主要质量问题及控制

弯曲件常见的质量问题是弯裂、回弹和偏移。

(1) 防止弯裂的措施

板料弯曲时，如果弯曲半径小于最小弯曲半径（各种材料的最小弯曲半径见表 2-2），会使板料外层材料拉伸变形量过大，当该处拉应力达到或超过抗拉强度，则板料外层将出现断裂，致使工件报废，这种现象称为弯裂。

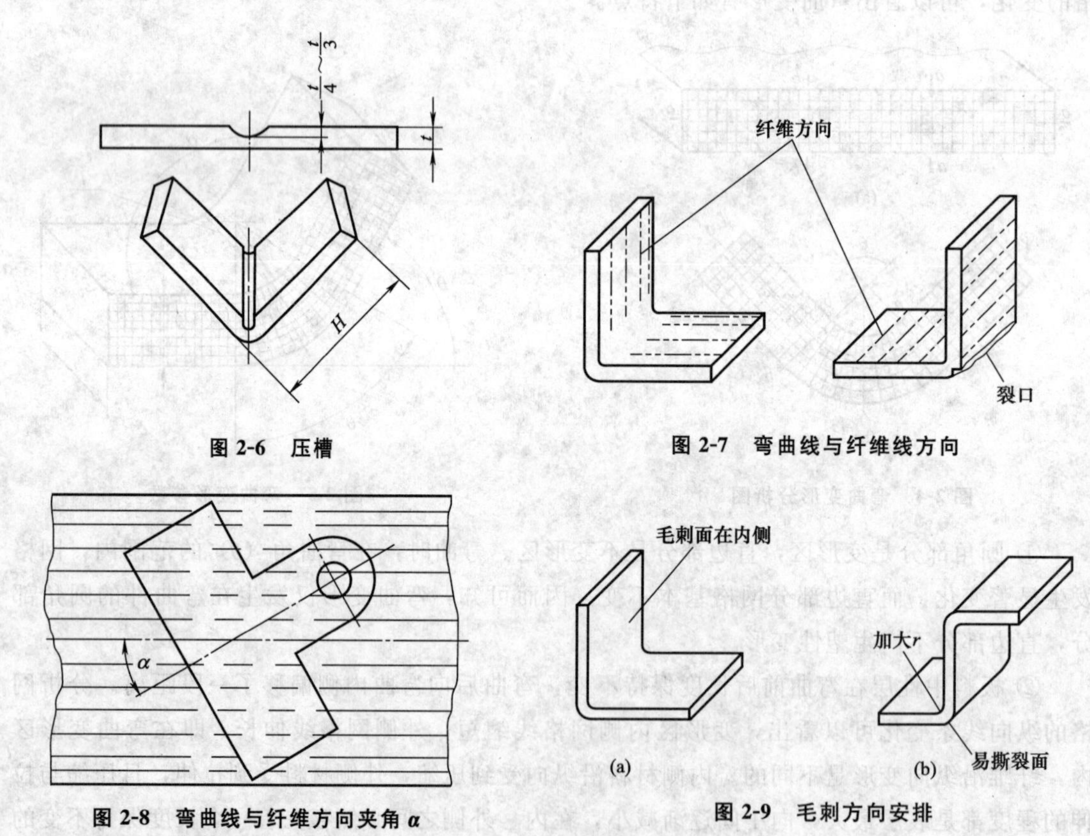

图 2-6　压槽

图 2-7　弯曲线与纤维线方向

图 2-8　弯曲线与纤维方向夹角 α

图 2-9　毛刺方向安排

防止弯裂的措施如下。

① 将材料退火或在加热状态下弯曲，设法提高材料的塑性。

② 在厚板弯曲时，可采用预先开槽或压槽的方法，使弯曲部位的板料变薄，能防止弯曲部位开裂，如图 2-6 所示。

③ 弯曲线最好与板料纤维线垂直。用于冷冲压的材料大都属于轧制板材，轧制的板材在弯曲时各方向的性能是有差别的，纤维纹的方向就是轧制的方向。对于卷料或长的板料，纤维线与长边方向平行。作为弯曲用的板料，材料沿纤维线方向塑性较好，所以弯曲线最好与纤维线垂直，这样，弯曲时不容易开裂，如图 2-7 所示。如果在同一零件上具有不同方向的弯曲，在考虑弯曲件排样经济性的同时，应尽可能使弯曲线与纤维方向夹角 α 不小于 30°，如图 2-8 所示。

④ 使有毛刺的一面作为弯曲件的内侧。弯曲件的毛坯往往是经冲裁落料而成的，其冲裁的断面一面是光亮的，另一面是有刺的。弯曲件尽量使有毛刺的一面作为弯曲件的内侧，如图 2-9（a）所示，当弯曲方向必须将毛刺面置于外侧时，应尽量加大弯曲半径，如图 2-9（b）所示。

（2）减少回弹的措施

① 校正法　可以改变凸模结构，使校正力集中在弯曲变形区，加大变形区应力应变状态的改变程度（迫使材料内外侧同为切向压应力、切向拉应变 ）如图 2-10 所示。

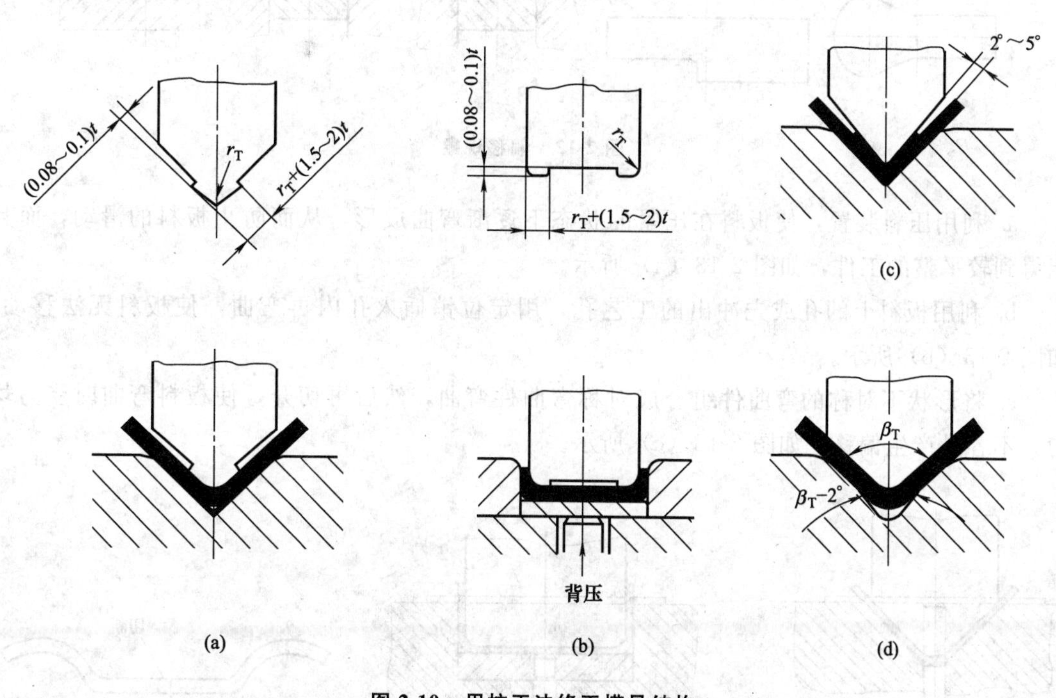

图 2-10　用校正法修正模具结构

② 补偿法　利用弯曲件不同部位回弹方向相反的特点，按预先估算或试验所得的回弹量，修正凸模和凹模工作部分的尺寸和几何形状，以相反方向的回弹来补偿工件的回弹量（见图 2-11）。

（3）减少偏移的措施

① 偏移现象的产生　当板料形状不对称时，板料各边所受到的滑动摩擦阻力不相等，板料会沿工件的长度方向产生移动，使工件两直边的高度不符合图样的要求，这种现象称为偏移，如图 2-12 所示。

② 克服偏移的措施

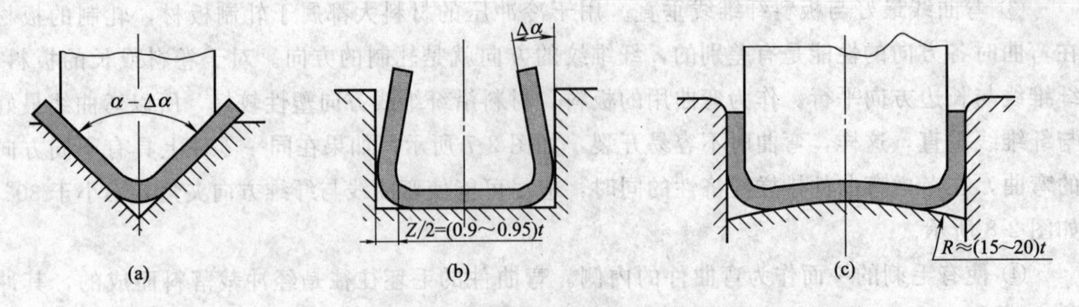

图 2-11 用补偿法修正模具结构

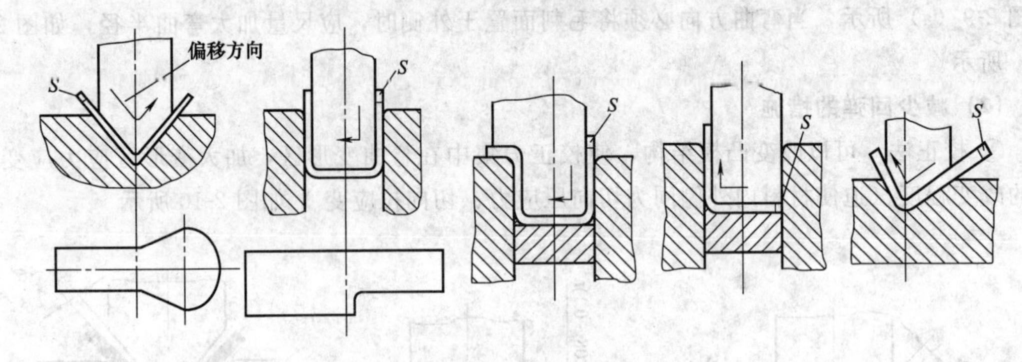

图 2-12 偏移现象

a. 利用压料装置，使板料在压紧的状态下逐渐弯曲成形，从而防止板料的滑动，而且能得到较平整的工件，如图 2-13（a）所示。

b. 利用板料上的孔或先冲出的工艺孔，用定位销插入孔内再弯曲，使板料无法移动，如图 2-13（b）所示。

c. 将形状不对称的弯曲件组合成对称弯曲件弯曲，然后再切开，使板料弯曲时受力均匀，不容易产生偏移，如图 2-13（c）所示。

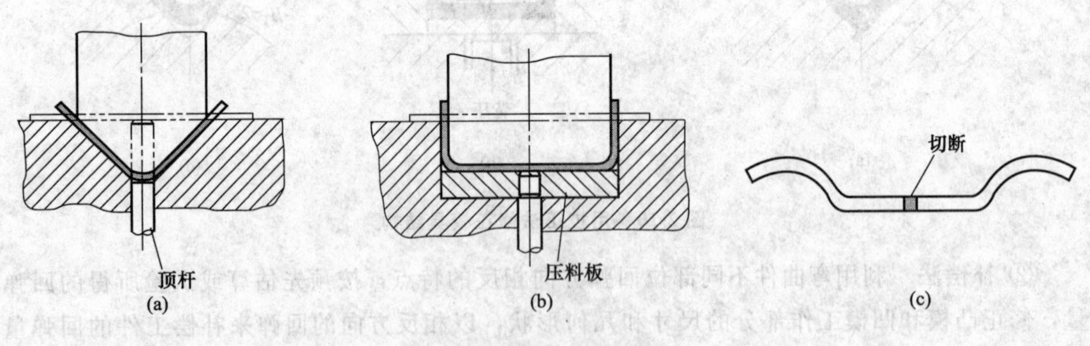

图 2-13 克服偏移的措施

2.2 任务分析

如表 2-1 所示，本项目是设计一副 V 形弯曲模，要求编写计算说明书 1 份（Word 文档格式）；绘制模具总装图 1 张、零件图 5～7 张（采用 AutoCAD 绘制）。

表 2-1 V 形支架弯曲模设计任务书

班级： 姓名： 学号：

名 称	图样及技术要求
工作对象（如零件）	零件名称：V 形支架 材料：20 钢 材料厚度：1.5mm 生产批量：大批量 零件简图：如图 2-14 所示 图 2-14 V 形支架零件图
生产工作要求	弯曲件角度为 90°±2°，无裂纹，无翘曲
任务要求	计算说明书 1 份（Word 文档格式）；绘制模具装配图 1 张、零件图 5～7 张（采用 AutoCAD 绘制）
完成任务的思路	为了能使本项目顺利完成，应按照表 2-15 “V 形支架弯曲模设计工作引导文”的提示，进行模具设计工作，在设计过程中掌握相关的知识技能

2.3 相关知识

2.3.1 弯曲件的结构工艺设计

（1）弯曲件的形状

弯曲件的形状应力求简单、对称。当冲压不对称的弯曲件时，因受力不均匀，毛坯容易偏移，尺寸不易保证。

（2）最小弯曲半径

弯曲件的最小弯曲半径不得小于表 2-2 所列的数值，否则会造成变形区外层材料破裂。

表 2-2 最小弯曲半径

材 料	退火状态		冷作硬化状态	
	弯曲线位置			
	垂直纤维	平行纤维	垂直纤维	平行纤维
08、10、Q195、Q215	$0.1t$	$0.4t$	$0.4t$	$0.8t$
15、20、Q235	$0.1t$	$0.5t$	$0.5t$	$1.0t$
25、30、Q255	$0.2t$	$0.6t$	$0.6t$	$1.2t$
35、40、Q275	$0.3t$	$0.8t$	$0.8t$	$1.5t$
55、50	$0.5t$	$1.0t$	$1.0t$	$1.7t$
55、60	$0.7t$	$1.3t$	$1.3t$	$2.0t$
铝	$0.1t$	$0.35t$	$0.5t$	$1.0t$
纯铜	$0.1t$	$0.35t$	$1.0t$	$2.0t$
软黄铜	$0.1t$	$0.35t$	$0.35t$	$0.8t$
半硬黄铜	$0.1t$	$0.35t$	$0.5t$	$1.2t$
磷铜	—	—	$1.0t$	$3.0t$

注：t 为材料厚度。

(3) 孔的边缘至弯曲中心的距离

如果工件在弯曲线附近有预先冲出的孔，在弯曲时材料的流动会使原有的孔变形。为了避免这种情况，必须使这些孔分布在变形区以外的部位。

如图 2-15 所示，设孔的边缘至弯曲中心的距离为 L，则：

当 $t<2$mm 时， $L\geqslant t$ (2-1)

当 $t\geqslant 2$mm 时， $L\geqslant 2t$ (2-2)

(4) 弯曲件的直边高度

在进行直角弯曲时，如果弯曲的直立部分过小，将产生不规则变形，或称为稳定性不好。为了避免这种情况，应当使直立部分的高度 $h>r+2t$。当 $h<r+2t$ 时，则应在弯曲部位压槽，使之便于弯曲，或者加大此处的弯边高度，在弯曲后再截去加高的部分，如图 2-16 所示。

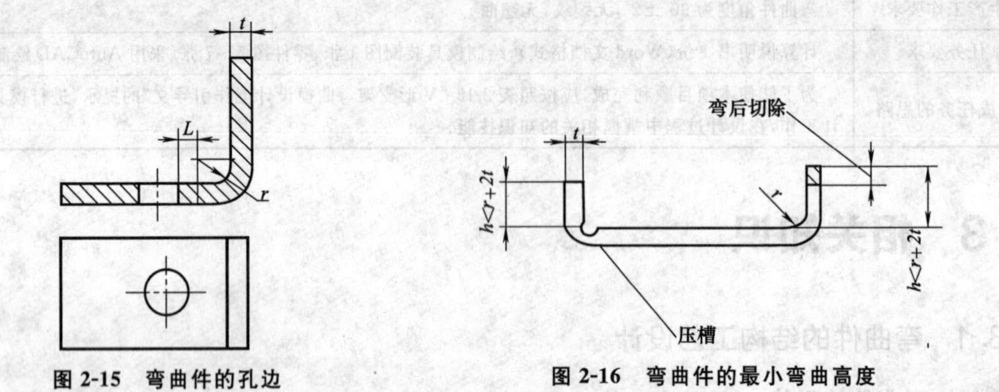

图 2-15 弯曲件的孔边　　图 2-16 弯曲件的最小弯曲高度

(5) 增添工艺孔、槽及缺口

为了防止材料在弯曲处因受力不均匀而产生裂纹、角部畸变等缺陷，应预先在工件上设置弯曲工艺所要求的孔、槽或缺口，即所谓工艺孔、工艺槽或工艺缺口，如图 2-17 所示。

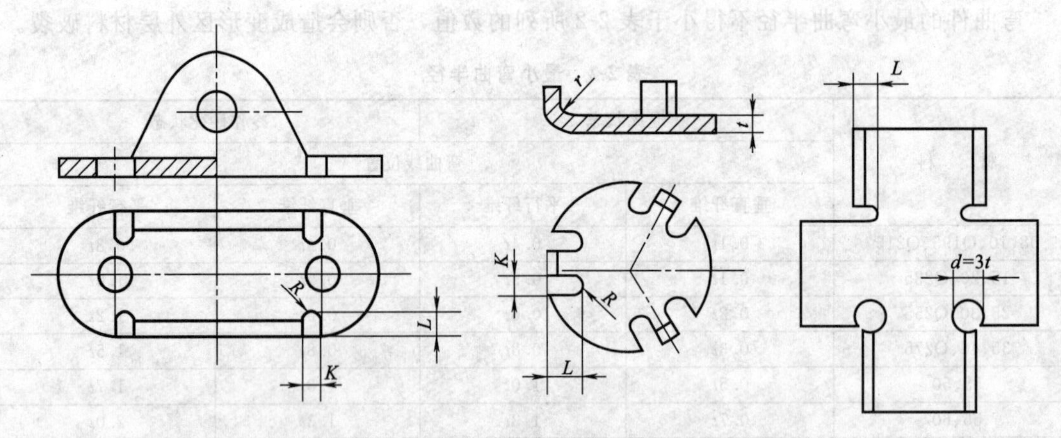

图 2-17 弯曲件的工艺孔、槽及缺口

(6) 弯曲件尺寸的标注

弯曲件尺寸标注不同，会影响冲压工序的安排。如图 2-18 (a) 所示的弯曲件尺寸标注，孔的位置精度不受毛坯展开尺寸和回弹的影响，可简化冲压工艺。采用先落料冲孔，然后再弯曲成形。图 2-18 (b)、图 2-18 (c) 所示的标注法，冲孔只能安排在弯曲工序之后进行，才能保证孔位置精度的要求。在弯曲件不存在有一定的装配关系时，应考虑图 2-18（a）的标注方法。

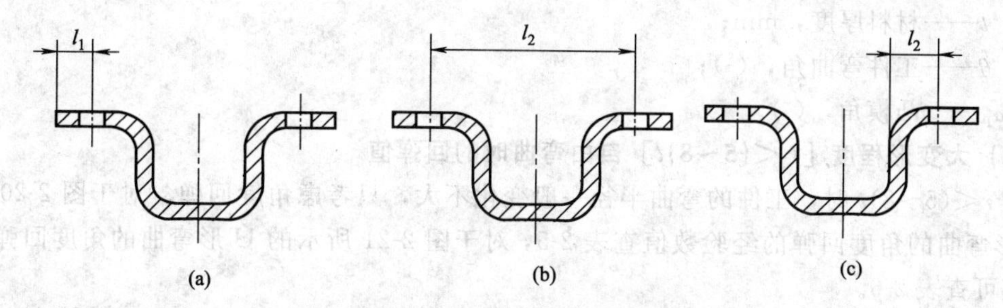

图 2-18　尺寸的标注对弯曲工艺的影响

（7）弯曲件精度

弯曲工艺所能达到的尺寸精度和角度精度如表 2-3 及表 2-4 所示，要达到精密级的精度，需加整形工序。

表 2-3　弯曲工艺的尺寸精度

材料厚度	精度等级					
	经济级			精密级		
t/mm	A	B	C	A	B	C
≤1	IT13	IT15	IT16	IT11	IT13	IT13
>1～4	IT14	IT16	IT17	IT12	IT13～IT14	IT13～IT14

表 2-4　弯曲工艺的角度精度

弯角短边尺寸/mm	>1～6	>6～10	>10～25	>25～63	>63～160	>160～400
经济级	±(1°30′～3°)	±(1°30′～3°)	±(50′～2°)	±(50′～2°)	±(25′～2°)	±(15′～30′)
精密级	±1°	±1°	±30′	±30′	±20′	±10′

2.3.2　弯曲回弹值计算

如图 2-19 所示，在弯曲模具闭合时，工件的制件角、弯曲半径与凸模工作部分一样，分别为 α 和 r；当弯曲模具打开时，弯曲力消失，工件由于弹性回复，发生回弹，其制件角和弯曲半径分别变为 α_0 和 r_0。

（1）小变形程度 [$r \geqslant (5 \sim 8)t$] 自由弯曲时的回弹值

当要求工件的弯曲圆角半径为 r、弯曲角为 θ 时，可用下列公式计算弯曲凸模的圆角半径、弯曲角

$$r_p = \frac{r}{1 + 3\frac{\sigma_s r}{Et}} \tag{2-3}$$

$$\alpha_p = 180° - \frac{r}{r_p}\theta \tag{2-4}$$

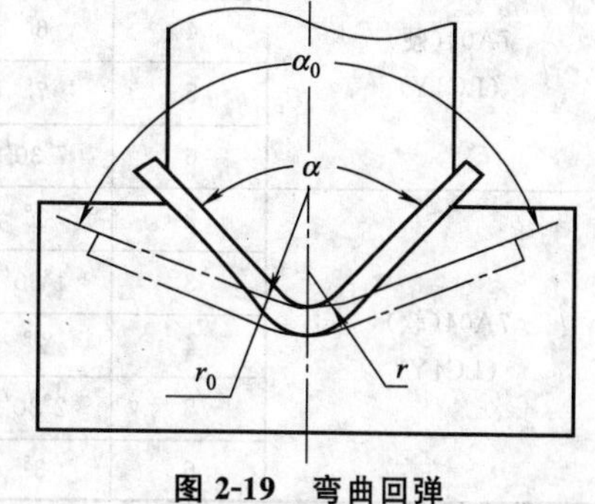

图 2-19　弯曲回弹

式中　r_p——弯曲凸模圆角半径，mm；

r——工件圆角半径，mm；

σ_s——材料屈服点，MPa；

E——材料弹性模量；

t——材料厚度，mm；

θ——工件弯曲角，(°)；

α_p——凸模角，(°)。

(2) 大变形程度［$r<(5\sim8)t$］自由弯曲时的回弹值

当 $r<(5\sim8)t$ 时，工件的弯曲半径一般变化不大，只考虑角度回弹。对于图 2-20 所示的 V 形弯曲的角度回弹的经验数值查表 2-5，对于图 2-21 所示的 U 形弯曲的角度回弹的经验数值可查表 2-6。

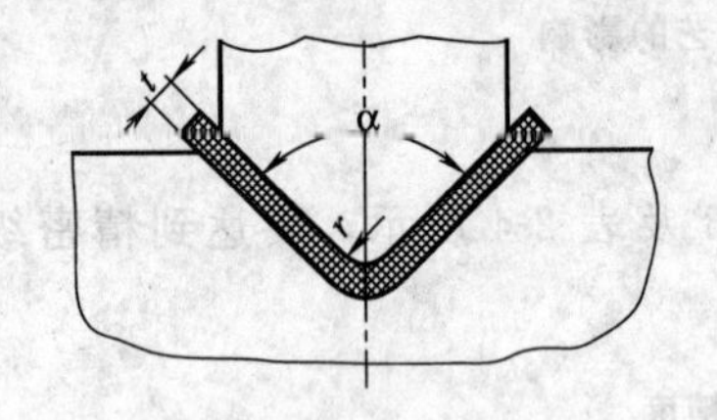

图 2-20 V 形弯曲

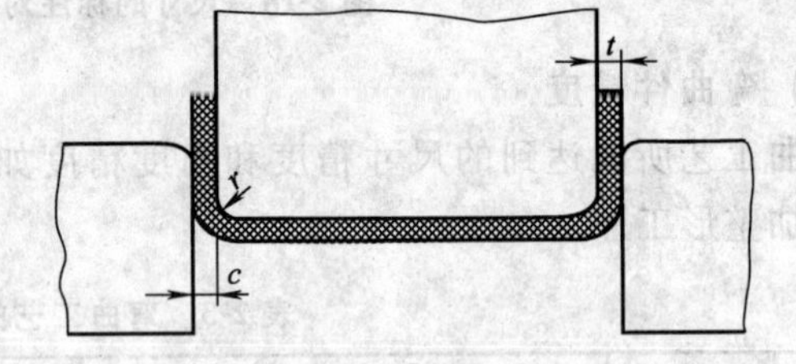

图 2-21 U 形弯曲

表 2-5 V 形弯曲回弹角

材料牌号状态	r/t	α						
		150°	135°	120°	105°	90°	60°	30°
		回弹角度 $\Delta\alpha$						
2A12(硬)(LY12Y)	2	2°	2°30′	3°30′	4°	4°30′	6°	7°30′
	3	3°	3°30′	4°	5°	6°	7°30′	9°
	4	3°30′	4°30′	5°	6°	7°30′	9°	10°30′
	5	4°30′	5°30′	6°30′	7°30′	8°30′	10°	11°30′
	6	5°30′	6°30′	7°30′	8°30′	9°30′	11°30′	13°30′
2A12(软)(LY12Y)	2	0°30′	1°	1°30′	2°	2°	2°30′	3°
	3	1°	1°30′	2°	2°30′	2°30′	3°	4°30′
	4	1°30′	1°30′	2°	2°30′	3°	4°30′	5°
	5	1°30′	2°	2°30	3°	4°	5°	6°
	6	2°30′	3°	3°30′	4°	4°30′	5°30	6°30′
7A04(硬)(LC4Y)	3	5°	6°	7°	8°	8°30′	9°	9°
	4	6°	7°30	8°	8°30′	9°	12°	12°
	5	7°	8°	8°30′	10°	11°30′	13°30′	13°30′
	6	7°30′	8°30′	10°	12°	13°30′	15°30′	15°30′
7A04(软)(LC4Y)	2	1°	1°30′	1°30′	2°	2°30	3°	3°
	3	1°30′	2°	2°30′	2°	3°	3°30′	3°30′
	4	2°	2°30′	3°	3°	3°30′	4°	4°
	5	2°30′	3°	3°	3°30′	4°	5°	5°
	6	3°	3°30′	4°	4°	5°	6°	6°

续表

材料牌号状态	r/t	α						
		150°	135°	120°	105°	90°	60°	30°
		回弹角度 Δα						
20（已退火的）	1	0°30′	1°	1°	1°30′	1°30′	2°	2°
	2	0°30′	1°	1°30′	2°	2°	3°	3°
	3	1°	1°30′	2°	2°	2°30′	3°30′	3°30′
	4	1°	1°30′	2°	2°30′	3°	4°	4°
	5	1°30′	2°	2°30′	3°	3°30′	4°30′	4°30′
	6	1°30′	2°	2°30′	3°	4°	5°	5°
30CrMnSi（已退火的）	1	0°30′	1°	1°	1°30′	2°	2°30′	2°30′
	2	0°30′	1°30′	1°30′	2°	2°30′	3°30′	3°30′
	3	1°	1°30′	2°	2°30′	3°	4°	4°
	4	1°30′	2°	3°	3°30′	4°	5°	5°
	5	2°30′	2°30′	3°	4°	4°30′	5°30′	5°30′
	6	0°	3°	4°	4°30′	5°30′	6°30′	6°30′
1Cr17Ni8（1Cr18Ni9Ti）	0.5	0°	0°	0°30	0°30′	1°	1°30′	1°30′
	1	0°30′	0°30′	1°	1°	1°30′	2°	2°
	2	0°30′	1°	1°30	1°30′	2°	2°30′	2°30′
	3	1°	1°	2°	2°	2°30′	2°30′	2°30′
	4	1°	1°30′	2°30	3°	3°30′	4°	4°
	5	1°30′	2°	3°	3°30′	4°	4°30′	4°30′
	6	2°	3°	3°30	4°	4°30′	5°30′	5°30′

表 2-6 U形弯曲回弹角

材料的牌号状态	r/t	凹模和凸模的间隙 Z/2						
		0.8t	0.9t	1t	1.1t	1.2t	1.3t	1.4t
		回弹角度 Δα						
2A12(硬)(LY12Y)	2	−2°	0°	2°30′	5°	7°30′	10°	12°
	3	−1°	1°30′	4°	6°30′	9°30′	12°	14°
	4	0°	3°	5°30′	8°30′	11°30′	14°	16°30′
	5	1°	4°	7°	10°	12°30′	15°	18°
	6	2°	5°	8°	11°	13°30′	16°30′	19°30′
2A12(软)(LY12Y)	2	−1°30′	0°	1°30′	3°	5°	7°	8°30′
	3	−1°30′	0°30′	2°30′	4°	6°	8°	9°30′
	4	−1°	1°	3°	4°30′	6°30′	9°	10°30
	5	−1°	1°	3°	5°	7°	9°30′	11°
	6	−0°30′	1°30′	3°30′	6°	8°	10°	13°

续表

材料牌号 状态	r/t	凹模和凸模的间隙 $Z/2$						
		$0.8t$	$0.9t$	$1t$	$1.1t$	$1.2t$	$1.3t$	$1.4t$
		回弹角度 $\Delta\alpha$						
7A04(硬) (LC4Y)	3	3°	7°	10°	12°30′	14°	16°	17°
	4	4°	8°	11°	13°30′	15°	17°	18°
	5	5°	9°	12°	14°	16°	18°	20°
	6	6°	10°	13°	15°	17°	20°	23°
7A04(软) (LC4Y)	2	−3°	−2°	0°	3°	5°	6°30	8°
	3	−2°	−1°30′	2°	3°30′	6°30′	8°	9°
	4	−1°30′	−1°	2°30′	4°30′	7°	8°30	10°
	5	−1°	−1°	3°	5°30′	8°	9°	11°
	6	0°	−0°30′	3°30′	6°30′	8°30′	10°	12°
20 (已退火的)	1	−2°30′	−1°	0°30′	1°30′	3°	4°	5°
	2	−2°	−0°30	1°	2°	3°30′	5°	6°
	3	−1°30′	0°	1°30′	3°	4°30′	6°	7°30′
	4	−1°	0°30′	2°30′	4°	5°30′	7°	9°
	5	−0°30′	1°30′	3°	5°	6°30′	8°	10°
	6	−0°30′	2°	4°	6°	7°30′	9°	11°
30CrMnSi (已退火的)	1	−1°	−0°30′	0°	1°	2°	4°	5°
	2	−2°	−1°	1°	2°	4°	5°30′	7°
	3	−1°30′	0°	2°	3°30′	5°	6°30′	8°30′
	4	−0°30′	1°	3°	5°	6°30′	8°30′	10°
	5	0°	1°30′	4°	6°	8°	10°	11°
	6	0°30′	2°	5°	7°	9°	11°	13°

2.3.3 弯曲件的展开长度计算

中性层在弯曲过程中的长度保持不变，因此，弯曲件的展开长度可按中性层长度计算。如图 2-22 所示，中性层半径可按式（2-5）计算。

$$\rho=r+kt \tag{2-5}$$

式中 ρ——中性层半径，mm；

r——弯曲半径，mm；

k——中性层位移系数，mm，由表 2-7 查出；

t——材料厚度，mm。

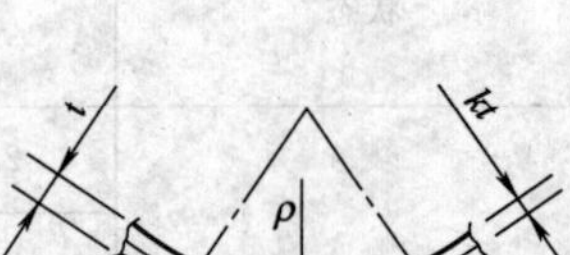

图 2-22 中性层位置

表 2-7 中性层位移系数 k 与 r/t 比值的关系

r/t	0.1	0.2	0.3	0.4	0.5	0.6	0.7	0.8
k	0.21	0.22	0.23	0.24	0.25	0.26	0.27	0.28
r/t	1	1.2	1.5	2	2.5	3	4	5	7.5
k	0.31	0.33	0.36	0.37	0.40	0.42	0.44	0.46	0.5

2.3.4 弯曲力计算

由于弯曲力受到材料性能、制件形状、弯曲方法、模具结构等多种因素的影响，因此很难用理论分析方法进行准确的计算，一般来讲校正弯曲力比自由弯曲力大。生产实际中常用表 2-8 中的经验公式作概略的计算。

当设置顶件装置及压料装置时，顶件力 $P_{顶}$ 和压料力 $P_{压}$ 可近似取弯曲力的 30%～80%。

表 2-8　弯曲力的计算公式

弯曲形式	经验公式	备　注
V 形弯曲	$F=0.6cbt^2\sigma_b/(r+t)$	c—系数，取 $c=1.0\sim1.3$ r—凸模圆角半径，mm b—弯曲件宽度，mm
U 形弯曲	$F=0.7cbt^2\sigma_b/(r+t)$	t—板料厚度，mm σ_b—材料抗拉强度，MPa
校正弯曲	$F=Aq$	A—校正部分的投影面积，mm^2 q—单位校正弯曲力，MPa，见表 2-9

表 2-9　单位校正弯曲力 q　　N/mm^2

板料厚度 t/mm	铝	黄铜	10～20 钢	25～35 钢	钛合金 BT_1	钛合金 BT_2
<3	30～40	60～80	80～100	100～120	160～180	160～200
3～10	50～60	80～100	100～120	120～150	180～210	200～260

自由弯曲时总冲压力可按式 (2-6) 计算

$$F_Z=F_1+F_D(或\ F_Y) \quad (2\text{-}6)$$

2.3.5 弯曲模的结构设计

(1) V 形弯曲模的结构设计

V 形弯曲模的典型结构形式如图 2-23 所示，主要由凸模、凹模、顶杆和挡料销等零件组成。顶杆在弯曲时起压料作用，可防止毛坯偏移，提高制件精度；弯曲后在弹簧作用下又起顶件作用。

该模具的特点是结构简单，在压力机上安装及调整方便，对材料厚度的公差要求不高，制件在弯曲终了时可得到一定程度的校正，因而回弹较小。

(2) U 形弯曲模的结构设计

U 形弯曲模的典型结构形式如图 2-24 所示。毛坯用定位板定位，压弯时压料板与凸模将毛坯夹紧，既可防止毛坯偏移，又可使弯曲件底部平整；弯曲后通过压料板与顶杆将工件顶出。

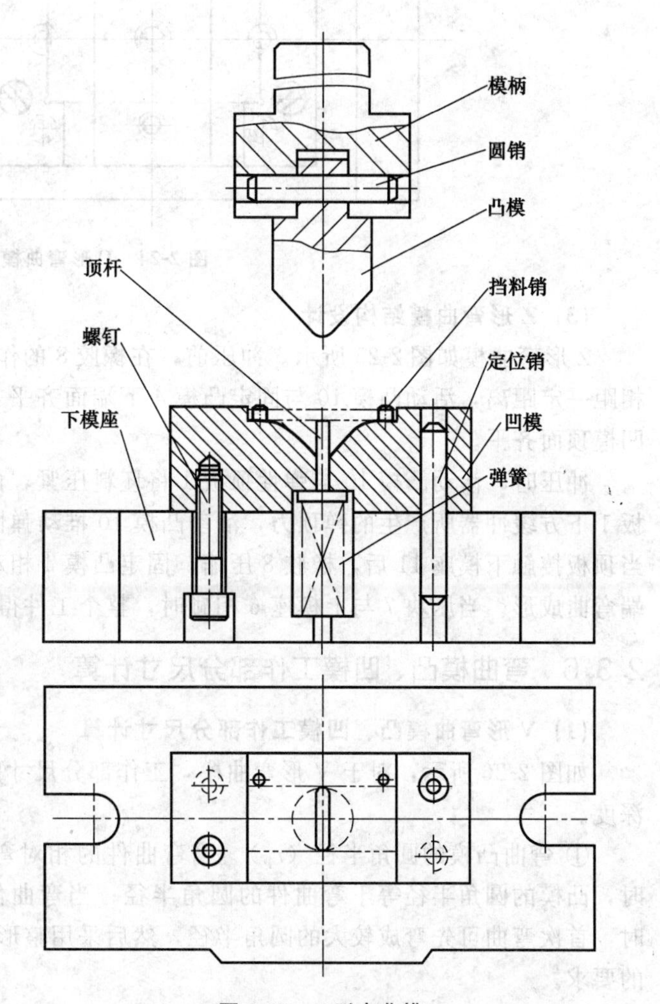

图 2-23　V 形弯曲模

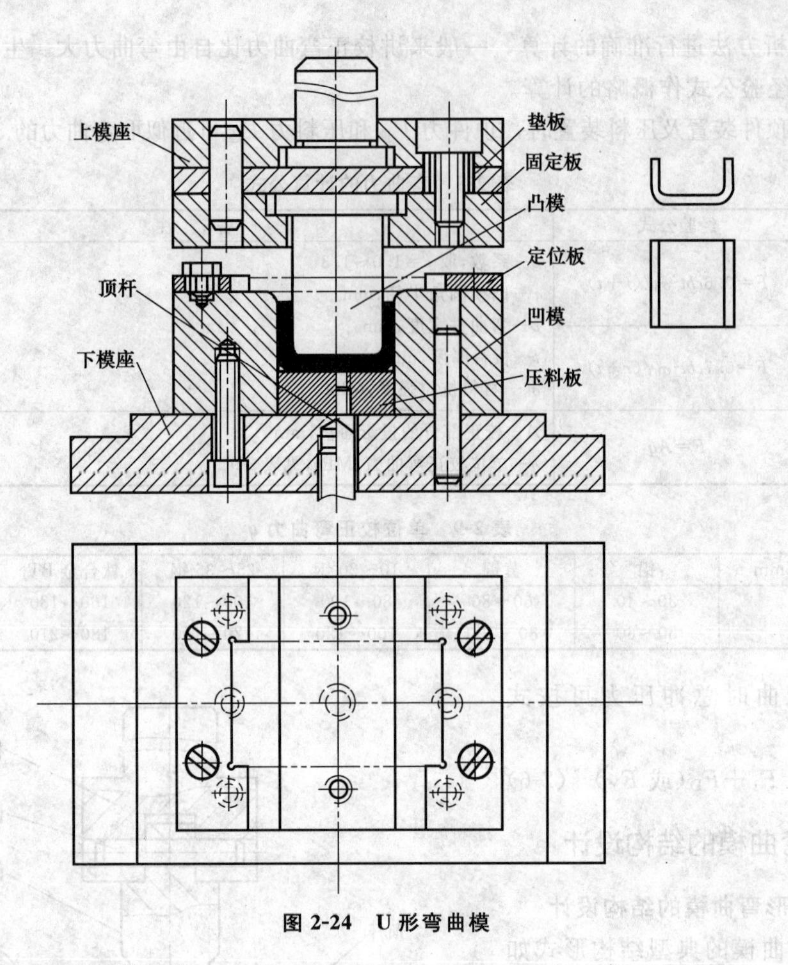

图 2-24 U 形弯曲模

(3) Z 形弯曲模结构设计

Z 形弯曲模如图 2-25 所示。冲压前，在橡胶 8 的作用下，压块 7 上端面与上模座下平面相距一定距离，活动凸模 10 与固定凸模 4 下端面齐平，弹性顶板 1 在下方缓冲器作用下与凹模顶面齐平。

冲压时，活动凸模 10 与弹性顶板 1 将坯料压紧，由于橡胶 8 产生的弹压力大于弹性顶板 1 下方缓冲器所产生的弹顶力，活动凸模 10 推动弹性顶板 1 向下移动，使坯料左端弯曲。当顶板接触下模座 11 后，橡胶 8 压缩，固定凸模 4 相对于活动凸模 10 向下移动，将坯料右端弯曲成形。当压块 7 与上模座 6 相碰时，整个工件得到校正。

2.3.6 弯曲模凸、凹模工作部分尺寸计算

(1) V 形弯曲模凸、凹模工作部分尺寸计算

如图 2-26 所示，对于 V 形弯曲模，工作部分尺寸是指凸模、凹模的圆角半径和凹模的深度。

① 弯曲凸模的圆角半径（r_p） 当弯曲件的相对弯曲半径 $r/t<5\sim8$，且不小于 r_{min}/t 时，凸模的圆角半径等于弯曲件的圆角半径；当弯曲件的圆角半径小于最小弯曲半径 r_{min} 时，首次弯曲可先弯成较大的圆角半径，然后采用整形工序进行整形，使其满足弯曲件圆角的要求。

若弯曲件的相对弯曲半径 $r/t>10$，精度要求较高时，由于圆角半径的回弹大，凸模的

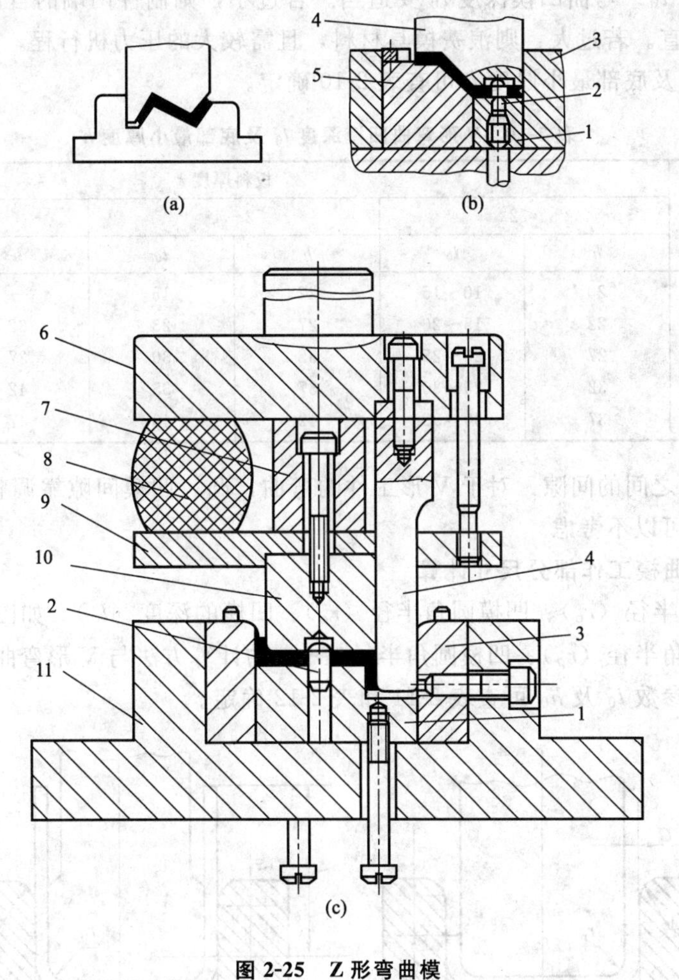

图 2-25 Z 形弯曲模

1—顶板；2—定位销；3—反侧压块；4—凸模；5—凹模；6—上模座；7—压块；8—橡胶；9—凸模托板；10—活动凸模；11—下模座

圆角半径应根据式（2-3）进行计算。

② 凹模圆角半径（r_d） 凹模圆角半径过小，会使坯料拉入凹模的滑动阻力大，使制件表面易擦伤甚至出现压痕。凹模圆角半径过大，会影响坯料定位的准确性。

凹模两边的圆角要求制造均匀一致，当两边圆角有差异时，毛坯两侧移动速度不一致，使其发生偏移。

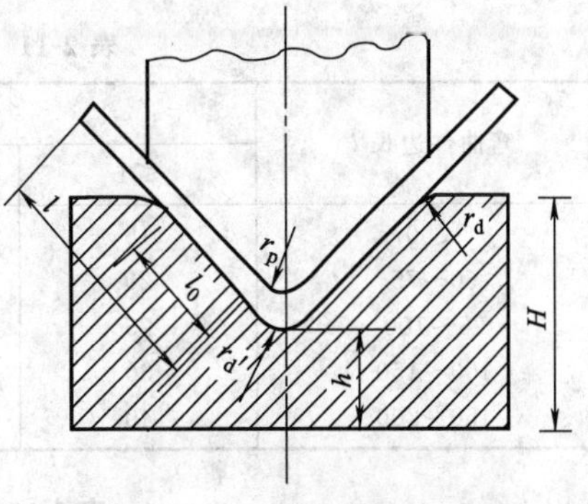

生产中常根据材料的厚度来选择凹模圆角半径 r_d

当 $t \leqslant 2$mm 时，取 $r_d=(3\sim6)t$ (2-7)

当 $t=2\sim4$mm 时，取 $r_d=(2\sim3)t$ (2-8)

当 $t>4$mm 时，取 $r_d=2t$ (2-9)

图 2-26 V 形弯曲模结构尺寸

③ 凹模底部圆角半径 r'_d

$$r'_d=(0.6\sim0.8)(r_p+t) \tag{2-10}$$

④ 凹模深度 l_0　弯曲凹模深度 l_0 要适当。若过小，则制件两端的自由部分较长，弯曲件回弹大，不平直。若过大，则浪费模具材料，且需较大的压力机行程。

凹模深度 l_0 及底部最小厚度 h 可查表 2-10 确定。

表 2-10　V 形弯曲凹模深度 l_0 及底部最小厚度 h　　mm

弯曲件边长 l	板料厚度 t					
	<2		2～4		>4	
	h	l_0	h	l_0	h	l_0
>10～25	20	10～15	22	15	—	—
>25～50	22	15～20	27	25	32	30
>50～70	27	20～25	32	30	37	35
>75～100	32	25～30	37	35	42	40
>100～150	37	30～35	42	40	47	50

⑤ 凸、凹模之间的间隙　对于 V 形工件的弯曲，凸、凹模间隙靠调整压力机闭合高度来控制，设计时可以不考虑。

(2) U 形弯曲模工作部分尺寸计算

① 凸模圆角半径（r_p）、凹模圆角半径（r_d）、凹模的深度（l_0）　如图 2-27 所示，U 形弯曲模的凸模圆角半径（r_p）、凹模圆角半径（r_d）的计算方法与 V 形弯曲模一样。

凹模的深度参数 l_0 及 h_0 可查表 2-11 和表 2-12 确定。

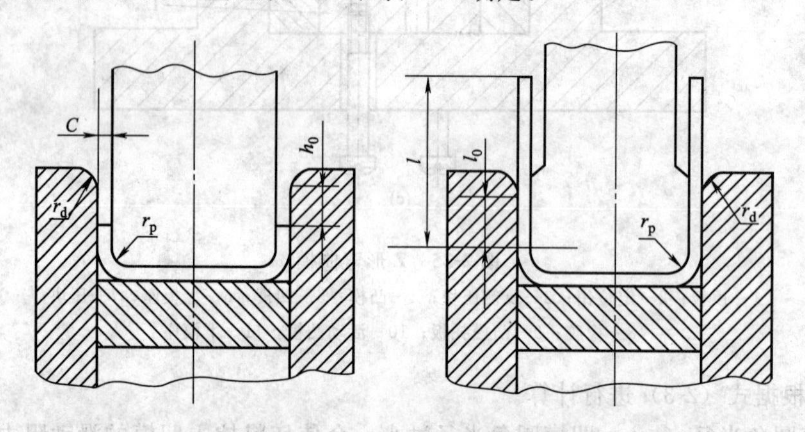

图 2-27　U 形弯曲模结构尺寸

表 2-11　U 形自由弯曲的凹模深度 l_0 值　　mm

弯曲件边长 l	板料厚度 t				
	≤1	1～2	2～4	4～6	6～10
<50	15	20	25	30	35
50～75	20	25	30	35	40
75～100	25	30	35	40	40
100～150	30	35	40	50	50
150～200	40	45	55	65	65

表 2-12　U 形校正弯曲凹模深度 h_0 值　　mm

板料厚度 t	≤1	1～2	2～3	3～4	4～5	5～6	6～7	7～8	8～10
h_0	3	4	5	6	8	10	15	20	25

② 凸模与凹模之间的间隙 C 间隙的大小对于U形工件的弯曲质量和弯曲力有很大影响。间隙越小，弯曲力越大。间隙过小，会使工件弯边壁变薄，并降低凹模寿命。间隙过大，则回弹较大，会降低工件精度。

U形工件弯曲的凸、凹模单边间隙，一般可按式（2-11）计算

$$C=t_{max}+kt=t+\Delta+kt \tag{2-11}$$

式中 C——弯曲模凸、凹模单边间隙；

t——材料的公称厚度；

k——间隙系数，见表2-13；

Δ——板料厚度的正偏差。

当工件精度要求较高时，凸、凹模间隙值应取小些，取 $C=t$。

表2-13 U形弯曲模的间隙系数 k 值

弯曲件高度 H/mm	板料厚度 t/mm							
	$b/H\leqslant 2$				$b/H>2$			
	<0.5	0.6～2	2.1～4	4.1～5	<0.5	0.6～2	2.1～4	4.1～7.5
10	0.05	0.05	0.04		0.10	0.10	0.08	—
20	0.05	0.05	0.04	0.03	0.10	0.10	0.08	0.06
35	0.07	0.05	0.04	0.03	0.15	0.10	0.08	0.06
50	0.10	0.07	0.05	0.04	0.20	0.15	0.10	0.06
70	0.10	0.07	0.05	0.05	0.20	0.15	0.10	0.10
100	—	0.07	0.05	0.05	—	0.15	0.10	0.10
150	—	0.10	0.07	0.05	—	0.20	0.15	0.10
200	—	0.10	0.07	0.07	—	0.20	0.15	0.15

③ 模具宽度

a. 如图2-28（b）所示，工件尺寸标注在外形。

凹模尺寸为

$$L_d=(L_{max}-0.75\Delta)^{+\delta_d}_{0} \tag{2-12}$$

凸模尺寸为

$$L_p=(L_d-2C)^{0}_{-\delta_p} \tag{2-13}$$

b. 如图2-28（c）所示，工件尺寸标注在内形。

凸模尺寸为

$$L_p=(L_{min}+0.75\Delta)^{0}_{-\delta_p} \tag{2-14}$$

凹模尺寸为

$$L_d=(L_p+2C)^{+\delta_d}_{0} \tag{2-15}$$

式中 L_d——凹模工作部位尺寸，mm；

L_p——凸模工作部位尺寸，mm；

L_{max}——弯曲件横向最大极限尺寸，mm；

L_{min}——弯曲件横向最小极限尺寸，mm；

Δ——弯曲件的尺寸公差，mm；

C——凸模与凹模的单边间隙，mm；

δ_p，δ_d——凸模、凹模的制造偏差，mm。

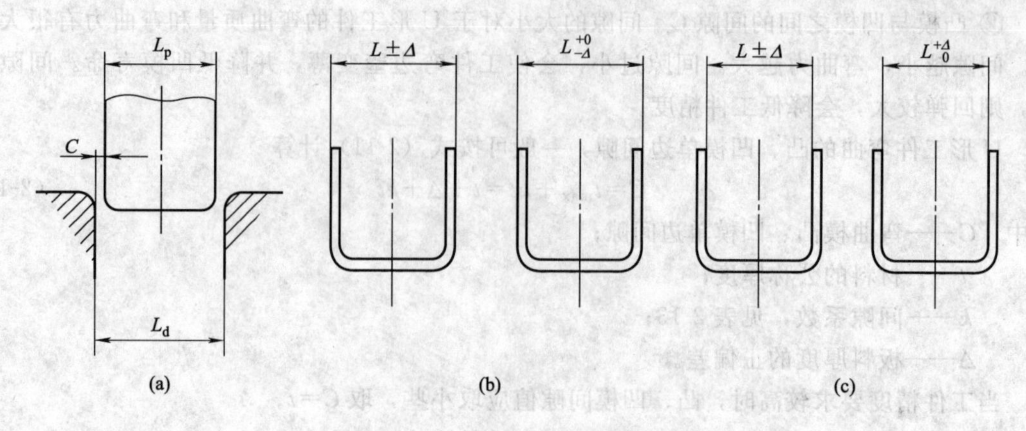

图 2-28 U 形弯曲模工作部分尺寸

2.3.7 槽形模柄设计

对于 V 形弯曲模，一般采用槽形模柄，结构见附录 N3。

根据所选的压力机的滑块孔的尺寸确定模柄的直径和长度，根据计算出的模柄直径和长度，查附录 N3 选取标准槽形模柄。

2.3.8 非标下模座设计

下模座采用非标模座时，其尺寸的确定主要是考虑操作安装的方便。一般在与送料方向垂直的方位进行固定，因此该方向模座的长度应比凹模板长度大 50～100mm，模座的厚度可参考同规格的冲裁模模座进行设计。

2.3.9 弹性顶件装置设计

采用弹性顶料销（块）作为顶件装置时，应保证合模时弹簧压缩量在最大压缩量之内，顶料销（块）的顶部必须能压入到凹模板合模面以内，开模时，应保证其顶部略低于凹模表面，顶料销的结构如图 2-29 所示，顶料销规格见表 2-14。

对于小型弯曲模，可按下述规范设计或选用顶料销。

① 一般选用 $\phi8$ 的顶料销，位置不够放时可适当选用 $\phi4$、$\phi6$ 两种规格的顶料销。

② 当所需顶料力很大，位置又够放时可选用 $\phi10$ 的浮顶料。

③ 顶料销长度的选择，要注意参考以下原则：

a. 保证图 2-29 中“≥10”这个尺寸。

b. 选用标准长度。

c. 顶出高度≤10mm，一般选用 $\phi8\times20$ 的顶料销；顶出高度＞10mm 时，选择其他标准规格的顶料销。

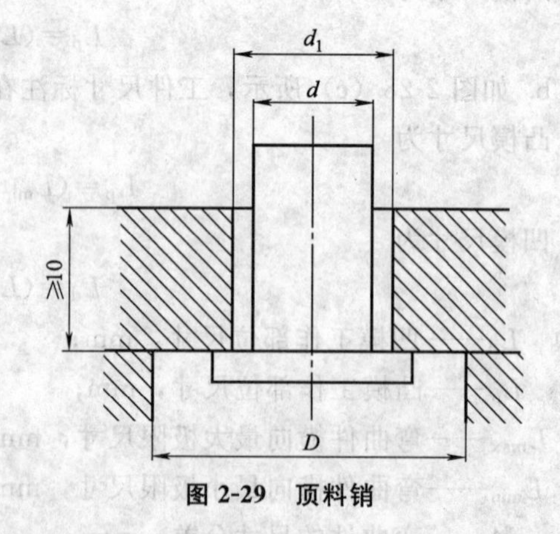

图 2-29 顶料销

表 2-14 顶料销的规格形式

品名＼长度	最短长度	长度	钻孔(d_1)	背面销孔外径(D)	弹簧
$\phi6$	10mm	每 5mm 为一阶到 50mm	$\phi6.1$	$\phi8.5$	配 $\phi8$ 黄色弹簧
$\phi8$	10mm	每 5mm 为一阶到 50mm	$\phi8.1$	$\phi10.5$	配 $\phi10$ 黄色弹簧
$\phi10$	10mm	每 5mm 为一阶到 50mm	$\phi10.1$	$\phi12.5$	配 $\phi12$ 黄色弹簧

2.4 任务实施（步骤、方法、内容）

2.4.1 V形支架弯曲模设计工作引导文

表 2-15 V形支架弯曲模设计工作引导文

步骤	方法	内容	效果	时间/min
1	学习 2.1 节，观看动画、视频、听教师讲解	V形弯曲模具基本组成、工作原理	掌握V形弯曲模具工作原理	10
2	学习 2.2 节，听教师讲解设计任务及要求	V形弯曲模设计工作任务及要求	明确V形弯曲模设计工作任务的内容，要求	10
3	学习 2.3.1 节	对V形支架零件进行弯曲工艺分析	判断V形支架零件弯曲工艺的合理性	10
4	学习 2.3.3 节	V形弯曲件的展开长度计算	确定毛坯尺寸	15
5	学习 2.3.4 节	弯曲力计算	确定总弯曲力	10
6	参考模块一	压机参数选择	初选冲压设备	10
7	学习 2.3.5 节	模具总体结构初步设计	确定模具总体结构，绘制模具总体结构草图	30
8	学习 2.3.6 节	弯曲模具工作部分尺寸计算	确定弯曲模具工作部分尺寸	30
9	参考模块一	凹模长、宽、高尺寸计算	确定凹模结构、尺寸	25
10	参考模块一	固定挡料销设计	确定标准固定挡料销型号、参数	10
11	参考附录 N3	模柄设计	确定标准槽形模柄参数	10
12	根据标准槽形模柄参数、凹模参数确定凸模尺寸	凸模结构尺寸计算	确定凸模结构、尺寸	30
13	学习 2.3.8 节	下模座设计	确定下模座结构、尺寸	10
14	参考模块一	计算模具闭合高度	校核压力机闭合高度与模具闭合高度是否相适应，否则重选压力机	10
15	学习教材 2.3.9 节	弹性顶件装置设计	顶杆，弹簧套结构，弹簧规格	20
16	参考模块一	螺钉、销钉参数	螺钉、销钉规格、数量	20
17	参考模块一	零件详细设计	模具零件图绘制	90
18	参考模块一	模具装配图绘制	模具装配图绘制	40
19		计算说明书整理及图纸整理、归档	计算说明书一份，零件图 7～8 张，装配图 1 张	30
合计				420

注：完成本项目需要 10 课时，每课时按 45min 计。

2.4.2 V形支架弯曲模设计实例

(1) 冲压工艺分析

① 结构与尺寸分析　该支架的弯曲圆角半径 $R=3\text{mm}$，大于表 2-2 规定的最小弯曲半径（$r_{\min}=0.1t=0.15\text{mm}$），弯曲件两直边等长对称，因此，该V形支架零件的结构与尺寸符合弯曲工艺要求，属于典型的V形弯曲件。

该支架零件的最大尺寸为 30mm，属小型弯曲件。

② 精度分析　一般弯曲件可达到 IT12 级，该零件未注尺寸公差，按 IT14 级处理，因此，本零件可以采用弯曲工艺生产。

③ 材料分析　支承板材料为 20 钢，材料的抗拉强度 353～500MPa，具有良好的弯曲性能。

综上所述，此工件形状、尺寸、精度、材料均满足弯曲工艺的要求，可用弯曲工艺加工。

(2) 冲压工艺方案的确定

① 冲压工艺方案的确定　V形弯曲模可以采用以下两种方案：

方案一：采用无导向的单工序弯曲模；

方案二：采用导柱导向的单工序弯曲模。

方案一采用无导向单工序弯曲模，其结构简单、尺寸小、重量轻、模具制造容易、成本低，它适合于精度要求低的V形工件的弯曲。

方案二采用导柱导向单工序弯曲模，导向准确、可靠，能保证间隙均匀、稳定，成本高，因此一般应用在精度要求较高的工件弯曲。

由于本例V形弯曲件精度不高，故采用无导向单工序弯曲模。

② V形支架弯曲模结构形式的确定

操作方式选择：选择手工送料（单个毛坯）操作方式。

定位方式的选择：由于是单个毛坯，故选择定位销定位方式。

出件方式的选择：由于是单个毛坯，手动操作送进和定位，所以选择弹顶出件方式比较方便、合理。

以上只做粗略的设计，待工艺计算后，在模具装配草图设计时边修改边作具体的、最后的确定，V形弯曲模总体结构如图 2-23 所示。

(3) 弯曲工艺计算

① 弯曲件的展开尺寸　坯料总长度应等于弯曲件直线部分和圆弧部分长度之和，查表 2-7 得中性层位移系数 $k=0.37$。

按式（2-5）计算其中性层半径 ρ

$$\rho=r+kt=3+0.37\times1.5=3.555(\text{mm})$$

弯曲件的展开尺寸：　$L=30-4.5+30-4.5+3.555\times\frac{\pi}{2}=56.58(\text{mm})$

② 弯曲件的回弹值　因为 $r/t=2<(5\sim8)t$，属大变形程度，只考虑角度回弹。

根据工件材料为 20 钢，r/t 弯曲角度为 90°，查表 2-6，可确定角度回弹值为：$\Delta\alpha=2°$。

(4) 弯曲力的计算及压力机初选

① 自由弯曲力 F_1 按表 2-8 计算：

$$F_1=0.6cbt^2\sigma_b/(r+t)$$
$$=0.6\times1.3\times20\times1.5^2\times400/(3+1.5)=3120\ (N)$$

② 顶件力 F_D 按 F_1 的 30%～80%计算

$$F_D=(0.3\sim0.8)F_1=(0.3\sim0.8)\times3120=936\sim2496(N)$$

③ 自由弯曲时，总冲压力 F_Z 按式（2-6）计算：

$$F_Z=F_1+F_D=3120+936\sim2496=4056\sim5616(N)$$

④ 校正弯曲力 F_2 按表 2-8 计算：

$$F_2=qA\approx90\times2\times30\times\cos45°\times20=76367(N)$$

由于校正弯曲力比自由弯曲力大很多，因此，根据校正弯曲力查附录 B2，初步选择型号为 J23-10 的开式压力机，压力机参数为：

公称压力：100kN。

滑块行程：45mm；

压力机工作台面尺寸：240mm×370mm（前后×左右）。

滑块模柄孔尺寸：ϕ30mm×55mm。

压力机最大闭合高度：180mm。

连杆调节量：35mm。

（5）凸、凹模工作部分的尺寸计算

① 弯曲凸模的圆角半径 r_p　当弯曲件的相对弯曲半径 $r/t<5\sim8$，且不小于 r_{min}/t 时，凸模的圆角半径取等于弯曲件的圆角半径，即 $r_p=3$mm。

② 凹模圆角半径 r_d　根据式（2-7）可得

$$r_d=(3\sim6)t=4.5\sim9.0\text{mm，取 }r_d=5\text{mm。}$$

③ 凹模底部圆角半径 r'_d　根据式（2-10）可得：

$$r'_d=(0.6\sim0.8)(r_p+t)=(0.6\sim0.8)\times(3+1.5)=2.7\sim3.6\text{，取 }r'_d=3.5\text{mm。}$$

④ 凹模深度 l_0、凹模底部最小厚度 h　查表 2-10，得弯曲凹模深度 $l_0=15\sim20$mm，取 $l_0=20$mm；凹模底部最小厚度 $h=22$mm。

（6）主要零部件的初步设计

① 凹模　弯曲凹模宽度（与弯曲线平行方向的尺寸）：可在坯料宽度的基础上每边增加 30～40mm（主要是考虑安装坯料定位板或定位销）。本例每边增加 30mm，可确定凹模宽度 $B=80$mm。

凹模高度：$H=h+l_0\times\cos44°+r_d+2.5=22+20\times\cos44°+5+2.5=43.9$mm（其中 2.5mm 为定位台阶高度），查附录 F，确定凹模高度为 45mm。

凹模长度（与弯曲线垂直方向的尺寸）：在坯料长度的基础上每边增加 30～40mm（同样是考虑安装坯料定位板或定位销的需要），本例取 33mm，据此可确定凹模长度 $L=33+56.58+33=122.58$mm，查附录 F，确定凹模长度取整为 125mm。

因此，可确定凹模结构尺寸为：125mm×80mm×45mm。

② 下模座　本例下模座厚度可取为 30mm，下模座长度方向（本例为与弯曲线垂直方向）每边比凹模大 30～40mm，以方便下模座在压力机台上的安装，因此，下模座长度可取为 200mm。

下模座宽度方向不用安装固定螺钉，比凹模略大即可，可取为 100mm。

因此，可确定下模座结构尺寸为：200mm×100mm×30mm。

③ 模柄的选用　根据压力机滑块孔尺寸及模具结构，选用标准槽形模柄 $\phi30\times10$ GB 2862.4—1981 · Q235。

④ 凸模　与模柄连接部分的结构尺寸根据选用的标准槽形模柄参数确定，凸模工作部分宽度（与弯曲线平行方向）比坯料稍宽即可，本例取为 60mm；凸模长度（与弯曲线垂直方向）参照标准槽形模柄宽度，取为 50mm；凸模高度（模柄以下部分）应大于工件高度，本例取为 60mm。

⑤ 顶杆　为方便取件，本例采用弹压上顶出装置出件。参考 2.3.9 节，顶杆小端直径取 $\phi8$mm，长度保证弯曲前顶杆端面与凹模上平面的坯料放置面平齐，因此，小端长度可取为 42mm；顶杆大端直径取 $\phi20$mm，长度可取为 5mm。

⑥ 弹簧　选配 $\phi10$ 黄色弹簧，最大压缩量可取为顶杆行程，即 20mm；根据附录 C，弹簧长度可取为 50mm。

⑦ 弹簧套　当顶杆上端面被压入凹模表面以下后，下模座的厚度不足以安装弹簧及螺塞，因此增设弹簧套。

a. 弹簧套内孔深度 h_3 应满足：$h_1+h_2+h_3-h_4\geqslant h_1+l_2$。

式中，h_1 为凹模底部最小厚度（22mm）；h_2 为下模座厚度（30mm）；h_4 为弹簧套与下模座配合长度（15mm，全长配合时 30mm）；l_1 为顶料销长度（47mm）；l_2 为弹簧最大压缩后长度（30mm）。

代入以上各值，经计算得 $h_3\geqslant40$mm，取 $h_3=45$mm。

b. 弹簧套内、外直径。内径＝顶料销大端直径＋2mm，取为 $\phi22$mm；侧壁厚度取为 5.5mm，则外径为 $\phi33$mm。

c. 弹簧套底部结构。底部为受力部位，厚度取为 8mm，在冲压时会产生气流，在底部开设 $\phi5$ 的排气孔。

d. 为方便弹簧套旋入下模座，侧壁铣深 3mm 平面。

⑧ 挡料销的选用　根据坯料厚度，选择两个 A6×4×10 的挡料销定位。

⑨ 螺钉　凹模与下模座采用 4 个 M8 螺钉连接。螺钉与凹模螺孔配合深度取（1～1.5）d，取 20mm；下模座厚度 30mm，台阶深度 10mm，孔深度 20，因此可确定螺钉型号为：M8×40。

⑩ 销钉　凹模与下模座采用两个 $\phi8$ 销钉连接，销钉与下模座全长配合，取 30mm，与凹模配合深度取 $2d$，取 15mm；因此可确定销钉型号为：M8×45。

上模与模柄采用两个 $\phi8\times45$ 的销钉连接。

(7) 压力机参数校核

$$模具闭合高度=槽形模柄高+凸模高+料厚+凹模底部最小厚度+下模座厚度$$
$$=37+60+1.5+23.2+30=151.7\text{mm}$$

所选压力机最大闭合高度 180mm，连杆调节量 35mm，因此所选压力机满足要求。

(8) 主要零部件的详细设计

参考项目一主要零部件的详细设计方法进行设计，并绘制零件图、装配图见图 2-30～图 2-37。

凹模零件图见图 2-30。

凸模零件图见图 2-31。

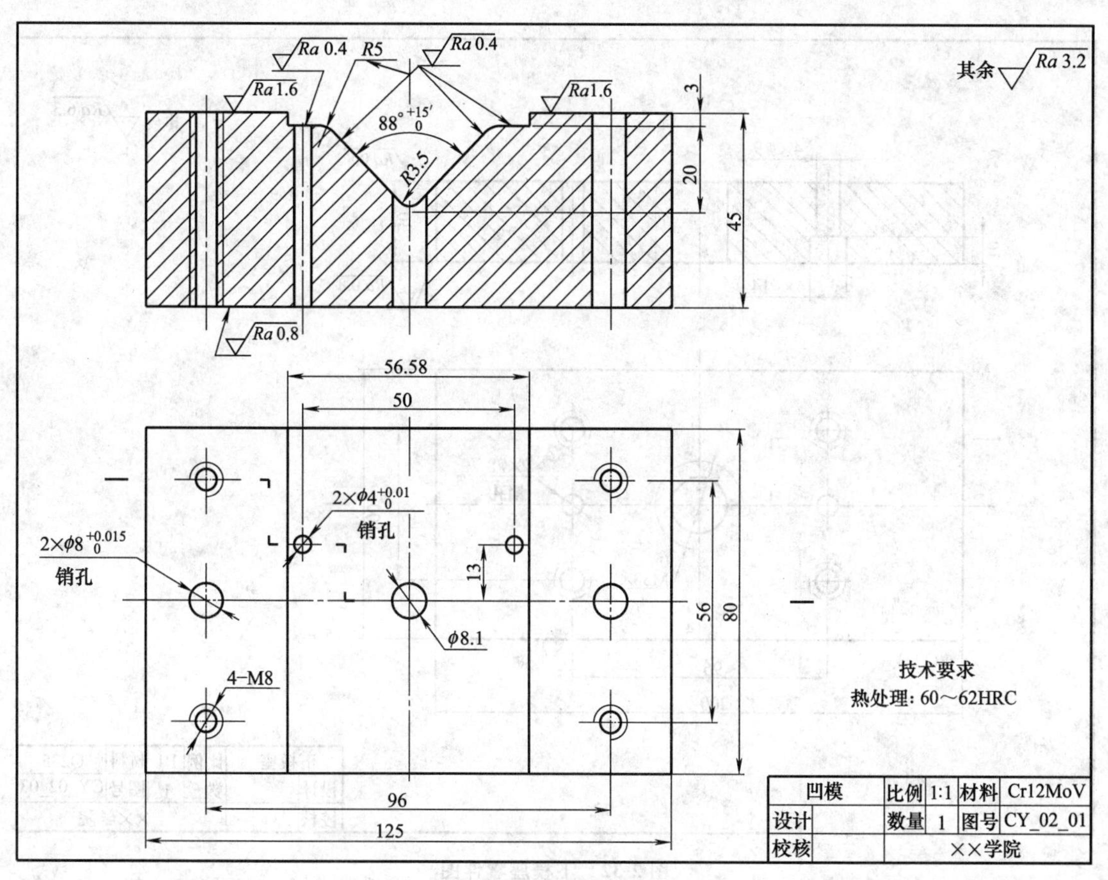

图 2-30 凹模零件图

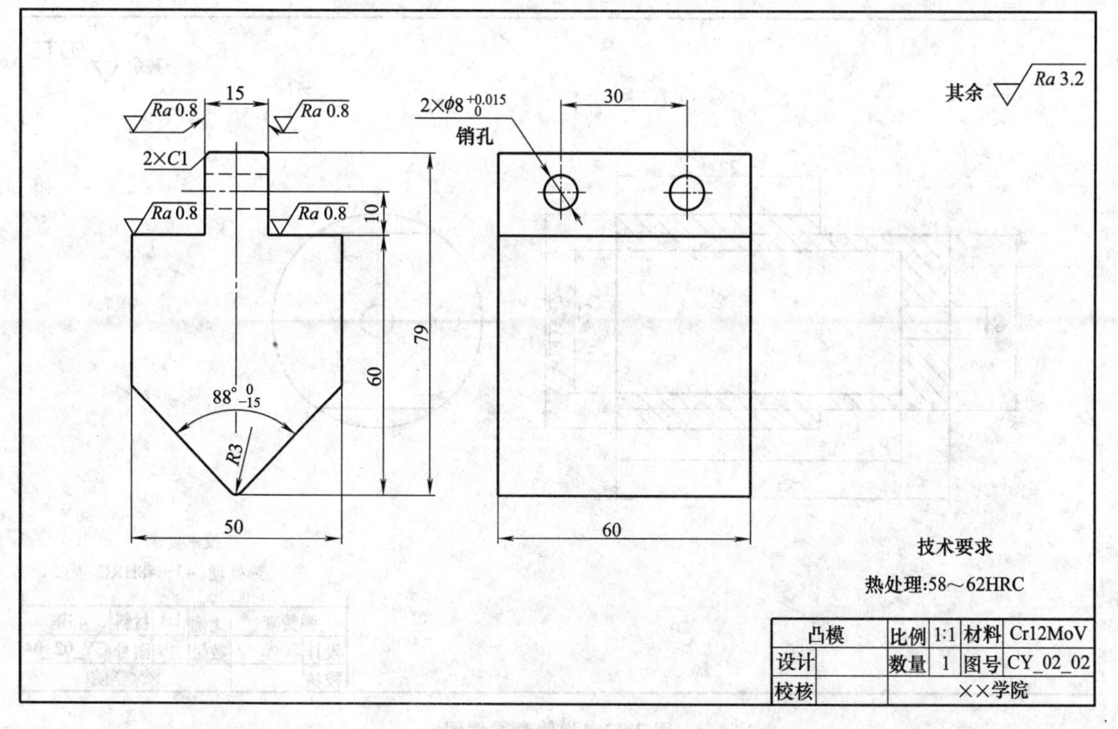

图 2-31 凸模零件图

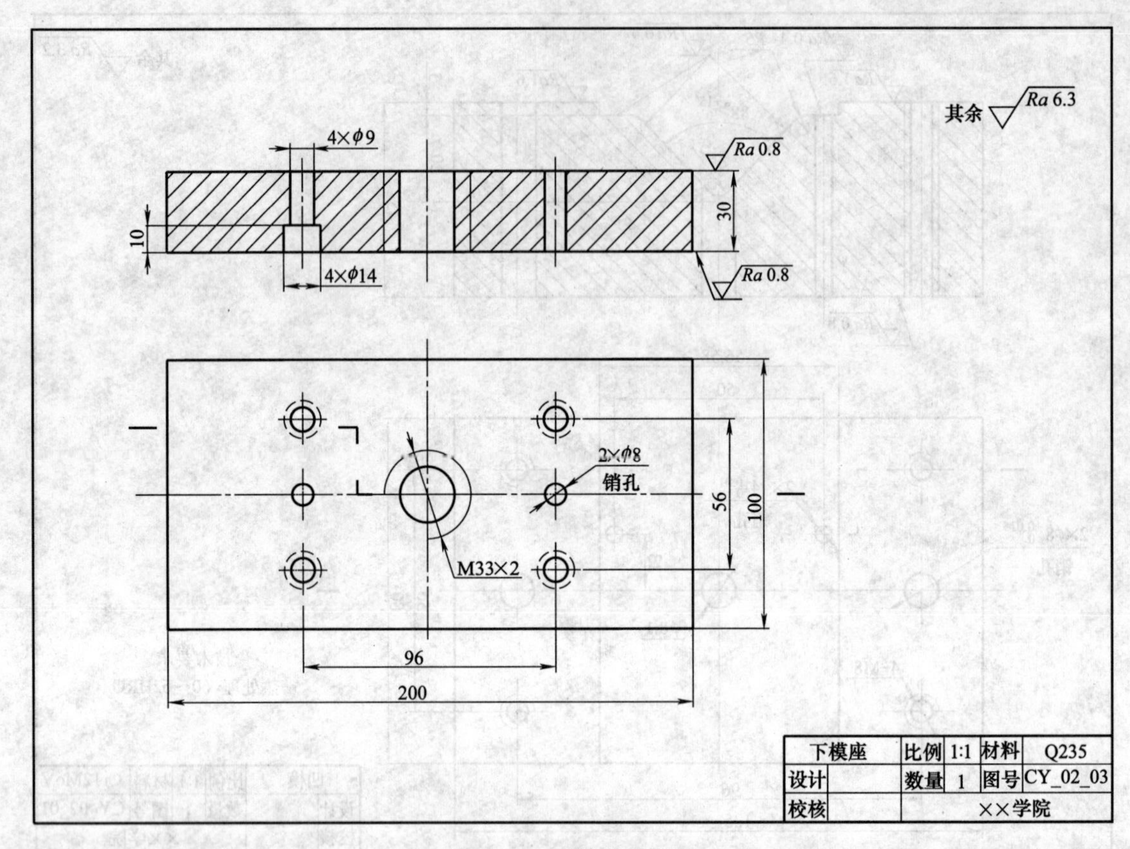

下模座	比例	1:1	材料	Q235
设计	数量	1	图号	CY_02_03
校核	××学院			

图 2-32 下模座零件图

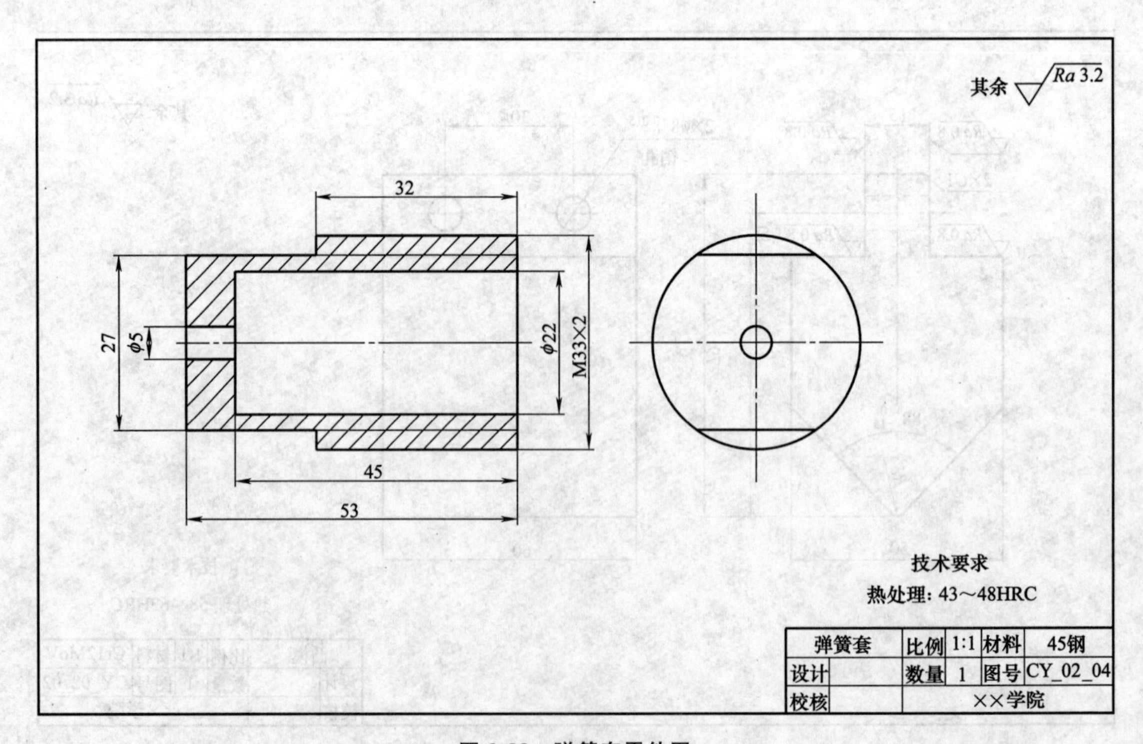

弹簧套	比例	1:1	材料	45钢
设计	数量	1	图号	CY_02_04
校核	××学院			

图 2-33 弹簧套零件图

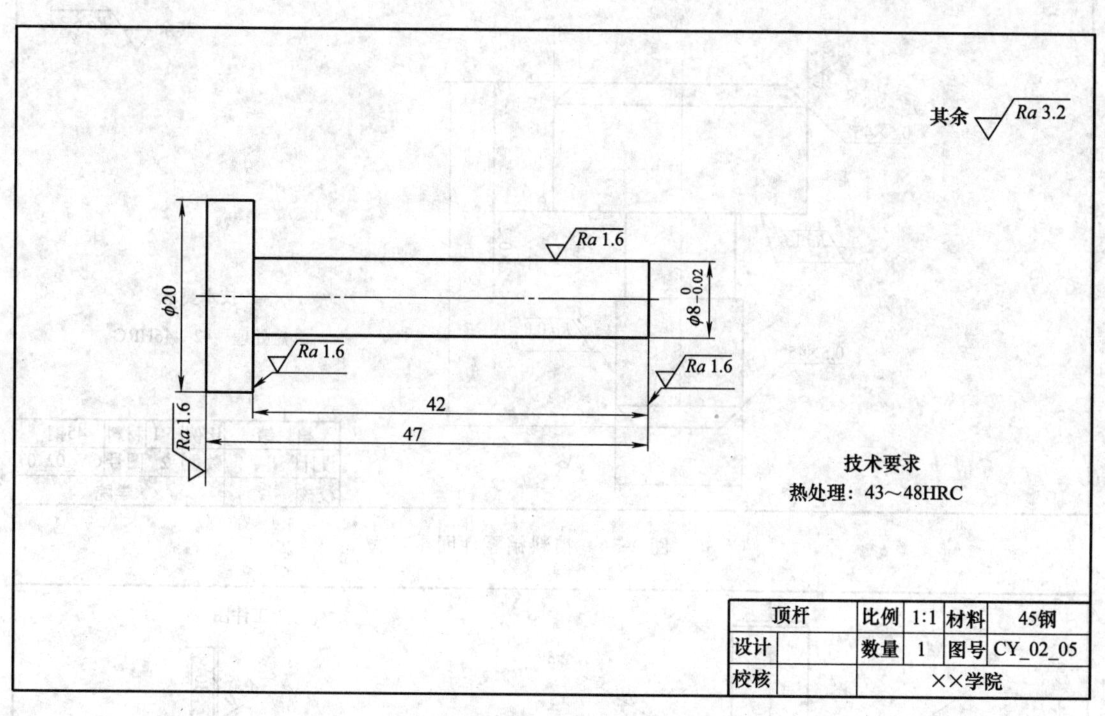

图 2-34 顶杆零件图

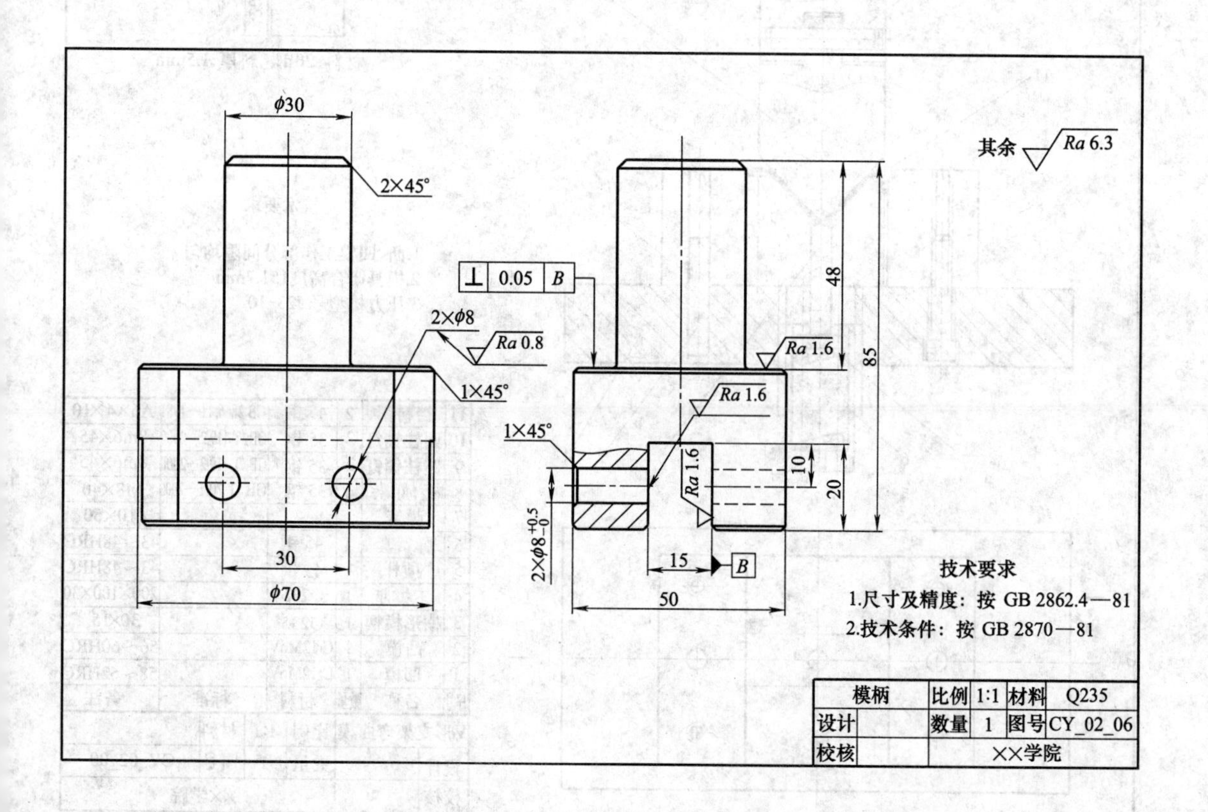

图 2-35 模柄零件图

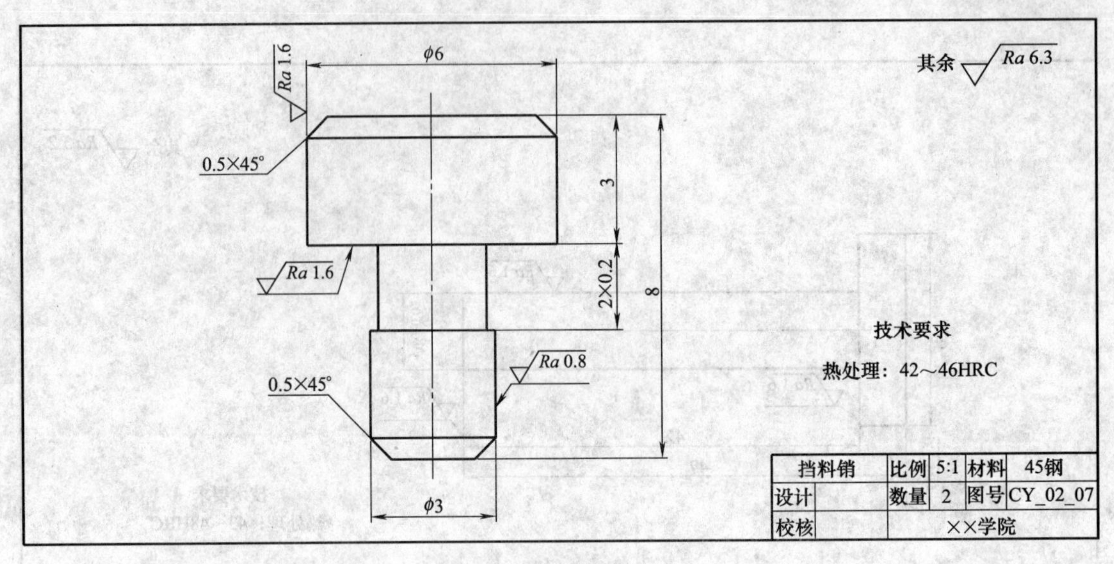

图 2-36 挡料销零件图

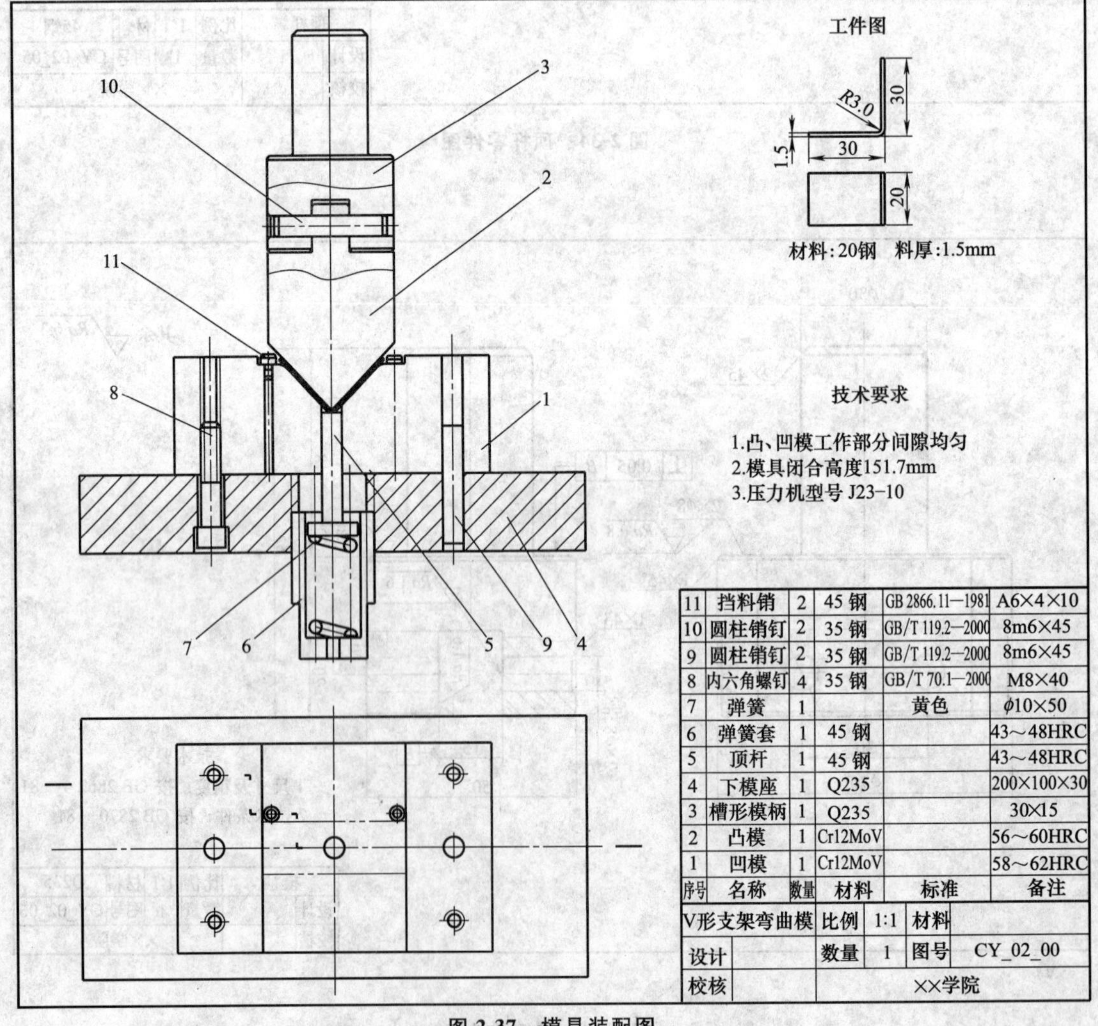

图 2-37 模具装配图

下模座零件图见图 2-32。
弹簧套零件图见图 2-33。
顶杆零件图见图 2-34。
模柄零件图见图 2-35。
挡料销零件图见图 2-36。
模具装配图见图 2-37。

2.5 总结与回顾

本项目是设计一副单工序 V 形弯曲模，涉及弯曲工艺性分析与工艺方案制订、弯曲模工作部分尺寸计算原则和方法、弯曲力计算、冲压设备的选择、弯曲模典型结构、弯曲模零部件设计及模具标准的应用等。

通过本项目的学习，应能对工件进行弯曲工艺分析计算，能设计弯曲模。

2.6 拓展知识

在日常生活中经常可看到图 2-38 所示的产品。

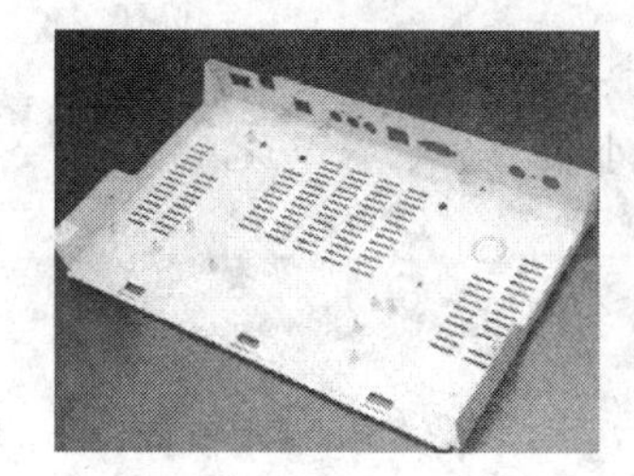

图 2-38 数控折弯产品

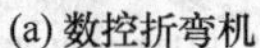
(a) 数控折弯机

(b) 折弯机上的简易模具

图 2-39 数控折弯机

这些产品如采用弯曲模具生产，将会使模具结构变得非常复杂，甚至成为不可能，这些产品一般是采用图 2-39 所示的数控折弯机生产的。

数控折弯机是利用数控系统对滑块行程（凸模进入凹模深度）和后挡料器位置进行自动控制，以实现对折弯工件的不同折弯角度和折弯边宽度的折弯成形。数控板料折弯工艺的优点：

① 生产率高。

② 能提高折弯件精度。这是因为开发数控折弯机时，已考虑了各种提高折弯精度的措施。

③ 调整简单。操作者只需编好程序，就能自动实现机器的全部调整工作。

④ 节省中间堆放面积。

⑤ 减轻劳动强度。

2.7 复习思考题

① 影响弯曲件回弹的因素是什么？采取什么措施能减小回弹？

② 弯曲件的弯曲变形程度用什么来表示？弯曲时的极限变形程度受哪些因素的影响？

③ 在弯曲过程中坯料可能产生偏移的原因有哪些？如何减小偏移？

④ 弯曲件的结构工艺性有哪些？

⑤ 弯曲件展开尺寸如何计算？

⑥ 如何计算 V 形弯曲模的工作部分尺寸？

⑦ 如何计算 U 形弯曲模的工作部分尺寸？

2.8 技能训练

××学院

实训（验）项目单

Training Item

编制部门 Dept.：模具设计制造实训室　　编制 Name：×××　　编制日期 Date：2009—12

项目编号 Item No.	CY02	项目名称 Item	V 形支架单工序弯曲模设计	训练对象 Class	三年制	学时 Time	12h
课程名称 Course	冲压模具设计		教材 Textbook	冲压模具设计			
目的 Objective	通过本项目的实训掌握单工序 V 形弯曲模设计方法及步骤						

续表

实训(验)内容(Content)	
V形支架单工序弯曲模设计	
1. 图样及技术要求	零件名称:V形支架 材料:20钢,厚度1.5mm 生产批量:40000件/年 零件简图:如图2-40所示 30 R3.0 1.5 30 25 **图2-40 V形支架**
2. 生产工作要求	手工送料,无裂纹,无翘曲
3. 任务要求	计算说明书1份(Word文档格式);绘制模具总装图1张、零件图7~8张(采用AutoCAD)
4. 完成任务的思路	为了能使本任务顺利完成,应按照表2-15"V形支架弯曲模设计工作引导文"的提示进行模具设计工作,在设计过程中掌握V形弯曲模设计的相关知识与技能

模块三

拉深模设计

项目　拉深模设计：无凸缘圆筒形钢杯拉深模设计

● 学习目标

1. 能够进行拉深工艺分析；
2. 能够计算拉深件的毛坯尺寸；
3. 能够计算拉深件的拉深次数，工序件尺寸；
4. 能够设计拉深模的凸、凹模；
5. 能够设计拉深模结构；

● 技能（知识）点

1. 拉深件结构工艺设计规范；
2. 拉深件毛坯尺寸计算规范；
3. 拉深次数、拉深工序件尺寸计算规范；
4. 拉深模凸、凹模工作部分尺寸计算规范；
5. 拉深模结构设计规范；

3.1　引导案例

3.1.1　拉深产品

图 3-1 所示为日常生活中常见的圆筒形产品，这些产品具有开口、空心、有底的形状特征，一般可通过拉深模具拉深圆形毛坯成形。

   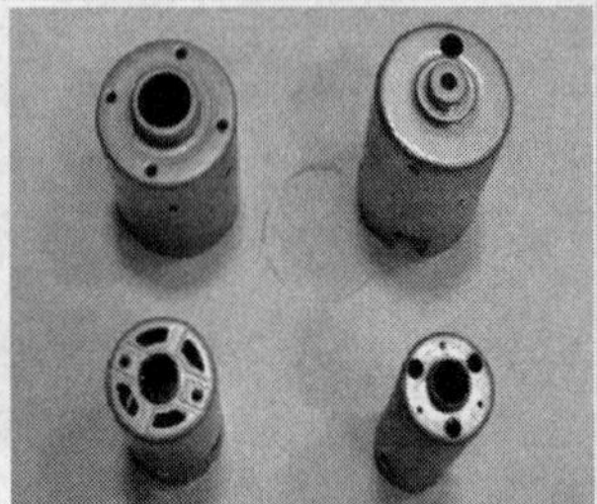

图 3-1　无凸缘圆筒形拉深产品

3.1.2 拉深变形过程及特点

(1) 拉深变形过程

拉深变形过程如图 3-2 所示，将直径为 D、厚度为 t 的坯料放在凹模 3 的上表面，凸模 1 下行，首先是压料圈（又称压边圈）2 压住坯料，接着凸模 1 向下压坯料。

随着凸模 1 的继续下行，凸模 1 将坯料逐渐拉入凸、凹模间的间隙，留在凹模 3 端面上的毛坯外径不断缩小。

当坯料全部进入凸、凹模间的间隙时，拉深过程结束，直径为 D 的平板毛坯就变成了直径为 d、高度为 H 的开口圆筒形工件。

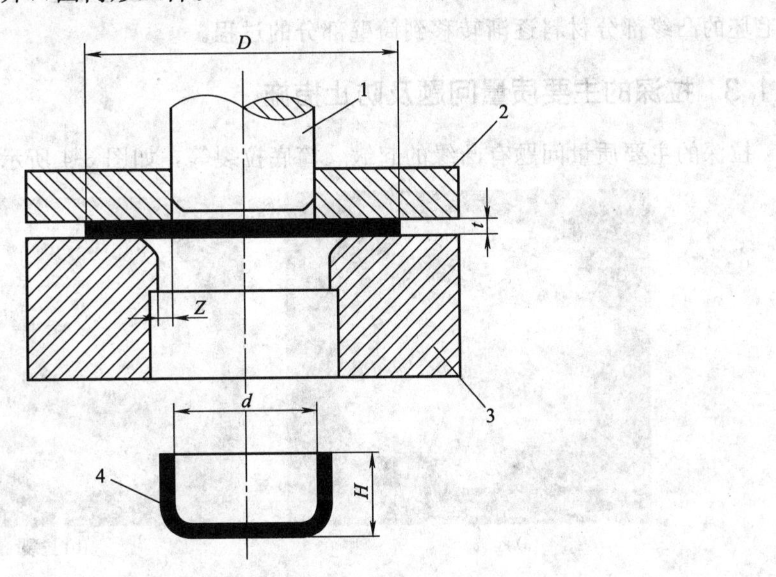

图 3-2 拉深模具的工作过程

1—凸模；2—压边圈；3—凹模；4—拉深产品

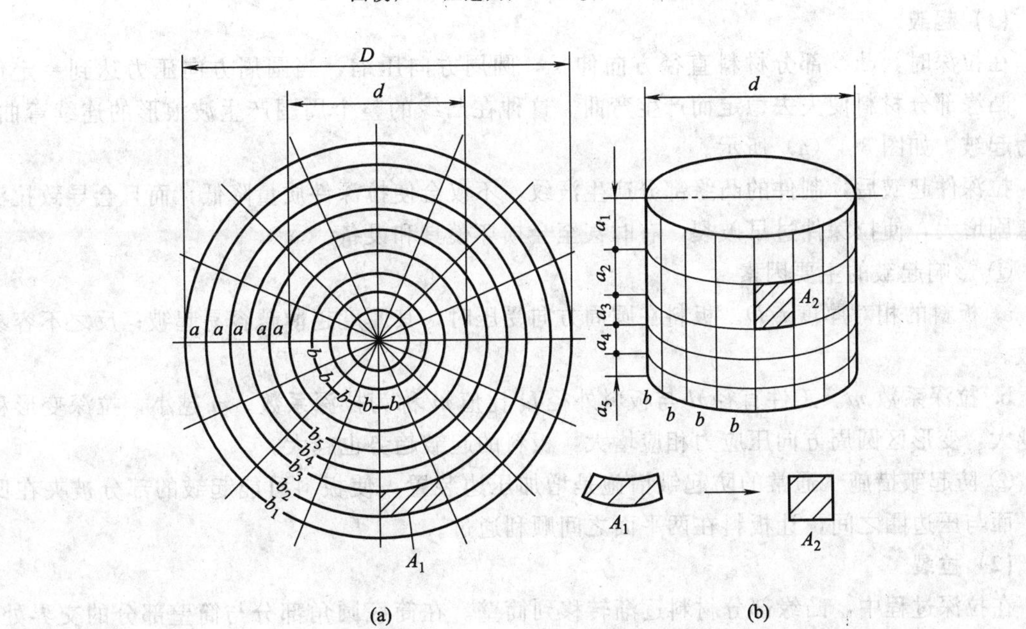

图 3-3 拉深件的网格试验

（2）拉深变形特点

在圆形毛坯上画出许多等间距的同心圆和等分中心角度的辐射线，如图 3-3（a）所示。拉深后观察由这些同心圆与辐射线所组成的扇形网格，可以发现，筒形件底部的网格基本上保持原来的形状，而筒壁部分的网格则发生了很大的变化，由扇形网格变成为矩形网格，如图 3-3（b）所示。

原来的直径不同的同心圆均变为筒壁上直径相同的水平圆周线，不仅圆周周长缩短，而且其间距 a 也增大了，愈靠近筒的口部间距增大愈多，即 $a_1>a_2>a_3>\cdots>a$。

由上述现象可知，在拉深过程中，毛坯的中心部分成为筒形件的底部，基本不变形，是不变形区。毛坯的凸缘部分（即凹模口外的环形部分）是主要变形区。拉深过程实质上就是将毛坯的凸缘部分材料逐渐转移到筒壁部分的过程。

3.1.3　拉深的主要质量问题及防止措施

拉深的主要质量问题有凸缘的起皱、筒底拉裂等，如图 3-4 所示。

(a) 起皱

(b) 拉裂

图 3-4　拉深件凸缘的起皱、筒底拉裂

（1）起皱

在拉深时，凸缘部分材料直径方向伸长，圆周方向压缩，当圆周方向压力达到一定值时，凸缘部分材料便失去稳定而产生弯曲。这种在凸缘的整个周围产生波浪形的连续弯曲，称为起皱，如图 3-4（a）所示。

拉深件起皱后，制件的凸缘部分产生波纹，不仅会使拉深件质量降低，而且会导致拉深力急剧增大，使拉深件过早破裂，有时甚至会损坏模具和设备。

① 影响起皱的主要因素

a. 板料的相对厚度 t/D。板料在圆周方向受压时，其厚度越薄越容易起皱；反之不容易起皱。

b. 拉深系数 m。工件直径 d 与板料外径 D 比值 m 称为拉深系数。m 越小，拉深变形程度越大，变形区圆周方向压应力相应增大，板料的起皱趋势也越大。

② 防起皱措施　通常的防起皱措施是增加压边装置，使板料可能起皱的部分被夹在凹模平面与压边圈之间，让板料在两平面之间顺利通过。

（2）拉裂

在拉深过程中，凸缘部分材料逐渐转移到筒壁。在筒底圆角部分与筒壁部分的交界处，由于该处的材料转移较少，其变薄相对最为严重，成为整个拉深件最薄弱的地方，通常称此断面为“危险断面”。如此处的拉应力超过材料的强度极限，则拉深件将在此处拉裂，如图 3-4（b）所示。

防止拉裂的主要措施是适当加大模具圆角半径，采用适当的拉深系数和压边力，采用多次拉深和在凹模与压边圈之间涂润滑剂。

3.2　任务分析

如表 3-1 所示，本项目是设计一副无凸缘圆筒形件拉深模，要求编写计算说明书 1 份（Word 文档格式）；绘制模具总装图 1 张、非标零件图 7～10 张（采用 AutoCAD 绘制）。

表 3-1　无凸缘筒形钢杯拉深模设计工作任务书

班级：　　姓名：　　学号：

名　称	图样及技术要求
工作对象（如零件）	零件名称：无凸缘圆筒形钢杯 材料：10 钢 材料厚度：0.5mm 生产批量：中批量 零件简图：如图 3-5 所示 **图 3-5　零件简图**
生产工作要求	大批量，无起皱，无裂纹
任务要求	计算说明书 1 份（Word 文档格式）；绘制模具总装图 1 张、非标零件图 7～10 张（采用 AutoCAD）
完成任务的思路	为了能使本项目顺利完成，应按照表 3-11“无凸缘圆筒形钢杯拉深模设计工作引导文”的提示进行模具设计工作，在设计过程中掌握相关的知识和技能

3.3　相关知识

3.3.1　拉深件结构工艺设计

① 拉深件的形状应尽量简单、对称，深度应尽可能小，以减少拉深次数。

② 对于无凸缘圆筒形拉深件的底部圆角半径（即为拉深凸模圆角半径）r_1，应取 $r_1>t$。如果 $r_1<t$，则应增加整形工序，每整形 1 次，r_1 可减小一半。

③ 对于半敞开及非对称的空心件，应考虑设计成对拉深，然后剖开，如图 3-6 所示。

④ 由于拉深件各部位的厚度有较大变化，在设计拉深件时，应注明必须保证内形尺寸［如图 3-7（a）所示］或外形尺寸［如图 3-7（b）所示］，不能同时标注内外形尺寸。

3.3.2　拉深件毛坯尺寸计算

（1）修边余量

由于拉深工件口部不平，通常拉深后需修边，因此计算毛坯尺寸时应在工件高度方向上增加修边余量，无凸缘圆筒形件修边余量见表 3-2。

图 3-6　半敞开及非对称的空心件

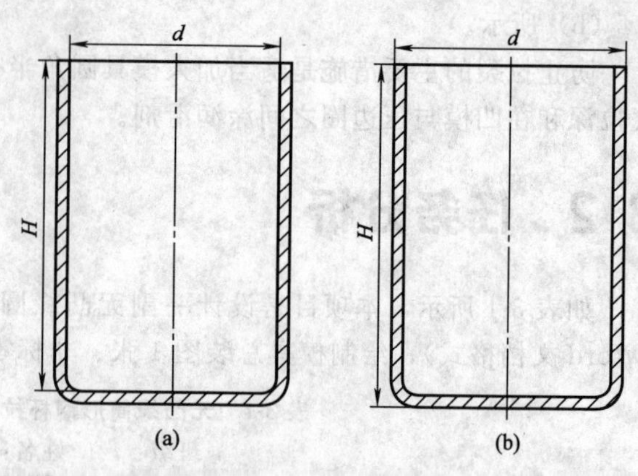

图 3-7　拉深件尺寸标注

表 3-2　无凸缘筒形件的修边余量 δ　　mm

拉深高度 h	拉深件相对高度 h/d				附　图
	0.5～0.8	＞0.8～1.6	＞1.6～2.5	＞2.5～4	
≤10	1.0	1.2	1.5	2.0	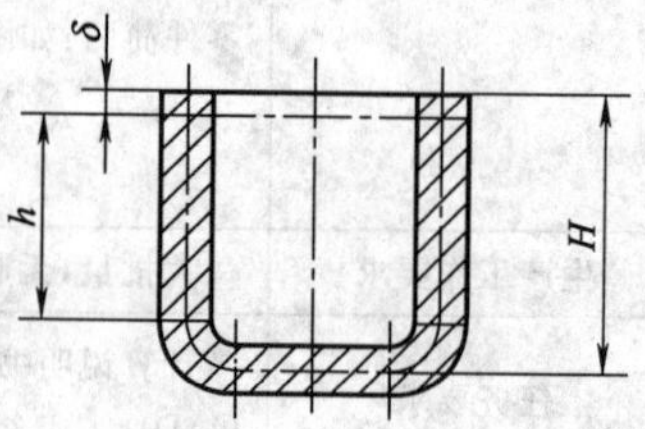
10～20	1.2	1.6	2.0	2.5	
20～50	2.0	1.5	3.3	4.0	
50～100	3.0	1.8	5.0	6.0	
100～150	4.0	5.0	6.5	8.0	
150～200	5.0	6.3	8.0	10.0	
200～250	6.0	7.5	9.0	11.0	
＞250	7.0	8.5	10.0	12.0	

（2）毛坯直径计算

如图 3-8 所示，对于无凸缘圆筒形件，可划分为 3 部分，设各部分的面积分别为 A_1、A_2、A_3，则

$$A_1=\pi d(H-r)$$

$$A_2=\frac{\pi}{4}[2\pi r(d-2r)+8r^2] \tag{3-1}$$

$$A_3=\frac{\pi}{4}(d-2r)^2$$

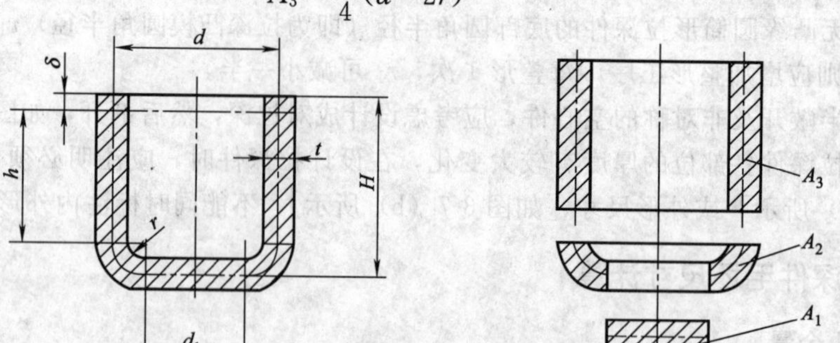

图 3-8　筒形件坯料尺寸计算

设坯料直径为 D，根据相似性原理及拉深前后面积相等的原则，可得

$$\frac{\pi}{4}D^2 = A_1 + A_2 + A_3 = \sum A_i \tag{3-2}$$

将式（3-1）代入式（3-2），整理后可得

$$D=\sqrt{d^2+4dH-1.72rd-0.56r^2} \tag{3-3}$$

须注意式（3-3）中的 H 包括修边余量 δ；当工件壁厚 $t \geqslant 1$mm 时，应按中线尺寸计算坯料尺寸；当工件壁厚 $t<1$mm 时，按内形或外形尺寸计算均可。

3.3.3 拉深工序件尺寸的计算

(1) 拉深系数

如图 3-9 所示，拉深系数 m 是拉深后制件直径 d 与拉深前毛坯（或工序件）直径 D 之比值。

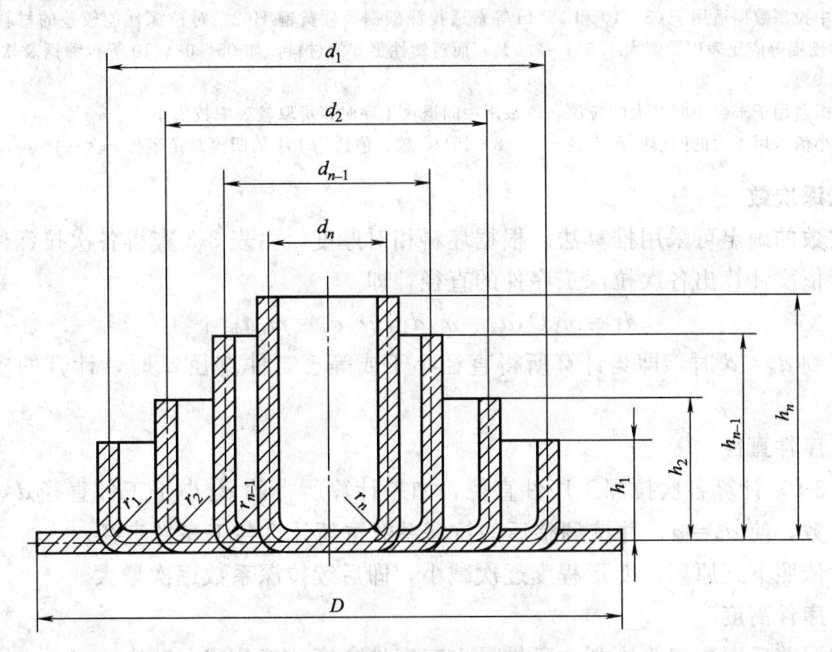

图 3-9　圆筒形件多次拉深件示意图

对于多次拉深，拉深系数可按式（3-4）计算。

$$\begin{aligned} m_1 &= d_1/D \\ m_2 &= d_2/d_1 \\ &\vdots \\ m_{n-1} &= d_{n-1}/d_{n-2} \\ m_n &= d_n/d_{n-1} \\ m_{总} &= \frac{d_n}{D} = \frac{d_1 d_2}{D d_1} = \cdots = \frac{d_{n-1} d_n}{d_{n-2} d_{n-1}} = m_1 m_2 \cdots m_{n-1} m_n \end{aligned} \tag{3-4}$$

式中　D——拉深前毛坯直径；

m_1，m_2，…，m_{n-1}，m_n——各次的拉深系数；

d_1，d_2，…，d_{n-1}，d_n——各次拉深制件的直径；

$m_{总}$——需多次拉深成形制件的总拉深系数。

（2）极限拉深系数

如拉深系数 m 减少到某一极限值时，就会使拉深件起皱、断裂或严重变薄超差，这个极限值就称为极限拉深系数，带压边圈时的极限拉深系数见表 3-3，在实际生产中，一般情况下均采用大于极限值的拉深系数。

表 3-3　带压边圈时圆筒形件的极限拉深系数

拉深系数	坯料相对厚度(t/D)/%					
	2.0～1.5	1.5～1.0	1.0～0.6	0.6～0.3	0.3～0.15	0.15～0.08
m_1	0.48～0.50	0.50～0.53	0.53～0.55	0.55～0.58	0.58～0.60	0.60～0.63
m_2	0.73～0.75	0.75～0.76	0.76～0.78	0.78～0.79	0.79～0.80	0.80～0.82
m_3	0.76～0.78	0.78～0.79	0.79～0.80	0.80～0.81	0.81～0.82	0.82～0.84
m_4	0.78～0.80	0.80～0.81	0.81～0.82	0.82～0.83	0.83～0.85	0.85～0.86
m_5	0.80～0.82	0.82～0.84	0.84～0.85	0.84～0.85	0.86～0.87	0.87～0.88

注：1. 表中拉深数据适用于 08、10 和 15Mn 等普通拉深碳钢及软黄铜 H62。对拉深性能较差的材料，如 20、25、Q215、Q235、硬铝等应比表中数值大 1.5%～2.0%；而对塑性更好的材料，如 05、08、10 等拉深钢及软铝应比表中数据小 1.5%～2.0%。

2. 表中数据适用于未经中间退火的拉深，若采用中间退火工序时，可取较表中数值小 2%～3%。

3. 表中较小值适用于大的凹模圆角半径 $r_{凹}=(8\sim15)t$，较大值适用于小的凹模圆角半径 $r_{凹}=(4\sim8)t$。

（3）拉深次数

拉深次数的确定可采用推算法。根据坯料相对厚度，由表 3-3 查得各次拉深的极限拉深系数，然后依次计算出各次拉深工序件的直径，即

$$d_1=m_1D, d_2=m_2d_1, \cdots, d_n=m_nd_{n-1} \tag{3-5}$$

当计算到 $d_n<d$ 时，即当计算所得直径小于或等于工件直径 d 时，计算的次数 n 即为拉深次数。

（4）工序件直径

按式（3-5）计算各次拉深工序件直径，如果计算所得的 d_n 小于工件直径 d，则应调整各次拉深系数，使 $d_n=d$，并按调整后的拉深系数重新计算各工序件直径。

调整时依照下列原则：变形程度逐次减小，即后续拉深系数逐次增大。

（5）工序件高度

根据拉深前后面积相等原则，可推导出工序件高度计算公式（3-6）。

$$\begin{aligned} h_1&=0.25\left(\frac{D^2}{d_1}-d_1\right)+0.43\frac{r_1}{d_1}(d_1+0.32r_1) \\ h_2&=0.25\left(\frac{D^2}{d_2}-d_2\right)+0.43\frac{r_2}{d_2}(d_2+0.32r_2) \\ &\vdots \\ h_n&=0.25\left(\frac{D^2}{d_n}-d_n\right)+0.43\frac{r_n}{d_n}(d_n+0.32r_n) \end{aligned} \tag{3-6}$$

式中　h_1，h_2，…，h_n——各次拉深工序件高度，mm；

D——坯料直径，mm；

d_1，d_2，…，d_n——各次拉深工序件直径，mm；

r_1，r_2，…，r_n——各次拉深工件的底部圆角半径（即相应的拉深凸模的圆角半径），mm。

首次拉深时，凸模圆角半径取与凹模圆角半径相等的数值，最后一次拉深取与制件底部

圆角半径相等的数值，中间各次 r_p 可取相应于 r_d 略小些的数值，即

$$r_{p(n)}=(0.7\sim1.0)r_{d(n)} \tag{3-7}$$

首次拉深时凹模的圆角半径 r_d 可按式（3-22）计算。

3.3.4 采用压边圈的条件

在分析拉深工艺时，应判断在拉深过程中是否会起皱，如果不起皱，则不用压边圈；否则，应该使用压边装置，在生产中判断是否采用压边圈的条件见表 3-4。

表 3-4 采用压边圈的条件（平面凹模）

拉深方法	第一次拉深		以后各次拉深	
	$(t/D)\times100$	m_1	$(t/D)\times100$	m_1
用压边圈	<1.5	<0.6	<1	<0.80
可用可不用	1.5～2.0	0.6	1～1.5	0.80
不用压边圈	>2.0	>0.6	>2.0	>0.80

3.3.5 拉深力与压料力计算

（1）拉深力计算

如图 3-10 所示，采用压边圈的拉深力按式（3-8）和式（3-9）计算。

首次拉深：
$$F=\pi d_1 t\sigma_b K_1 \tag{3-8}$$

以后各次拉深：
$$F=\pi d_i t\sigma_b K_2 (i=2,3,4,\cdots,n) \tag{3-9}$$

式中 F——拉深力；

d_1，…，d_i——各次拉深后的工序件直径；

t——板料厚度；

σ_b——拉深材料的抗拉强度；

K_1，K_2——修正系数，其值见表 3-5 和表 3-6。

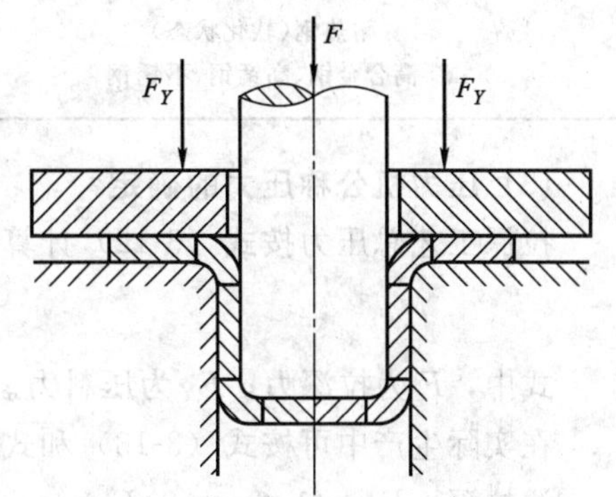

图 3-10 拉深力与压料力

表 3-5 修正系数 K_1

m_1	0.55	0.57	0.60	0.62	0.65	0.67	0.70	0.72	0.75	0.77	0.80
K_1	1.0	0.93	0.86	0.79	0.72	0.66	0.60	0.55	0.50	0.45	0.40

表 3-6 修正系数 K_2

m_2、m_3	0.70	0.72	0.75	0.77	0.80	0.85	0.90	0.95
K_2	1.0	0.95	0.90	0.85	0.80	0.70	0.60	0.50

（2）压料力计算

圆筒形件首次拉深的压料力可按式（3-10）计算

$$F_Y=\frac{\pi}{4}[D^2-(d_1+2r_{d1})^2]p \tag{3-10}$$

圆筒形件以后各次拉深的压料力可按式（3-11）计算

$$F_Y=\frac{\pi}{4}[d_{i-1}^2-(d_i+2r_{di})^2]p \quad (3-11)$$

式中　p——单位压边力，可按表 3-7 选取；

D——坯料直径；

d_1，…，d_n——各次拉深工序件直径；

r_{d1}，…，r_{dn}——各次拉深凹模的圆角半径。

表 3-7　单位压边力 p

材料名称		单位压边力 p/MPa
铝		0.8～1.2
紫铜、硬铝（退火）		1.2～1.8
黄铜		1.5～2.0
软钢	板料厚度 $t<0.5$mm	2.5～3.0
	板料厚度 $t>0.5$mm	2.0～2.5
镀锌钢板		2.5～3.0
耐热钢（软化状态）		2.8～3.5
高合金钢、高锰钢、不锈钢		3.0～4.5

(3) 压力机公称压力的确定

拉深工艺总压力按式（3-12）计算

$$F_Z=F+F_Y \quad (3-12)$$

式中，F 为拉深力；F_Y为压料力。

在实际生产中可按式（3-13）和式（3-14）来确定压力机的公称压力。

浅拉深　$F_g\geqslant(1.6\sim1.8)F_Z$　(3-13)

深拉深　$F_g\geqslant(1.8\sim2.0)F_Z$　(3-14)

式中，F_g为压力机的公称压力。

3.3.6 拉深模工作部分设计

(1) 拉深间隙的选取

拉深间隙 C 是指凸、凹模之间的单边间隙。

$$C=\frac{D_d-D_p}{2} \quad (3-15)$$

拉深间隙小，坯料与模具间的摩擦加剧；拉深力大、模具磨损大，使零件减薄甚至拉裂，但工件回弹小，精度高；拉深间隙大，坯料易起皱，精度差。

生产实际中，采用压边圈时，拉深间隙一般按表 3-8 选取。

(2) 凸模和凹模工作部分的尺寸及制造公差

① 中间过渡工序的半成品尺寸，由于没有严格限制的必要，模具工作部分尺寸只要等于半成品的尺寸即可，若以凹模为基准，则模具工作部分尺寸计算见式（3-16）和式（3-17）。

表 3-8 有压边圈拉深时的单边间隙

总拉深次数	拉深工序	单边间隙 C	总拉深次数	拉深工序	单边间隙 C
1	第 1 次拉深	$(1.0\sim1.1)t$	4	第 1、2 次拉深	$1.2t$
2	第 1 次拉深	$1.1t$		第 3 次拉深	$1.1t$
	第 2 次拉深	$(1.0\sim1.05)t$		第 4 次拉深	$(1.0\sim1.05)t$
3	第 1 次拉深	$1.2t$	5	第 1、2、3 次拉深	$1.2t$
	第 2 次拉深	$1.1t$		第 4 次拉深	$1.1t$
	第 3 次拉深	$(1.0\sim1.05)t$		第 5 次拉深	$(1.0\sim1.05)t$

注：1. 板料厚度取允许偏差的中间值。

2. 当拉深精密制件时，末次拉深间隙 $C=(0.9\sim1.0)t$。

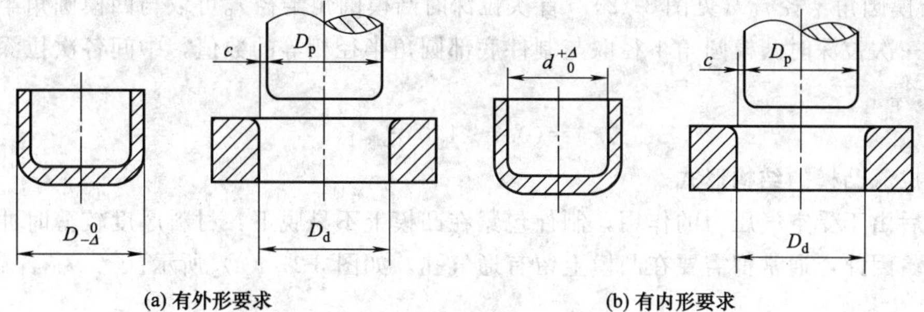

(a) 有外形要求　　(b) 有内形要求

图 3-11 拉深制件的标注与模具尺寸

凹模尺寸：
$$D_d = D_{max}{}_{0}^{+\delta_d} \tag{3-16}$$

凸模尺寸：
$$D_p = (D_{max} - 2C)_{-\delta_p}^{0} \tag{3-17}$$

② 对于末次拉深模，其凸模和凹模尺寸及公差应按制件的要求确定。

当制件要求外形尺寸时［图 3-11 (a)］，以凹模为基准。先确定凹模尺寸，因为凹模尺寸在拉深中随磨损的增加而逐渐变大，因此应取工件的最小极限尺寸，其计算公式见式(3-18)和式 (3-19)。

凹模尺寸：
$$D_d = (D_{max} - 0.75\Delta)_{0}^{+\delta_d} \tag{3-18}$$

凸模尺寸：
$$D_p = (D_{max} - 0.75\Delta - 2C)_{-\delta_p}^{0} \tag{3-19}$$

当制件要求内形尺寸时［图 3-11 (b)］，以凸模为基准，先定凸模尺寸。因为凸模会越磨越小，因此应取工件的最大极限尺寸，其计算公式见式 (3-20) 和式 (3-21)。

凸模尺寸：
$$d_p = (d_{min} + 0.4\Delta)_{-\delta_p}^{0} \tag{3-20}$$

凹模尺寸：
$$D_d = (d_{min} + 0.4\Delta + 2C)_{0}^{+\delta_d} \tag{3-21}$$

凸、凹模的制造公差 δ_d 和 δ_p 可按表 3-9 选取。

表 3-9 拉深凸模制造公差 $\boldsymbol{\delta_p}$ 和凹模制造公差 $\boldsymbol{\delta_d}$　　mm

板料厚度 t	拉深件直径					
	≤20		>20～100		>100	
	δ_d	δ_p	δ_d	δ_p	δ_d	δ_p
≤0.5	0.02	0.01	0.03	0.02	—	—
>0.5～1.5	0.04	0.02	0.05	0.03	0.08	0.05
>1.5	0.06	0.04	0.08	0.05	0.10	0.06

注：δ_p、δ_d 在必要时可提高至 IT6～IT8 级。若制件公差在 IT13 级以下，则 δ_p、δ_d 可以采用 IT10 级。

(3) 拉深模具的圆角半径

① 凹模圆角半径 r_d（见图 3-13） 首次拉深时可按式（3-22）计算。

$$r_d = 0.8\sqrt{(D-d_d)t} \tag{3-22}$$

式中 r_d——凹模圆角半径，mm；

d_d——凹模工作部分直径，mm；

t——坯料厚度，mm；

D——坯料直径，mm；

后续各次拉深时应逐步减小，其值可按关系式 $r_{dn}=(0.6\sim0.8)\ r_{d(n-1)}$ 确定，但应大于或等于 $2t$。若其值小于 $2t$，一般很难拉出，只能靠拉深后整形得到所需尺寸零件。

② 凸模圆角半径 r_p（见图 3-12） 首次拉深时凸模圆角半径 r_p 可取与凹模圆角半径相同值，最后一次拉深时凸模圆角半径取与制件底部圆角半径相等的数值，中间各次拉深可按式（3-23）计算

$$r_{pi} = (0.7\sim1.0)r_{pi-1} \tag{3-23}$$

(4) 拉深凸模的结构形式

拉深后由于受空气压力的作用，制件包紧在凸模上不易脱下，材料厚度较薄时冲件甚至会被压瘪。因此，通常都需要在凸模上留有通气孔，如图 3-12（a）所示。

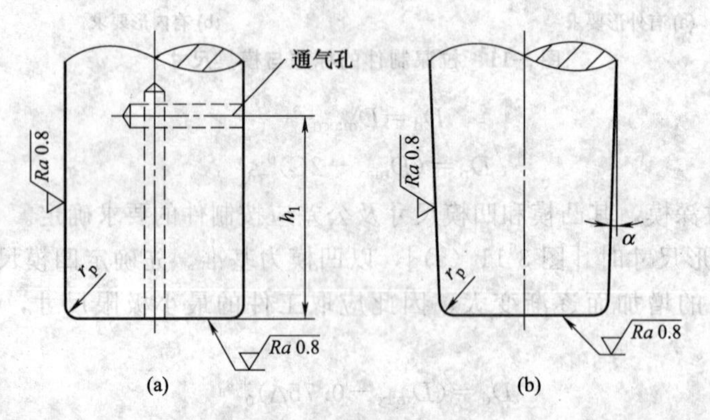

图 3-12 拉深凸模的形式

通气孔的开口高度 h_1 应大于制件的高度 H，一般取

$$h_1 = H + (5\sim10)\text{mm} \tag{3-24}$$

通气孔的直径不宜太小，否则容易被润滑剂堵塞或因通气量小而导致气孔不起作用。圆形凸模通气孔的尺寸见表 3-10。

拉深后为了使制件容易从模具上脱下，凸模的高度方向应带有一定锥度，如图 3-12（b）所示，一般圆筒形零件的拉深，α 可取 $2'\sim5'$。

表 3-10 通气孔尺寸 mm

凸模直径	～50	＞50～100	＞100～200	＞200
出气孔直径	5	6.5	8	9.5

(5) 拉深凹模的结构形式

对于可一次拉成形的浅拉深件，其凹模可采用如图 3-13（a）、(b) 所示结构。

图 3-13 中圆角以下的直壁部分是坯料受力变形形成圆筒形件侧壁、产生滑动的区域，

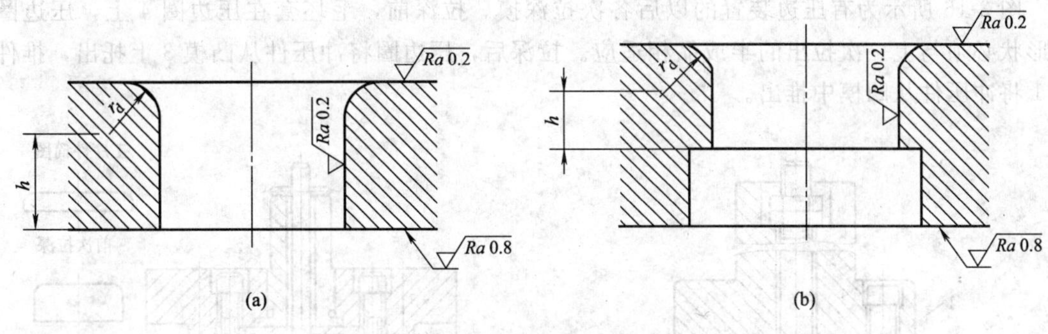

图 3-13　凹模结构

其值 h 应尽量地取小些。但如果 h 过小，则在拉深过程结束后制件会有较大的回弹，而使拉深件在整个高度上各部分的尺寸不能保持一致；而当 h 过大时，拉深件侧壁在凹模洞口直壁部分滑动时摩擦力增大而造成侧壁过分变薄。

凹模直壁部分的高度 h 在精拉深可取 6～10mm，在普通拉深时可取 9～13mm。

拉深完成后由于金属弹性回复的作用，制件的口部略有增大。这时，凹模刃口直壁以下部分应做成直角，这样在凸模回程时，凹模直角部分就能将拉深件钩下，直角部分单边宽度可取 2～5mm，高度可取 4～6mm，凹模壁厚可取 30～40mm。

3.3.7　拉深模具的典型结构

(1) 有压边装置的正装式拉深模

拉深模具的结构与单工序冲裁模具的结构类似。图 3-14 是有压边圈的正装式拉深模，适合冲制拉深变形程度较小的零件。

拉深模具的压边装置（序号 4、5、9）可参考冲裁模的弹性卸料装置进行设计，定位装置（序号 6）一般采用定位板。紧固零件、支撑零件、导向零件的设计等均可参照冲裁模的设计方法。

(2) 有压边装置的倒装拉深模结构

图 3-15 所示为压边圈装在下模部分的倒装拉深模。由于弹性元件装在下模座下面，因此空间较大，允许弹性元件有较大的压缩行程，可以拉深深度较大一些的拉深件。

在拉深时，锥形压边圈 6 先将毛坯压成锥形，使毛坯的外径已经产生一定量的收缩，然后再将其拉成筒形件。采用这种结构，有利于拉深变形，可以降低极限拉深系数。

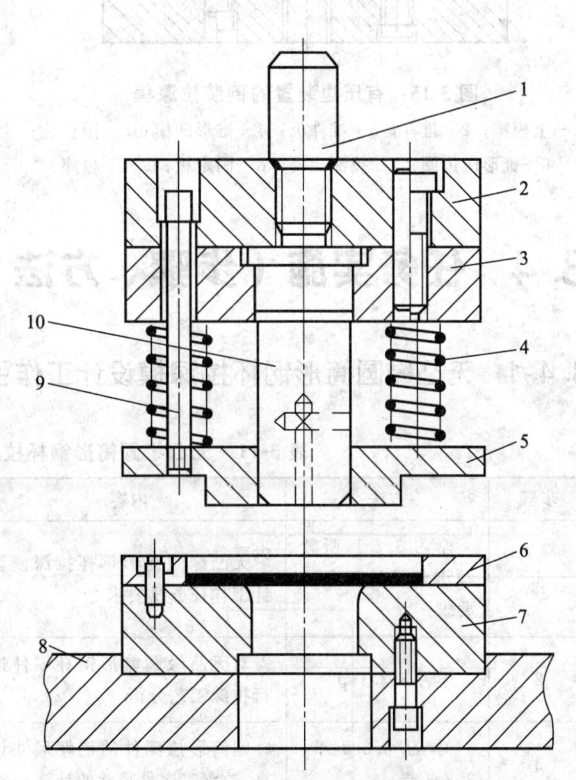

图 3-14　有压边圈的拉深模具的结构

1—模柄；2—上模座；3—凸模固定板；4—弹簧；5—压边圈；6—定位板；7—凹模；8—下模座；9—卸料螺钉；10—凸模

图 3-16 所示为有压边装置的以后各次拉深摸。拉深前，毛坯套在压边圈 4 上，压边圈的形状必须与上一次拉出的半成品相适应。拉深后，压边圈将冲压件从凸模 3 上托出，推件板 1 将冲压件从凹模中推出。

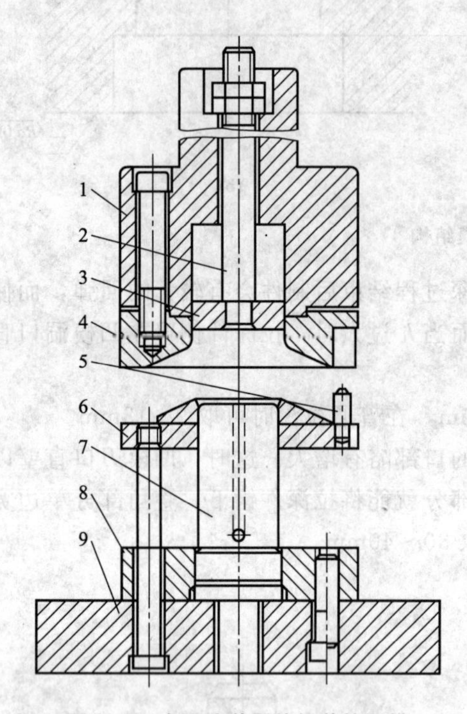

图 3-15　有压边装置的倒装拉深模

1—上模座；2—推杆；3—推件板；4—锥形凹模；5—限位柱；6—锥形压边圈；7—拉深凸模；8—固定板；9—下模座

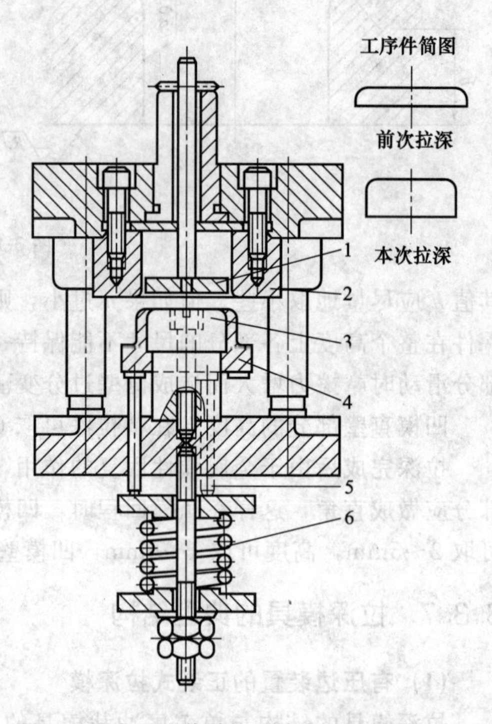

图 3-16　有压边装置的倒装式以后各次拉深模

1—推件板；2—拉深凹模；3—拉深凸模；4—压边圈；5—顶杆；6—弹簧

3.4 任务实施（步骤、方法、内容）

3.4.1 无凸缘圆筒形钢杯拉深模设计工作引导文

表 3-11　无凸缘圆筒形钢杯拉深模设计工作引导文

步骤	方法	内容	效果	时间/min
1	学习 3.2.1，听教师讲解设计任务及要求	无凸缘圆筒形钢杯拉深模设计工作任务及要求	明确无凸缘圆筒形钢杯拉深模设计工作任务的内容、要求	10
2	学习 3.3.1 节	对无凸缘圆筒形钢杯零件进行拉深工艺分析	判断无凸缘圆筒形钢杯零件拉深工艺的合理性	10
3	学习 3.3.2 节、3.3.3 节	圆筒形拉深件的毛坯尺寸计算、拉深工序件尺寸的计算	确定毛坯尺寸、确定拉深次数及工序件尺寸	25
4	学习 3.3.5 节	圆筒形件的拉深力与压料力计算	确定圆筒形件的拉深力与压料力	10

续表

步骤	方法	内容	效果	时间/min
5	参考模块一	压机参数选择	初选冲压设备	10
6	学习 3.3.6 节	模具总体结构初步设计	确定模具总体结构，绘制模具总体结构草图	30
7	学习 3.3.6 节	拉深模具工作部分尺寸计算	确定拉深模具工作部分尺寸	20
8	学习 3.3.6 节	凹模长、宽、高尺寸计算	确定凹模结构、尺寸	15
9	参考模块一	定位零件设计	确定定位板结构、尺寸	15
10	参考模块一	凸模垫板设计	确定凸模垫板结构、尺寸	15
11	学习 3.3.6 节	凸模结构尺寸计算	确定凸模结构、尺寸	15
12	参考模块一	模座设计	确定模座、导套、导柱型号、参数	15
13	参考模块一	弹性压边装置设计	确定压边圈结构尺寸；卸料螺钉、弹簧规格	30
14	参考模块一	计算模具闭合高度	校核压力机闭合高度与模具闭合高度是否相适应，否则重选压力机	10
15	参考模块一	模柄设计	确定压入式模柄参数	10
16	参考模块一	螺钉、销钉参数	螺钉、销钉规格、数量	20
17	参考模块一、模块二	零件详细设计	模具零件图绘制	100
18	参考模块一、模块二	模具装配图绘制	模具装配图绘制	60
19		计算说明书整理及图纸整理、归档	计算说明书一份，零件图 7～8 张，装配图 1 张	30
合　计				450

备注：完成本项目需要 10 课时，每课时按 45min 计。

3.4.2　无凸缘圆筒形钢杯拉深模设计实例

(1) 冲压工艺分析及冲压工艺方案的确定

① 结构及尺寸　制件为无凸缘圆筒形零件，要求外形尺寸，对厚度变化没有要求，制件的形状满足拉深工艺要求。底部圆角半径 $r=4mm>t=0.5mm$，满足 3.3.1 节的要求（对无凸缘圆筒形件，拉深凸模圆角半径大于板料厚度）。

② 精度　尺寸未注公差，按 IT14 级。

③ 材料　10 钢为优质碳素钢，适合拉深工艺。

④ 批量　该产品为中批量，采用单工序拉深模具生产能满足生产需要。

综上所述，该产品适合采用单工序拉深模具生产。

(2) 拉深工艺计算

① 拉深件毛坯尺寸的计算

a. 确定修边余量 δ。该制件 $h=20mm$，$d=40mm$，则 $h/d=0.5$。根据 h 及 h/d 查表 3-2 可确定 $\delta=1.2mm$。

b. 计算毛坯直径。因为板料厚度小于 1mm，故可直接用零件图所注尺寸进行计算。

$$
\begin{aligned}
D &= \sqrt{d^2+4dH-1.72dr-0.56r^2} \\
&= \sqrt{40^2+4\times40\times21.2-1.72\times40\times4-0.56\times4^2} \\
&\approx 68.7mm
\end{aligned}
$$

② 拉深系数与拉深次数的确定

a. 工件总的拉深系数为：$m_{总}=d/D=40/68.7=0.582$。

b. 毛坯相对厚度为 $t/D=0.5/68.7=0.00728=0.728\%$。

根据 $t/D=0.728\%$，查表 3-4，可确定第一次拉深时应采压边圈；查表 3-3，可确定首次拉深的极限拉深系数为：$m_1=0.53\sim0.55$。

因为 $m_{总}>m_1$，故工件可一次拉深成形。

(3) 拉深力与压边力的计算

根据式（3-8）确定拉深所需的拉深力为

$$F_{拉深}=K_1\pi d_1 t\sigma_b=0.9\times\pi\times40\times0.5\times400\approx22608(N)$$

根据式（3-10）确定拉深所需的压边力为

$$F_{压边}=\frac{\pi}{4}[D^2-(d_1+2r_d)^2]p=\frac{\pi}{4}[68.7^2-(40+2\times4)^2]\times2.0\approx3793(N)$$

根据式（3-12）确定拉深所需的总压力为：

$$F_{总}=F_{拉深}+F_{压边}=22608+3793=26401N$$

(4) 初选压力机

根据式（3-13）确定压力机的公称压力为：$F_g\geqslant1.4\times F_{总}=1.4\times26401\approx36961$（N）

根据压力机的公称压力大于 F_g，滑块行程大于工件高 2.5～3.0 倍。故初选压力机型号为 J23-25，参数如下。

公称压力：250kN。

滑块行程：65mm。

最大闭合高度：270mm。

连杆调节量：55mm。

工作台尺寸（前后×左右）：370mm×560mm。

工作台孔尺寸：200mm×290mm。

模柄尺寸（直径×深度）：ϕ40mm×60mm。

(5) 拉深模结构的设计

经过工艺性分析计算，可知制件能一次拉深成形，模具拟采用带压边圈的正装式结构，采用这种结构的优势在于模具结构简单，利用凸模将制件直接顶出凹模，压边圈能有效阻止坯料变形，拉深模结构简图如图 3-13 所示。

(6) 拉深模工作部分尺寸计算

① 凸、凹模间隙计算　查表 3-8，可得有压边圈第一次拉深时的单边间隙为：$C=(1\sim1.1)t=1.1\times0.5=0.55mm$。

② 凸模、凹模工作部分尺寸计算　凸、凹模的制造公差 δ_p 和 δ_d 可按表 3-9 选取，凸、凹模尺寸按式（3-18）、式（3-19）计算。

凹模尺寸：$D_d=(D_{max}-0.75\Delta)^{+\delta_d}_{0}=(40-0.75\times0.62)^{+0.03}_{0}\approx39.54^{+0.03}_{0}$

凸模尺寸：$D_p=(D_d-2C)^{0}_{-\delta_p}=(39.54-2\times0.55)^{0}_{-0.02}=38.44^{0}_{-0.02}$

③ 凸、凹模圆角半径的计算

a. 凹模圆角半径 r_d按式（3-22）计算。

$$r_d=0.8\sqrt{(D-d_d)t}=0.8\sqrt{(68.7-39.54)\times0.5}\approx3.1$$

因此，可取拉深凹模圆角半径为 4mm。

b. 凸模圆角半径 r_p。因为制件可一次拉成，且零件图上所标注的圆角半径大于 r_p的最小合理值，所以 r_p值取与制件底部圆角半径相同的值，即取 $r_p=4$mm。

(7) 拉深模零部件初步设计

① 凹模结构初步设计　凹模结构参考图 3-13（b）所示结构进行设计。凹模直壁段高度 h 取 6～10mm；直角部分单边宽度取 2～3mm，高度可取 5～10mm；凹模壁厚取 30～40mm。

因此，凹模高度可取为：4＋(6～10)＋5～10＝15～24mm。

凹模直径应大于：39.54＋2×(30～40)＝99.54～119.54mm。

查附表 F2，确定凹模规格为：ϕ160×25mm，凹模结构参数调整如下：凹模圆角半径 r_d＝4mm；直壁段高度 h＝10mm；直角部分单边宽度取 2.5mm，高度可取 11mm。

② 上、下模座的初步设计　根据凹模厚度，查附录 M3，初选中间导柱圆形模座，型号参数为：

下模座：160×45mm，GB/T 2855.12—1990，材料：HT200 GB/T 9436—1988。

上模座：160×40mm，GB/T 2855.11—1990，材料：HT200 GB/T 9436—1988。

③ 定位板初步设计　定位板外径取与凹模直径相同，根据板料厚度 t＝0.5mm，查表 1-27 可确定定位板的定位部分厚度为 h＝2.5mm，因此，定位板规格可确定为 ϕ160×5.5mm。

④ 凸模固定板初步设计　凸模固定板外径取与凹模直径相同，厚度取为 32mm。查附录 F2，可确定凸模固定板规格为 ϕ160×32mm。

⑤ 凸模垫板初步设计　凸模垫板外径取与凹模直径相同，厚度取为 8mm。查附录 F2，可确定凸模固定板规格为 ϕ160×8mm。

⑥ 弹性压边装置初步设计　拉深结束时，模具各零件相对位置关系如图 3-17 所示。

a. 压边圈。压料圈直径取与凹模直径相同，总厚度取为 14mm，其中台阶部分高 6mm，与 M8 卸料螺钉的配合部分厚度 8mm，其他结构尺寸可参考 1.3.9 节介绍的弹压卸料装置设计规范进行设计。

b. 弹簧。初选 6 个弹簧，每个弹簧的荷重为 3793 (N)/6≈633N，查附录 C1，选取 ϕ22 的蓝色弹簧，弹簧参数为：外径 22mm，内径 11mm，荷重 657.0N，30 万回最大压缩比 40%。

由图 3-17 可知，压边圈相对凸模行程＝0.5＋4＋10＋(21.2－0.5)＝35.2mm，因此弹簧自由长度应为：L＝35.2mm/0.40＝88mm。

取弹簧自由长度 90mm，压缩 35.2mm 后长度为：90－35.2＝54.8mm。

c. 卸料螺钉。初定选用 M8 的卸料螺钉，如图 3-16 所示，卸料螺钉的长度为：54.8＋

10＋35.2＝100mm。

卸料螺钉规格：M8×100mm。

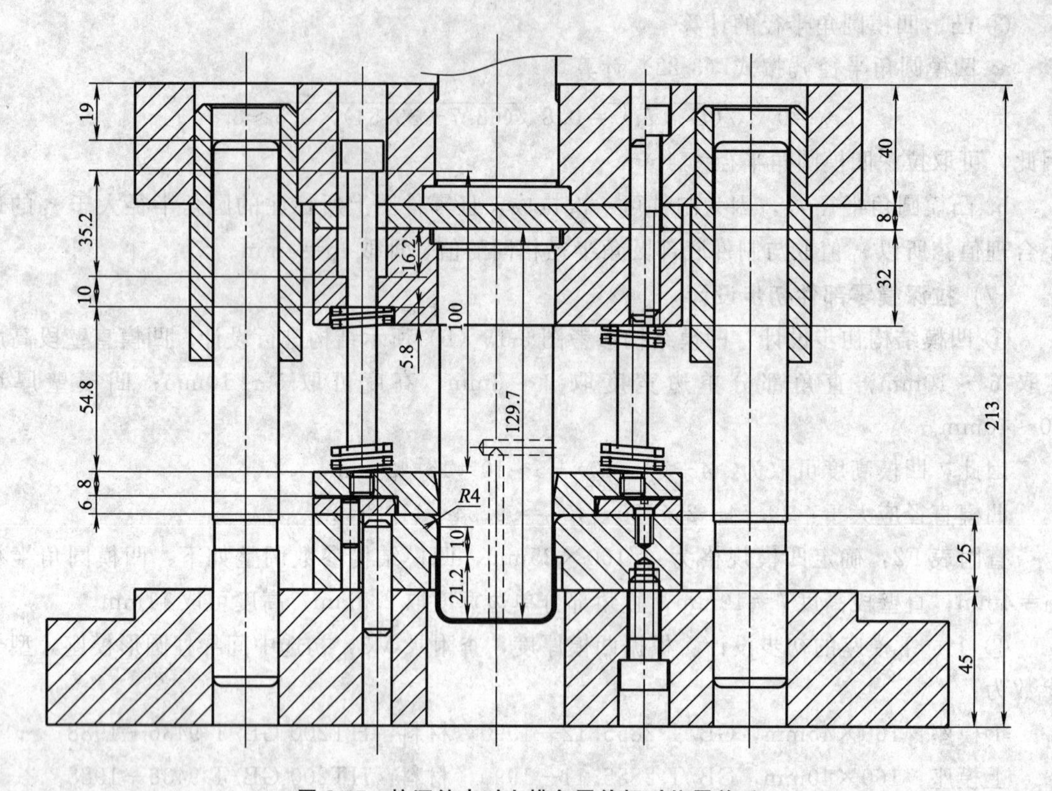

图 3-17 拉深结束时上模各零件相对位置关系

⑦ 凸模初步设计 凸模工作部分采用如图 3-12（a）所示结构，固定部分采用台阶式结构，如图 3-14 所示。

凸模长度＝16.2＋10＋54.8＋8＋6＋4＋10＋21.2－0.5＝129.7mm。

⑧ 闭模高度校核 闭模高度＝40＋8＋32＋(54.8－5.8)＋14＋25＋45＝213mm。

因为压力机的最大闭合高度为 270mm，连杆调节量为 55mm，因此，所选压力机满足模具设计要求。

⑨ 导柱、导套的选择 导柱长度：L＝213－(2～3)－(10～15)＝195～201mm。

查附录 M5、附录 M6，选取的导柱、套型号为；

左导柱 B28h5×200×55 GB/T 2861.1；

右导柱 B32h5×190×50 GB/T 2861.1；

左导套 A28H6×85×33；

右导套 A32H6×100×38。

⑩ 模柄的设计 压力机滑块模柄孔尺寸（ϕ40mm×60mm），查附录 N1 可确定压入式模柄型号为：模柄 A40×100 GB 2862.1—1981 Q235。

⑪ 螺钉、销钉的选择 参考项目一可确定螺钉，销钉的规格、数量。

凸模固定板固定：螺钉 4×M10×65，销钉 2×ϕ10×65mm。

凹模固定：螺钉 4×M10×50，销钉 2×ϕ10×50mm。

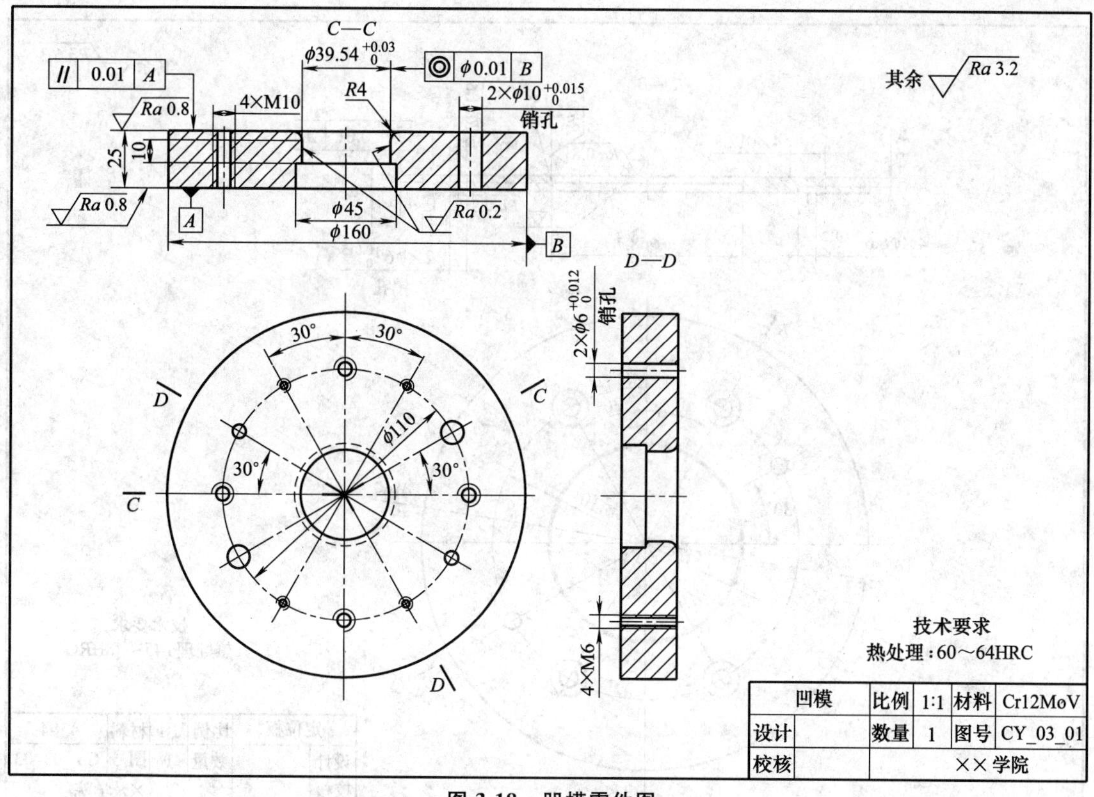

图 3-18　凹模零件图

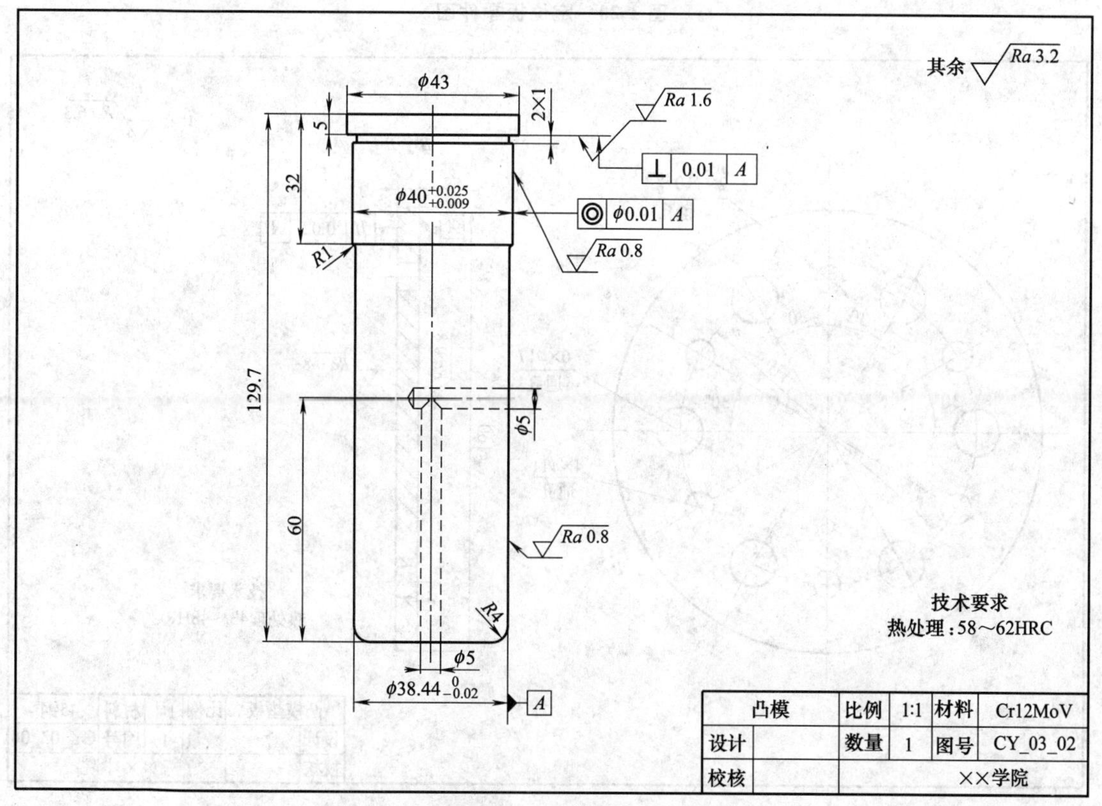

图 3-19　凸模零件图

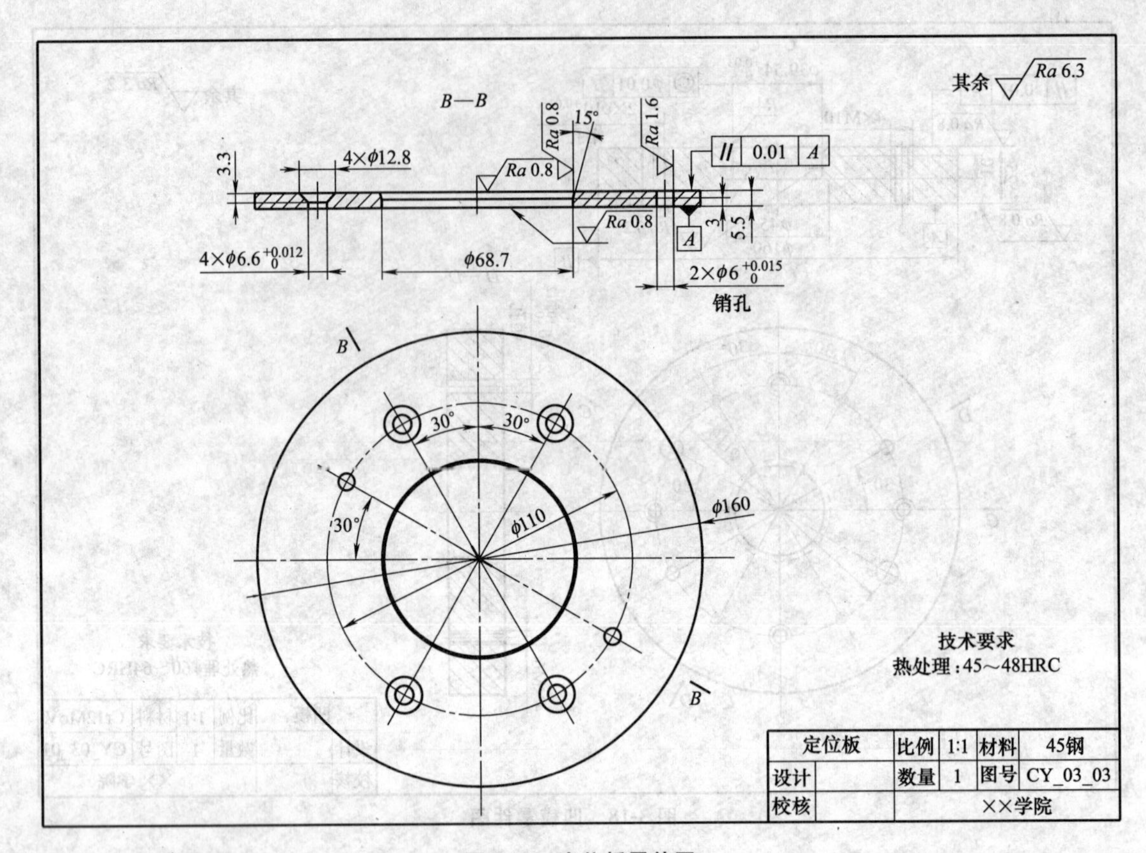

图 3-20 定位板零件图

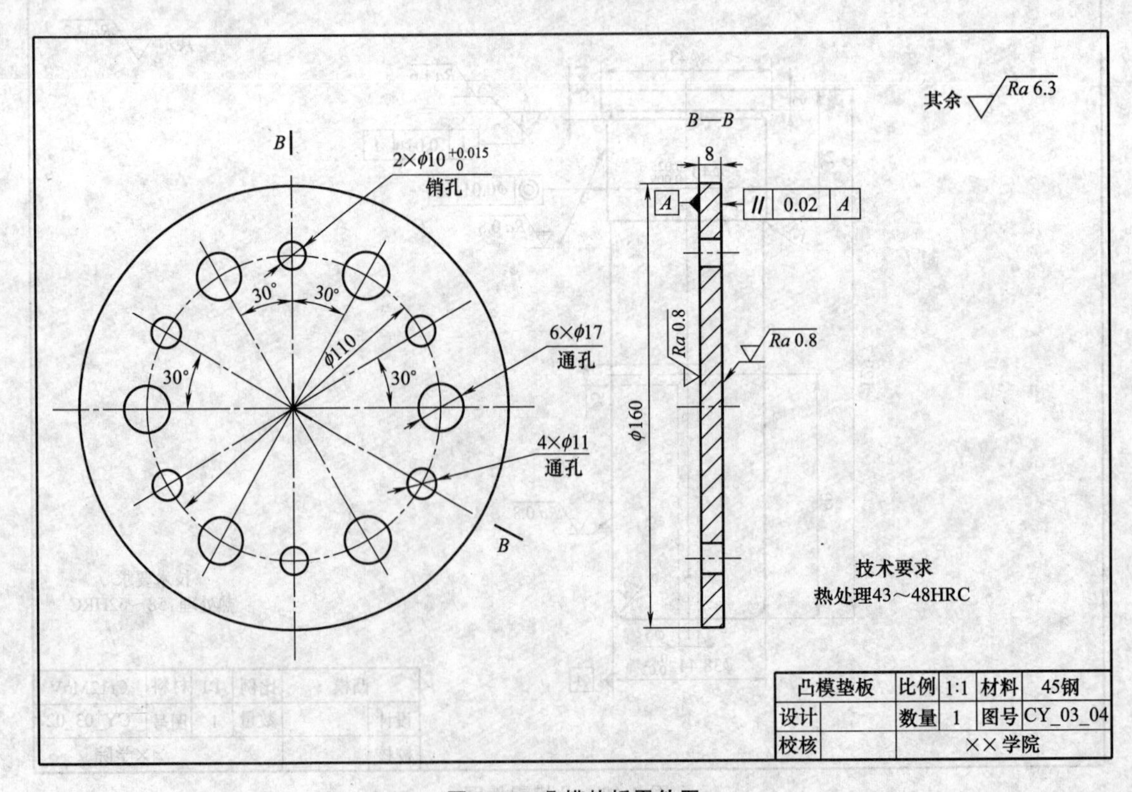

图 3-21 凸模垫板零件图

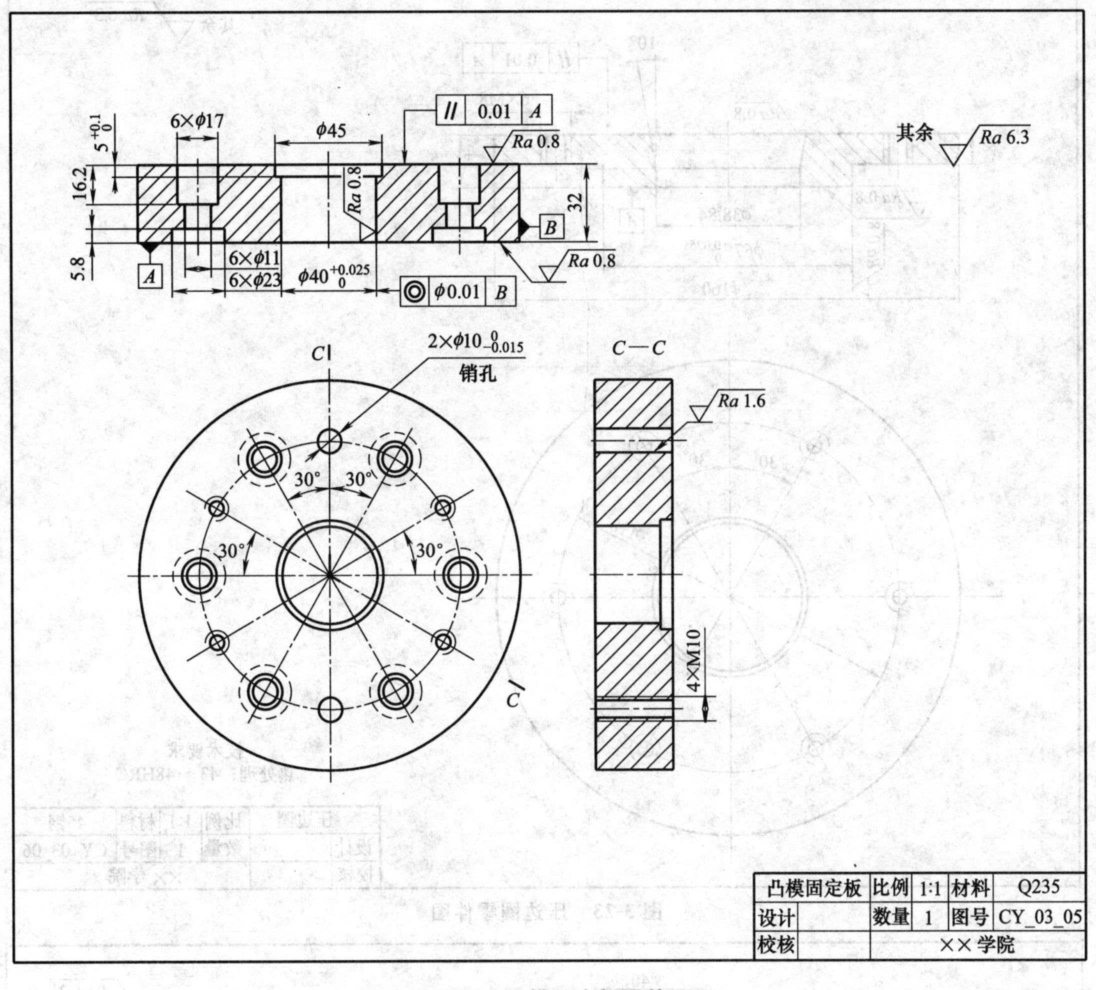

图 3-22　凸模固定板零件图

定位板固定：沉头螺钉 4×M6×15，销钉 4×φ6×15mm。

模柄止转销：销钉 φ6×10mm。

(8) 拉深模零部件详细设计

参考项目一及项目二主要零部件的详细设计方法进行设计，并绘制零件图、装配图。

① 凹模零件图见图 3-18。

② 凸模零件图见图 3-19。

③ 定位板零件图见图 3-20。

④ 凸模垫板零件图见图 3-21。

⑤ 凸模固定板零件图见图 3-22。

⑥ 压边圈零件图见图 3-23。

⑦ 模柄零件图见图 3-24。

⑧ 下模座零件图见图 3-25。

⑨ 上模座零件图见图 3-26。

⑩ 模具装配图见图 3-27。

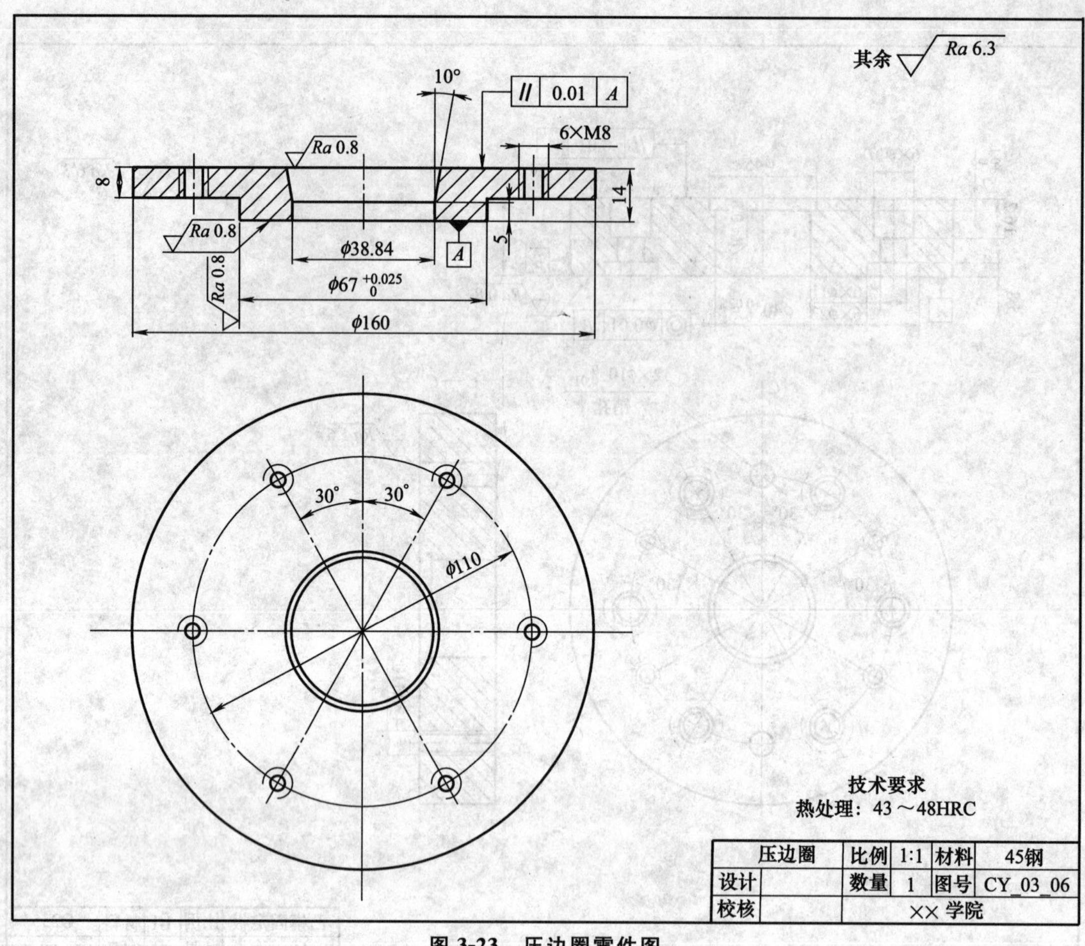

图 3-23 压边圈零件图

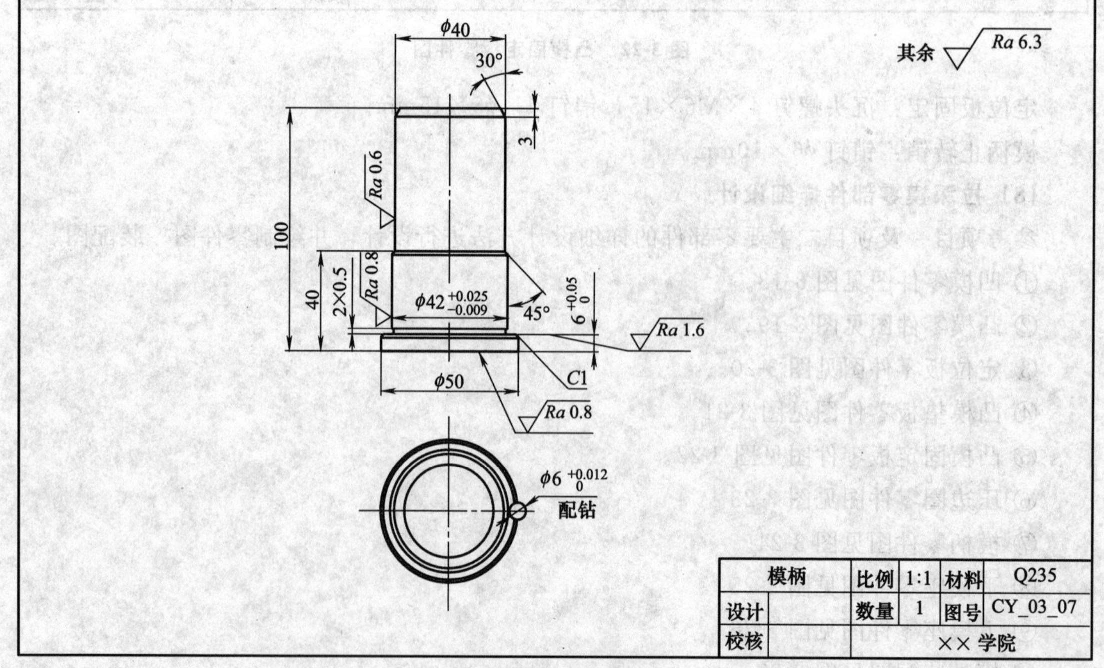

图 3-24 模柄零件图

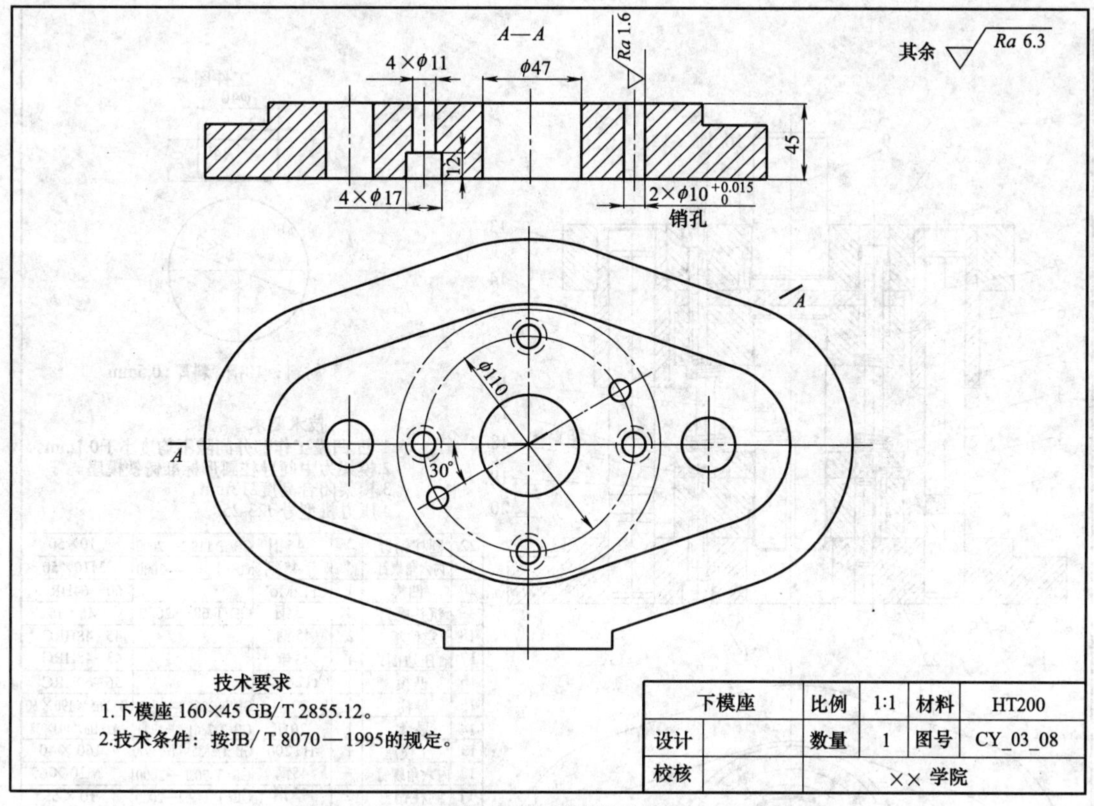

图 3-25　下模座零件图

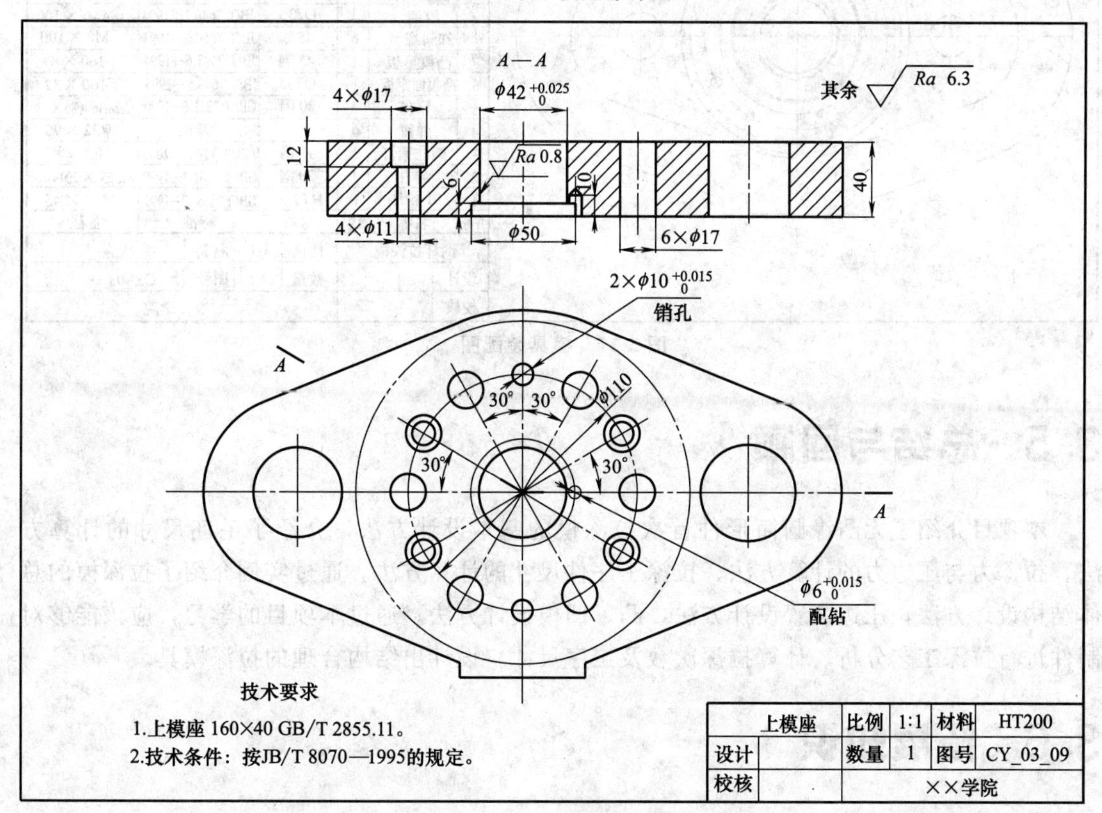

图 3-26　上模座零件图

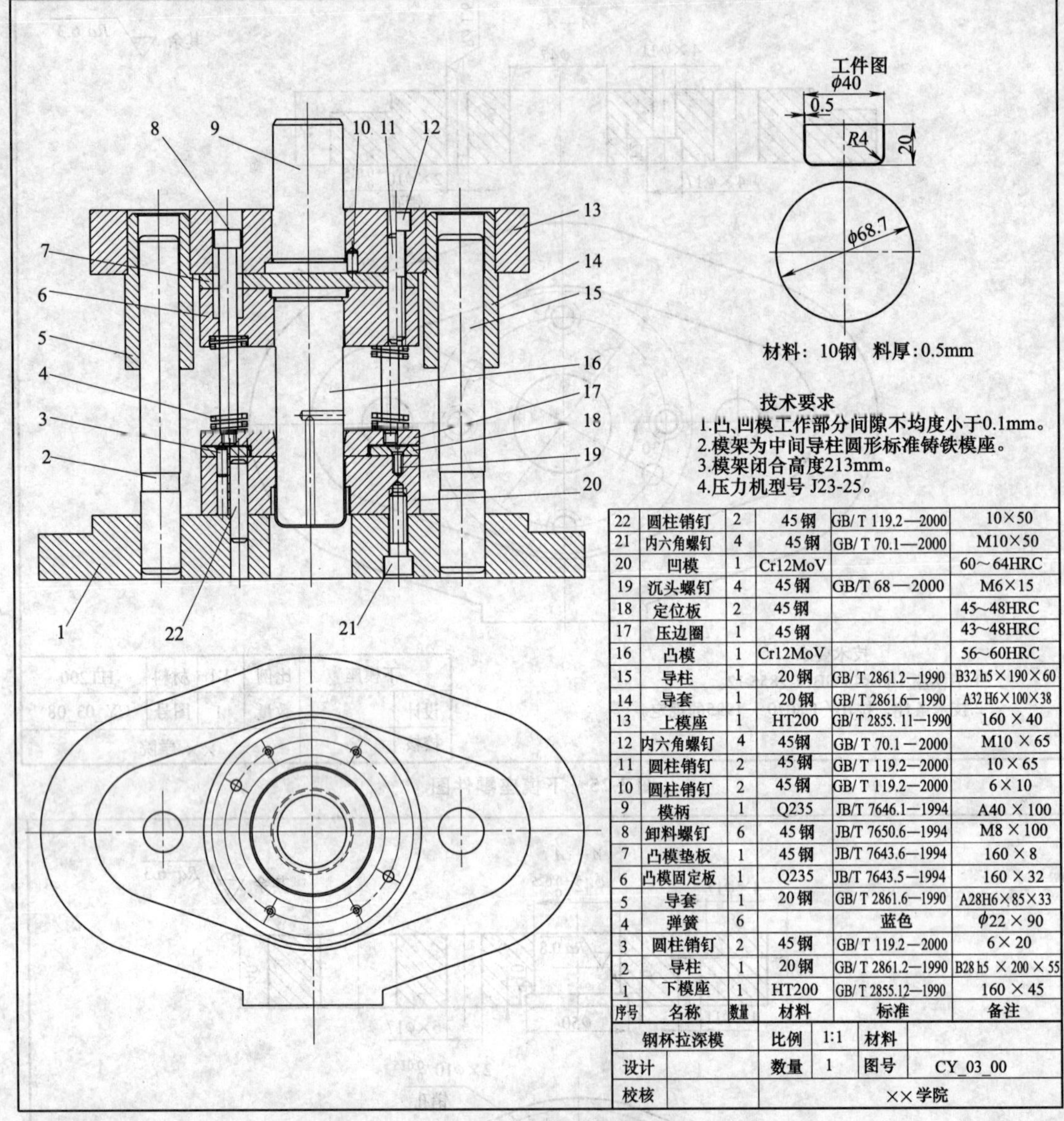

22	圆柱销钉	2	45钢	GB/T 119.2—2000	10×50
21	内六角螺钉	4	45钢	GB/T 70.1—2000	M10×50
20	凹模	1	Cr12MoV		60～64HRC
19	沉头螺钉	4	45钢	GB/T 68—2000	M6×15
18	定位板	2	45钢		45~48HRC
17	压边圈	1	45钢		43~48HRC
16	凸模	1	Cr12MoV		56~60HRC
15	导柱	1	20钢	GB/T 2861.2—1990	B32 h5×190×60
14	导套	1	20钢	GB/T 2861.6—1990	A32 H6×100×38
13	上模座	1	HT200	GB/T 2855. 11—1990	160 × 40
12	内六角螺钉	4	45钢	GB/T 70.1—2000	M10 × 65
11	圆柱销钉	2	45钢	GB/T 119.2—2000	10 × 65
10	圆柱销钉	2	45钢	GB/T 119.2—2000	6 × 10
9	模柄	1	Q235	JB/T 7646.1—1994	A40 × 100
8	卸料螺钉	6	45钢	JB/T 7650.6—1994	M8 × 100
7	凸模垫板	1	45钢	JB/T 7643.6—1994	160 × 8
6	凸模固定板	1	Q235	JB/T 7643.5—1994	160 × 32
5	导套	1	20钢	GB/T 2861.6—1990	A28H6×85×33
4	弹簧	6		蓝色	ϕ22 × 90
3	圆柱销钉	2	45钢	GB/T 119.2—2000	6 × 20
2	导柱	1	20钢	GB/T 2861.2—1990	B28 h5 × 200 × 55
1	下模座	1	HT200	GB/T 2855.12—1990	160 × 45
序号	名称	数量	材料	标准	备注

钢杯拉深模		比例	1:1	材料	
设计		数量	1	图号	CY_03_00
校核		××学院			

图 3-27 模具装配图

3.5 总结与回顾

本项目介绍了无凸缘圆筒形件首次拉深模的基本设计方法，介绍了毛坯尺寸的计算方法、拉深力与压边力的计算方法、拉深工序件尺寸的计算方法。通过实例介绍了拉深模的总体结构设计方法，压边装置设计方法，凸、凹模设计方法。通过本项目的学习，应该能够对制件进行拉深工艺分析、计算拉深次数及工序尺寸，设计出结构合理的拉深模具。

3.6 拓展知识

随着计算机技术的不断发展，CAE 数字模拟技术被广泛地应用到实际生产中。

主要应用软件有：PAMSTAMP（法国）；AUTOFORM（瑞士）；DYNAFORM（美国）；KMAS（吉林金网格）；FASTAMP（华中科大），利用计算机数字化模拟，能预测零件在生产过程中的所有问题，例如：开裂、起皱、塌陷、滑移和冲击等缺陷。

通过成形的切线位移场可以了解材料的流动情况，为更好地解决零件成形时产生的缺陷提供帮助。同时可以通过和产品的同步开发，确定零件的局部形状以及一些重要特征状态。通过对拉延、切边、翻边等各种工艺环境的仿真，模拟实际的冲压过程，预测及修正设计模型、工艺参数。如图 3-28、图 3-29 所示。

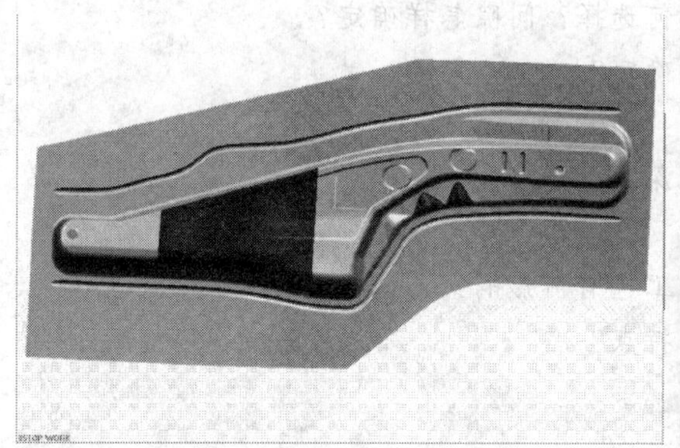

图 3-28 CAE 辅助开裂、起皱分析

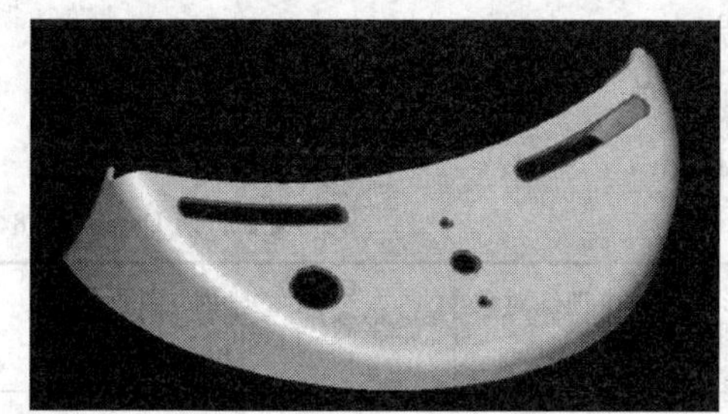

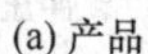

(a) 产品

(b) 展开

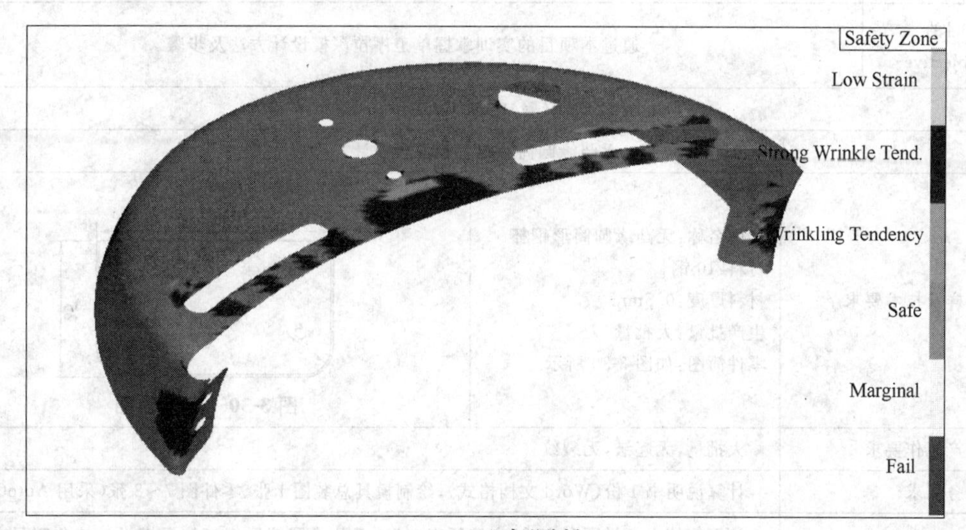

(c) 成形分析

图 3-29 CAE 辅助展开及分析

3.7 复习思考题

① 拉深件为什么会起皱和破裂？如何预防？

② 什么叫拉深系数？它与拉深变形程度有何关系？若要进行多次拉深，拉深系数的变化有什么规律？

③ 拉深力如何计算？拉深时压力机怎么选择？

④ 圆筒件拉深时凸、凹模圆角半径如何选择？间隙怎样确定？

⑤ 凸、凹模工作部分尺寸及公差怎样确定？

⑥ 拉深时在什么情况下会产生拉裂？

⑦ 为什么有些拉深件必须经过多次拉深？

⑧ 采用压边圈的条件是什么？

⑨ 什么是拉深间隙？拉深间隙对拉深工艺有何影响？

⑩ 拉深模与冲裁模相比，结构上有何特点？

3.8 技能训练

××学院

实训（验）项目单

Training Item

编制部门 Dept.：模具设计制造实训室　　编制 Name：×××　　编制日期 Date：2008/12

项目编号 Item No.	CY03	项目名称 Item	无凸缘圆筒形钢杯拉深模设计	训练对象 Class	三年制	学时 Time	12h
课程名称 Course	冲压模具设计		教材 Textbook	冲压模具设计			
目的 Objective	通过本项目的实训掌握单工序拉深模设计方法及步骤						

实训(验)内容(Content)		
无凸缘圆筒形钢杯拉深模设计		
1. 图样及技术要求	零件名称：无凸缘圆筒形钢杯 材料：10 钢 材料厚度：0.5mm 生产批量：大批量 零件简图：如图 3-30 所示	0.5 φ45 25 R5 图 3-30　零件简图
2. 生产工作要求	大批量，无起皱，无裂纹	
3. 任务要求	计算说明书 1 份(Word 文档格式)；绘制模具总装图 1 张、零件图 7～8 张(采用 AutoCAD)	
4. 完成任务的思路	为了能使本项目顺利完成，应按照表 3-11“无凸缘圆筒形钢杯拉深模设计工作引导文”的提示进行模具设计工作，在设计过程中掌握相关的知识技能	

模块四

其他成形模设计

项目 孔整形模设计：定位板冲孔、整形、落料级进模设计

● 学习目标

1. 能够设计孔整形模的凸、凹模零件；
2. 能够设计活动定位销；
3. 能够设计简单级进模；
4. 能够设计孔翻边模的凸、凹模零件；
5. 能够设计平面胀形模的凸、凹模零件；

● 技能（知识）点

1. 孔整形模的凸、凹模零件设计规范；
2. 活动定位销设计规范；
3. 简单级进模设计规范；
4. 孔翻边模的凸、凹模零件设计规范；
5. 平面胀形模的凸、凹模零件设计规范；

4.1 引导案例

4.1.1 埋头孔产品

图 4-1（a）、（b）所示为音响喇叭装饰板，图 4-1（c）所示为门铰活页，图 4-1（d）所示为激光机面板。这些零件上的安装孔都是埋头孔。

4.1.2 埋头孔尺寸

埋头孔又称沙拉孔，沙拉孔的结构如图 4-2（a）所示，应保证图中尺寸 $h_1 \geqslant 0.2$mm。一般以尺寸 A、h_1、角度 β 为基准来确定其他尺寸和进行模具设计。

当客户提供的沙拉孔结构如图 4-2（b）所示时，设计者可要求客户把产品的沙拉孔改成如图 4-2（a）所示结构，并确认 $h_1 = 0.2$mm。

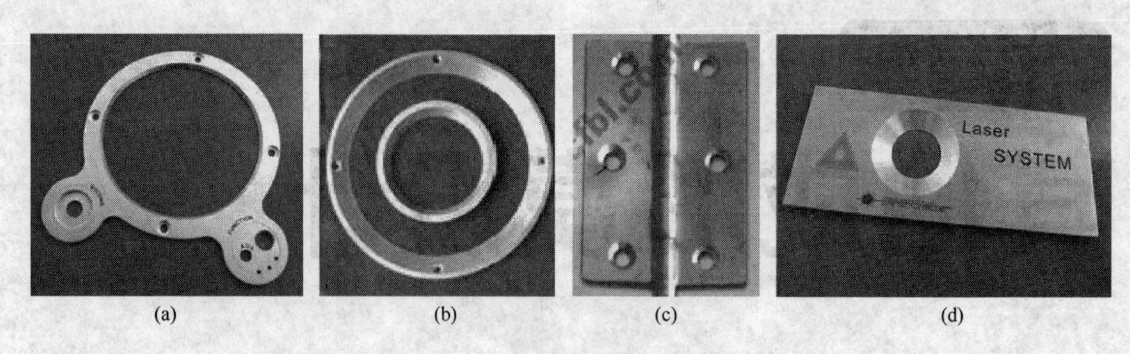

(a) (b) (c) (d)

图 4-1 铝合金板上的埋头孔

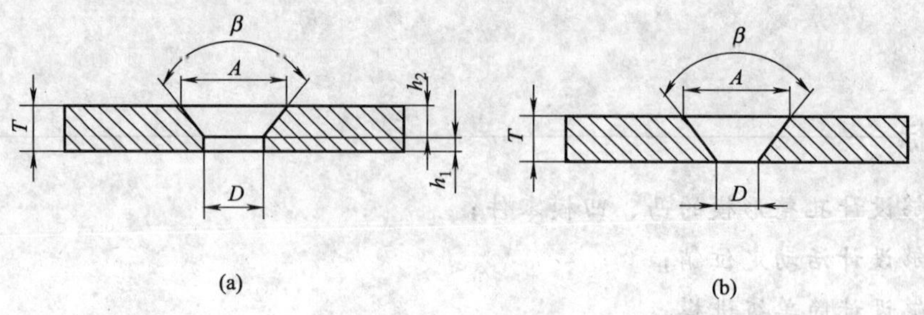

(a) (b)

图 4-2 沙拉孔结构

4.1.3 埋头孔成形方法

沙拉孔成形方法分为二步成形法与三步成形法两种。

(1) 二步成形法

二步成形法的步骤是：第一步预冲孔，第二步压锥，冲压过程如图 4-3 所示。

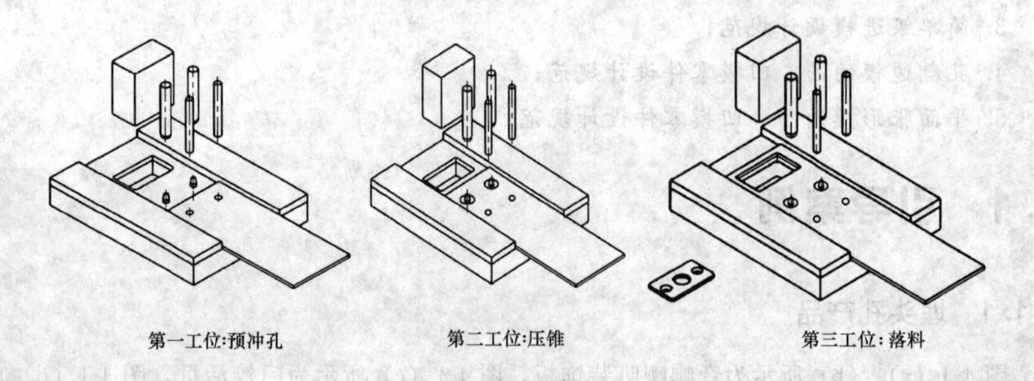

图 4-3 沙拉孔二步成形法冲压过程

二步成形法工序少，孔径尺寸可保证，但挤斜面时，冲头受力大，上垫板易打下沉，当精度要求高时，可采用三步成形法。

(2) 三步成形法

三步成形法的步骤是：第一步预冲孔，第二步压锥，第三步冲孔，冲压过程如图 4-4 所示。

三步成形法的产品外观好，精度高，质量稳定，但工序多，成本高。

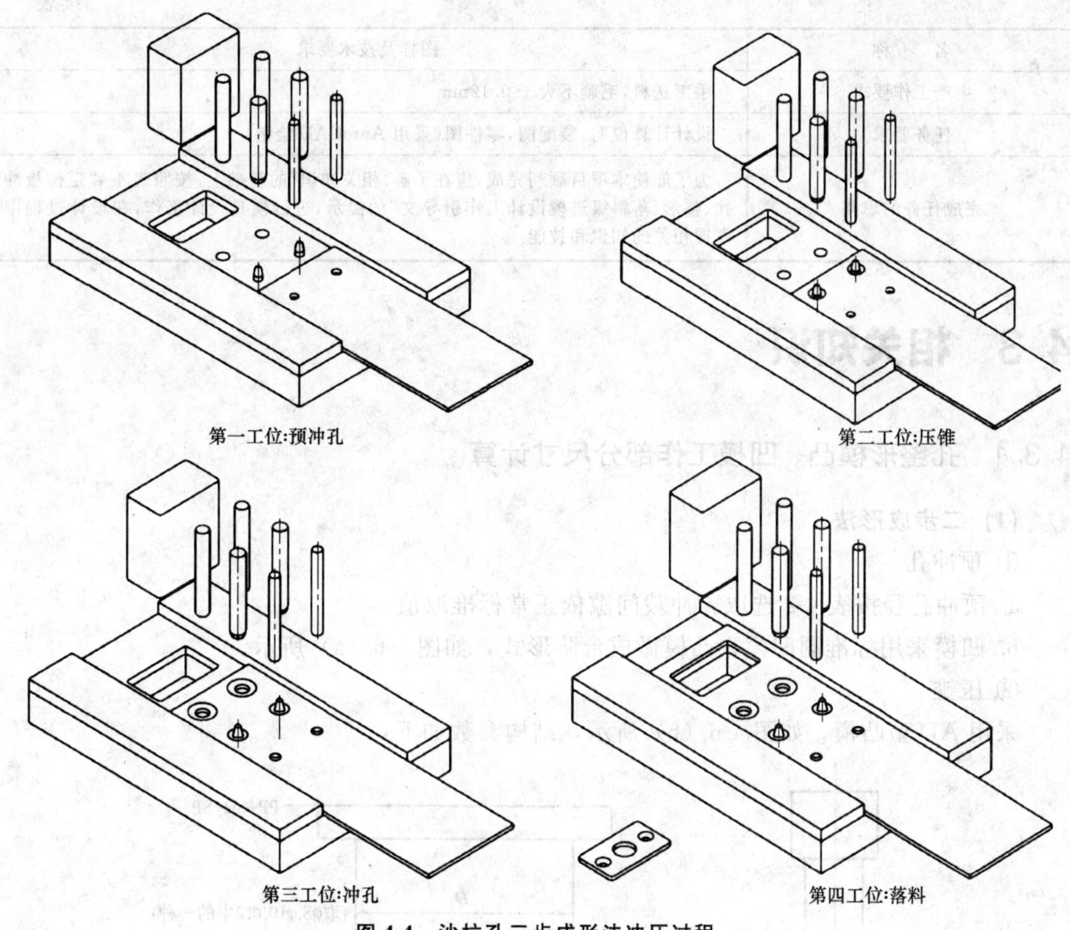

图 4-4　沙拉孔三步成形法冲压过程

4.2　任务分析

如表 4-1 所示，本项目是设计一套冲孔、整形、落料级进模，要求对设计计算作出说明，并绘制模具总装图、零件图（采用 AutoCAD 绘制）。

表 4-1　定位板冲孔、整形、落料级进模设计工作任务书

班级：　　　　姓名：　　　　学号：

名　　称	图样及技术要求	
工作对象(如零件)	1. 零件名称:定位板 2. 材料:Al 3. 厚度:3mm 4. 生产批量:40000 件/年 5. 零件简图:见图 4-5	$32_{-0.1}^{0}$　$2\times\phi10.5$　$2\times\phi5.5$　$\phi16_{0}^{+0.18}$　$4\times R2$　40 ± 0.15　$56_{-0.2}^{0}$　3　90° **图 4-5　零件简图**

续表

名　　称	图样及技术要求
生产工作要求	手工送料，毛刺不大于 0.12mm
任务要求	设计计算说明，装配图，零件图（采用 AutoCAD 绘制）
完成任务的思路	为了能使本项目顺利完成，应在了解“相关知识”的基础上，按照表 4-4“定位板冲孔、整形、落料级进模设计工作引导文”的提示，进行模具设计工作，在设计过程中掌握相关的知识和技能

4.3 相关知识

4.3.1 孔整形模凸、凹模工作部分尺寸计算

(1) 二步成形法

① 预冲孔

a. 预冲孔径按表 4-2 选取，冲裁间隙依正常标准取值。

b. 凹模采用标准圆凹模，凸模做成台阶形式，如图 4-6（a）所示。

② 压锥

采用 AD 型凸模，如图 4-6（b）所示，结构参数如下：

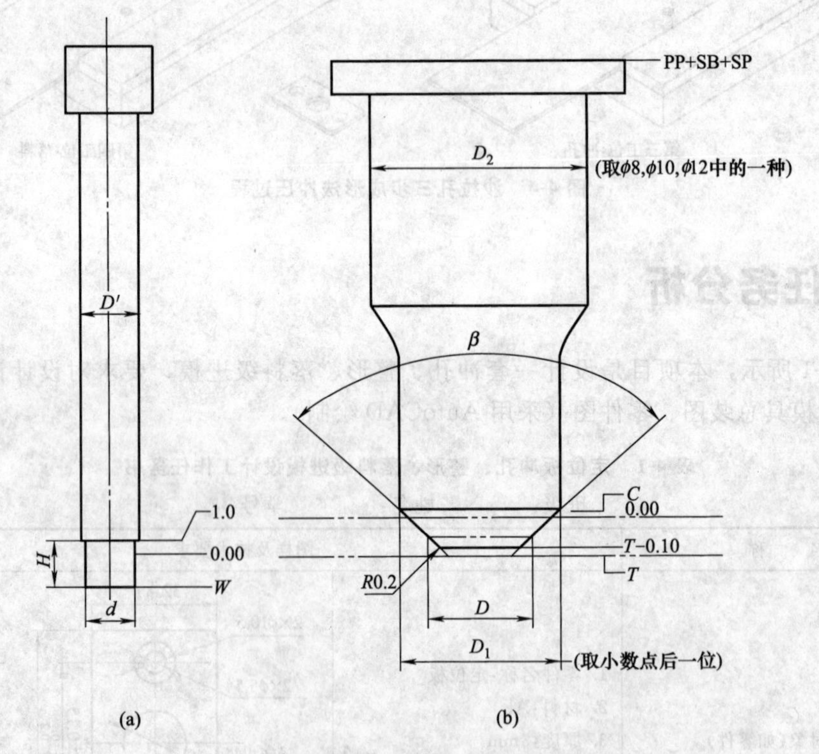

图 4-6　冲子结构尺寸

注：(a) 中 H 尺寸依料厚和冲子冲出打板面的长度而定，一般可依闭模时 H 处台阶在打板内 1mm 和冲子露出打板 $2T$（在 $T<1$ 时，取固定值 2mm）；冲子规格（图中 D'尺寸）依 d 尺寸圆整而来，保证 $D'-d\geqslant0.6$mm。例：$d=3.4$，则有 $D'=4.0$；$d=3.5$，则有 $D'=5.0$。

$D_1=A+0.2$；

$D_1 \leqslant 8$ 时，取 $D_2=8$；

$8<D_1 \leqslant 10$ 时，取 $D_2=10$；

$10<D_1 \leqslant 12$ 时，取 $D_2=12$（注：以上数值单位为 mm）。

注意：凸模成形部位露出模板高度为（$T-0.10$）mm，热处理硬度 65HRC，下模板不需开凹模孔。

(2) 三步成形法

① 预冲孔

a. 预冲孔径按表 4-2 选取。

b. 采用 A 型凸模，凸模端部直径 d 等于预冲孔径，冲裁间隙依正常标准。

② 压锥　参考二步成形法。

③ 冲孔　冲子（凸模）做成台阶形式［图 4-6（a）］，冲子（凸模）端部直径 d 等于沙拉孔尺寸 D；单边冲裁间隙 Z=沙拉孔直段高度 $h_1\times5\%$，当 Z 小于 0.02 时，取Z=0.02mm。

表 4-2　预冲孔直径　mm

材质	料厚	产品的尺寸要求				预冲孔径	
		大径 A	角度 β	小径 D	（直段高度 h_1）	二步成形	三步成形
AlLY12	1.2	5.90	90°	3.50	0.00	ϕ4.70	ϕ4.75
AlLY12	1.2	6.50	90°	4.10	0.00	ϕ4.80	ϕ5.35
AlLY12	1.5	5.00	90°	3.70	0.85	ϕ4.00	ϕ4.00
AlLY12	1.5	6.50	120°	3.50	0.63	ϕ4.60	ϕ4.48
AlLY12	1.5	6.50	90°	3.50	0.00	ϕ5.00	ϕ5.07
AlLY12	1.5	6.50	90°	4.10	0.30	ϕ4.80	ϕ5.12
AlLY12	1.5	6.70	90°	3.70	0.00	ϕ4.70	ϕ5.27
AlLY12	2	5.00	90°	3.80	1.40	ϕ4.10	ϕ3.99
AlLY12	2	6.50	120°	3.50	1.13	ϕ4.30	ϕ4.26
AlLY12	2	6.50	90°	3.50	0.50	ϕ4.80	ϕ4.73
AlLY12	2	6.70	90°	3.90	0.60	ϕ4.30	ϕ4.97
AlLY12	2	7.50	90°	3.50	0.00	ϕ5.60	ϕ5.62
AlLY12	2	8.50	90°	4.50	0.00	ϕ6.50	ϕ6.60
AlLY12	3	10.50	90°	5.50	0.50	ϕ7.10	ϕ7.75
AlLY12	3	6.50	90°	3.50	1.50	ϕ4.50	ϕ4.36
AlLY12	3	9.50	90°	3.50	0.00	ϕ5.10	ϕ6.73
CRS	1	5.00	90°	3.20	0.10	ϕ3.80	ϕ4.05
CRS	1.2	5.90	90°	3.50	0.00	ϕ4.50	ϕ4.75
CRS	1.5	6.50	90°	3.50	0.00	ϕ4.60	ϕ5.07
CRS	1.6	5.00	90°	3.70	0.95	ϕ4.00	ϕ3.98
GI	1	6.00	120°	4.30	0.29	ϕ4.40	ϕ4.94
GI	1.2	6.80	120°	3.30	0.19	ϕ4.10	ϕ4.90
GI	1.2	7.50	120°	5.10	0.51	ϕ5.40	ϕ5.84
GI	1.5	4.80	90°	3.80	1.00	ϕ4.00	ϕ3.98
GI	1.5	6.50	90°	4.00	0.25	ϕ4.60	ϕ5.11

4.3.2 整孔力计算

整孔力可按以下经验公式计算

$$F_{整}=F_0\sigma_s \tag{4-1}$$

式中 F_0——工件整孔处水平投影面积；

σ_s——冲压材料屈服点；

4.3.3 活动定位销设计

定位销在模具中起着对料带定位的作用，定位销材质用 T8A，热处理 58HRC。

圆形定位销适用于圆内孔定位（定位销直径 D=工件上的圆孔直径减去 0.10mm)，结构如图 4-7 所示。

活动定位销与销孔的单边间隙取大于 0.1mm，定位销露出模板外直段高度 B（不包括圆弧段）取值：B=板料厚度 T。

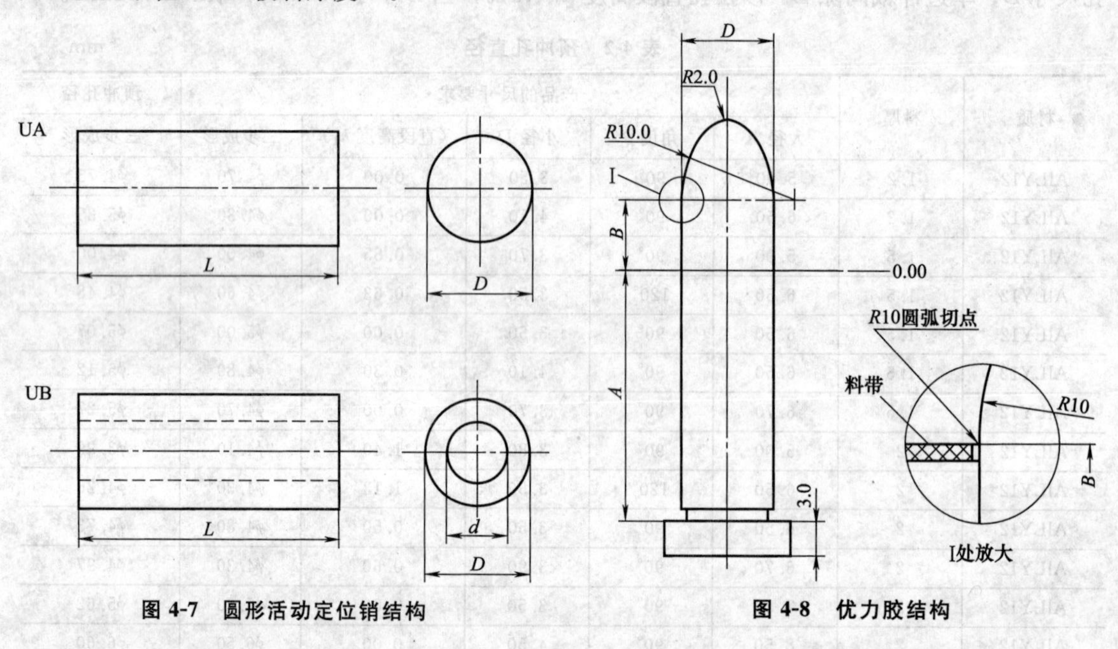

图 4-7 圆形活动定位销结构　　图 4-8 优力胶结构

4.3.4 优力胶选用

优力胶允许承受的负荷比弹簧大，安装调整方便、价格便宜，是模具中广泛应用的弹性零件，主要用于卸料、压料、推件和顶出等工作。

优力胶分为 UA 无孔优力胶和 UB 有孔优力胶，结构如图 4-8 所示。规格如表 4-3 所示。

表 4-3 优力胶规格　mm

UA 无孔	外径	10	15	20	25	30	35	40	45	50	60	70	80	90	100
	长度	300	300	300 500	300 500	300 500	300 500	300 500	300 500	300 500	300 500	300 500	300 500	300 500	300 500
UB 有孔	外径		15	20	25	30	35	40	45	50	60	70	80	90	100
	内径		6.5	8 8.5 12	8 11 12	8 12 13	8 12 13	8 12 15	8 12 15	8 12 16	18	18	20	25	30
	长度		300	300	300	300	300	300	300	300	300	300	300	300	300

优力胶选用原则如下。

① 起卸料、压料作用时，优先选用 $\phi50$，在空间较小区域可考虑选用其他规格。

② 选用的优力胶要宽高比协调。

③ 优力胶工作时的最大压缩量不超过原始高度的 25%。

4.3.5 冲孔、整形、落料级进模的结构设计

如图 4-9 所示，该工件上 $2\times\phi11$mm 孔及 $2\times\phi21$mm$\times90°$孔是螺钉紧固孔，它与外形及内孔有一定的位置要求，采用冲孔—整孔—落料连续冲压工艺，共分 3 个工位。即先冲出 $\phi32$mm 孔及 $2\times\phi11$mm 孔的预冲孔，再由 $2\times\phi11$mm 孔的预冲孔定位，同时进行整孔，在

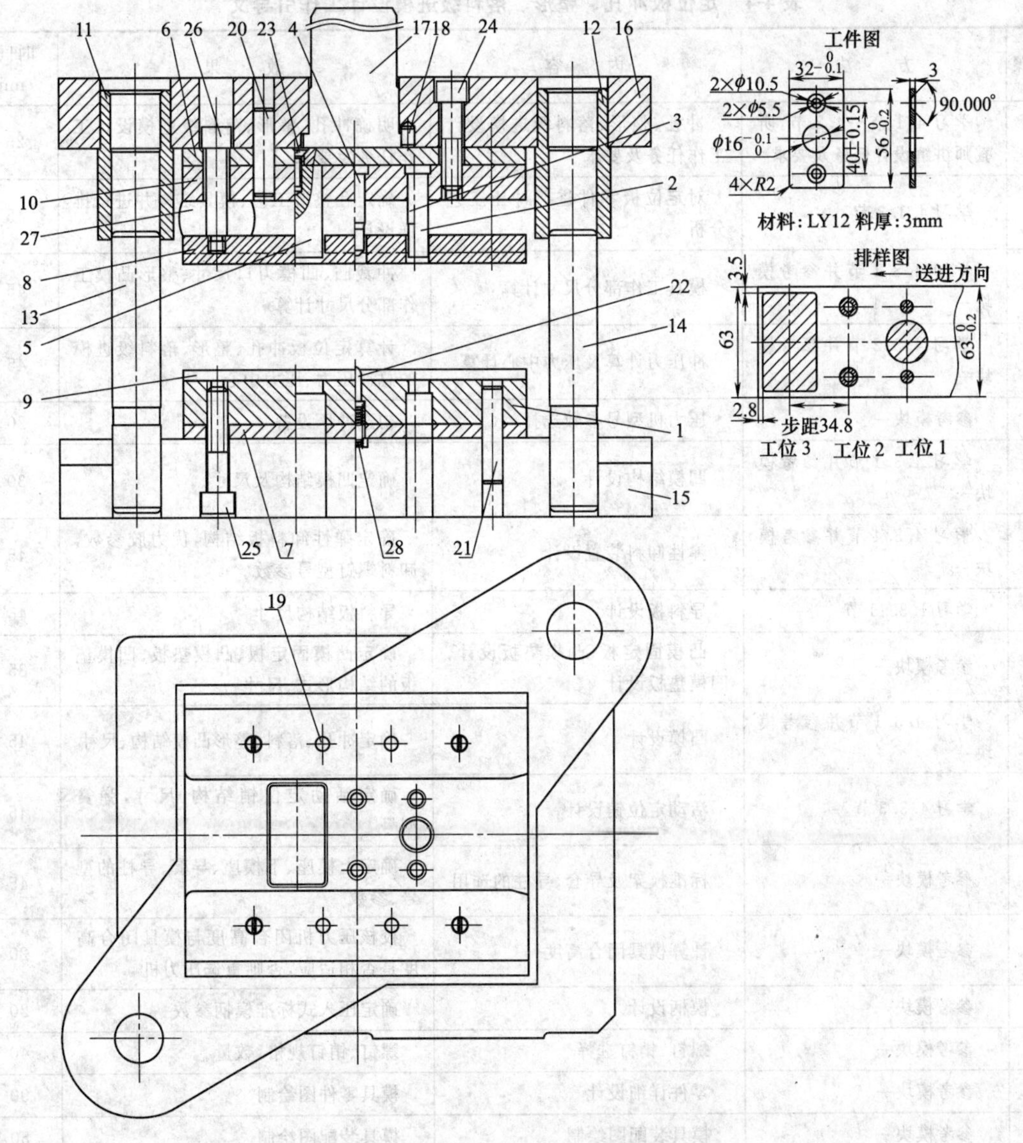

图 4-9 冲孔、整形、落料级进模的结构

1—凹模；2—中心孔凸模；3—预冲孔凸模；4—整形凸模；5—落料凸模；6—凸模垫板；7—凹模垫板；8—卸料板；9—导料板；10—凸模固定板；11,12—导套；13,14—导柱；15—下模座；16—上模座；17—模柄；18～21—圆柱销钉；22—活动定位销；23—沉头螺钉；24,25—内六角螺钉；26—卸料螺钉；27—优力胶；28—弹簧

第三工位落料。

该模具采用对角导柱模架，中心孔凸模 2、预冲孔凸模 3，整形凸模 4 及落料凸模 5 组装在凸模固定板 10 上，卸料板 8 在冲压过程中起压紧条料和卸料作用，采用优力胶作为弹性元件。下模部分有导料板 9 起侧上定位作用，活动定位销 22 依靠弹簧 28 对两预冲孔定位。

4.4 任务实施（步骤、方法、内容）

4.4.1 定位板冲孔、整形、落料级进模设计工作引导文

表 4-4 定位板冲孔、整形、落料级进模设计工作引导文

步骤	方法	内容	效果	时间/min
1	学习 4.1 节～4.2 节，听教师讲解设计任务及要求	冲孔、整形、落料级进模设计工作任务及要求	明确冲孔、整形、落料级进模设计工作任务及要求	25
2	学习 4.1.3 节	对定位板零件进行冲压工艺分析	确定孔整形工艺、模具结构并进行排样设计	45
3	学习 4.3.1 节并参考模块一	模具工作部分尺寸计算	冲裁凸、凹模刃口尺寸、整形凸模工作部分尺寸计算	45
4	学习 4.3.2 节并参考模块一	冲压力计算及压力中心计算	计算定位板冲孔、整形、落料级进模的总冲压力、压力中心	45
5	参考模块一	压力机型号参数选择	初选冲压设备	20
6	学习 4.3.1 节并参考模块一	凹模结构设计	确定凹模结构及尺寸	30
7	学习 4.3.4 节并参考模块一	弹性卸料装置设计	确定弹性卸料板结构，优力胶参数，卸料螺钉型号参数	45
8	学习 1.3.11 节	导料板设计	导料板结构尺寸	45
9	参考模块一	凸模固定板、凸模垫板设计、凹模垫板设计	确定凸模固定板、凸模垫板、凹模垫板的结构形式、尺寸	35
10	学习 4.3.1 节并参考模块一	凸模设计	确定冲孔、落料、整形凸模结构、尺寸	45
11	学习 4.3.3 节	活动定位销设计	确定活动定位销结构、尺寸，弹簧型号	45
12	参考模块一	标准模架及导套、导柱的选用	确定上模座、下模座、导套、导柱的型号、参数	45
13	参考模块一	计算模具闭合高度	校核压力机闭合高度与模具闭合高度是否相适应，否则重选压力机	20
14	参考模块一	模柄设计	确定压入式标准模柄参数	20
15	参考模块一	螺钉、销钉选择	螺钉、销钉规格、数量	40
16	参考模块一	零件详细设计	模具零件图绘制	90
17	参考模块一	模具装配图绘制	模具装配图绘制	50
18	参考模块一	数据整理及图纸整理、归档	计算说明，零件图、装配图绘制	30
合计				720

注：完成本项目需要 16 课时，每课时按 45min 计。

4.4.2 定位板冲孔、整形、落料级进模设计实例

(1) 冲压工艺分析及冲压工艺方案的确定

① 冲压工艺分析

a. 结构形式、尺寸大小。该零件形状简单、对称，零件结构符合冲裁件内外形设计规范，整形孔尺寸及结构符合 4.3.2 节所述孔整形工艺要求，该零件最大尺寸 56mm，属中小型冲件。

b. 尺寸精度、粗糙度、位置精度。由附录 D 查得，本例零件的所有尺寸精度为 IT12。零件未注粗糙度、位置精度要求。普通冲裁能达到的尺寸精度为 IT11，因此，可认为该零件的精度要求能够在冲裁加工中得到保证。

c. 材料性能。零件材料为 Al，抗剪强度 $\tau=280\text{MPa}$，具有良好的冲压性能，满足冲压工艺要求。

d. 冲压加工的经济性分析。年产量：40000 件/年，属于中批量生产，采用冲压生产，不但能保证产品的质量，满足生产率要求，还能降低生产成本。

② 冲压工艺方案的确定　零件包括冲孔、整形、落料三道冲压工序，可采用以下三种方案。

方案一（单工序模）：分三道工序做，先落料，后冲孔，再整孔，采用三副单工序模具生产。

方案二（复合模＋单工序模）：将冲孔、落料两道冲压工序用一副模具完成，再用一副模具进行整孔工艺，采用两副模具生产。

方案三（级进模）：将冲孔、落料、整孔三道冲压工序用一副模具分步完成，进行冲孔—整孔—落料连续冲压。

方案一、方案二都需要多副模具，成本高，而且生产效率低，难以满足中批量生产的要求；方案三只需要一副模具，不仅减少了模具和设备的数量，而且效率高、工件精度也较高，便于操作和实现生产自动化，比较以上三个方案，本例拟采用级进模加工方案。

③ 模具结构的选择

a. 定位方式的选择。因为该模具采用的是条料，采用手动送料方式，从右边送料。控制条料的送进方向采用导料板定位，无侧压装置。

控制条料的送进步距采用定位销钉对两预冲孔定位。而第一工位的定位可以依靠操作工目测来定。

b. 卸料、出件方式的选择。级进冲裁时，条料将卡在凸模外缘，因此需要装卸料装置。因为本例材料较软，而且第一工位的定位要靠操作工目测来定位，采用弹性卸料装置可方便观察。冲孔废料由冲孔凸模直接推出冲孔凹模，工件由落料凸模直接推出落料凹模。

c. 导向方式的选择。对角导柱模架由于前面和左、右不受限制，送料和操作比较方便，安装、调整、维修也较方便，所以该级进模采用滑动导向的对角导柱模架。

以上只做粗略的选择，待工艺计算后，在模具装配图设计时，边修改边作具体的、最后的确定。

④ 模具结构简图绘制

模具结构简图如图 4-9 所示。

(2) 工艺设计计算

① 排样设计　采用单排方案，由表 1-8 确定搭边值，根据零件形状，两工件间按矩形取搭边值 $a_1=2.5$mm，侧边取搭边值 $a=2.8$mm。

查表 1-9 得条料宽度偏差 $\Delta=0.8$，查表 1-10 得条料与导料板之间的单面间隙 $b=0.8$mm。

按式 (1-3) 计算条料宽度：

$$B=(D+2a+b)_{-\Delta}^{\ 0}=(56+2\times2.8+0.8)_{-\Delta}^{\ 0}=62.4_{-0.2}^{\ 0}$$

取整 63mm，排样图如图 4-10 所示。

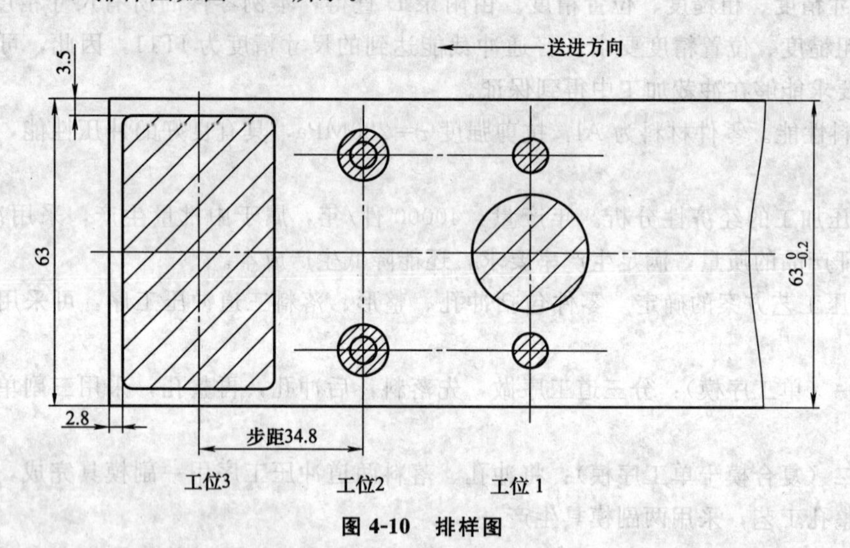

图 4-10　排样图

用 Auto CAD 软件测得整形前工件面积为 1508.32mm²，则一个步距内的材料利用率为

$$\eta=\frac{1508.32}{34.8\times63}\times100\%\approx69\%$$

② 冲压力及压力中心计算　用 AutoCAD 软件测得各线段长度如下：

落料尺寸：$L_1=172.56$mm。

预冲孔尺寸：$L_2=L_3=22.3$mm。

中心孔尺寸：$L_4=50.27$mm。

查附录 A1 得材料抗剪强度为 $\tau=280$MPa。

a. 落料力：

$$F_{落}=KLt\tau=1.3\times172.56\times3\times280\approx188.4\ (\text{kN})$$

b. 冲孔力：

预冲孔：$F_{孔1}=KLt\tau=1.3\times(2\times22.3)\times3\times280=48703.2\ (\text{N})$

中心孔：$F_{孔2}=KLt\tau=1.3\times50.27\times3\times280=54894.8\ (\text{N})$

$$F_{孔}=F_{孔1}+F_{孔2}=48703.2+54894.8\approx104\ (\text{kN})$$

c. 整孔力。查附录 A1 知 LY12 的屈服点 $\sigma_s=333$MPa，根据式 (4-1) 可得：

$$F_{整}=2\times\frac{\pi\times10.5^2}{4}\times333\approx57.6\ (\text{kN})$$

d. 总冲压力：

$$F_{总}=F_{落}+F_{孔}+F_{整}=188.4+104+57.6=350\ (\text{kN})$$

e. 模具压力中心确定。如图 4-11 所示，设冲模压力中心离工位 3 的距离为 x_c，根据力矩平衡原理得

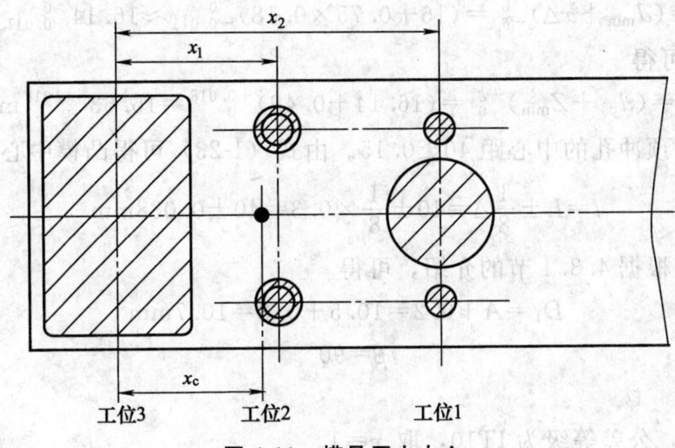

图 4-11 模具压力中心

$$x_c=\frac{F_{整}x_1+F_{孔}x_2}{F_{落}+F_{整}+F_{孔}}=\frac{57.6\times34.8+104\times69.6}{350}\approx26.4\ (\mathrm{mm})$$

③ 压力机初选 压力机的公称压力必须大于或等于 350kN，初步选用 J21-40 开式固定台式压力机。

压力机参数如下。

公称压力：400kN。

滑块行程：80mm。

最大闭合高度：255mm。

连杆调节量：65mm。

工作台尺寸（前后×左右）：460mm×720mm。

模柄尺寸（直径×深度）：ϕ50mm×70mm。

(3) 冲模刃口尺寸及公差的计算

由表 1-13 查得：$Z_{\min}=0.49\mathrm{mm}$，$Z_{\max}=0.55\mathrm{mm}$

$$Z_{\max}-Z_{\min}=0.550-0.490=0.06\mathrm{mm}$$

① 冲孔部分 冲孔凸、凹模按 IT6、IT7 制造。

预冲孔按 IT11 级确定公差，则其尺寸公差为：$\phi7.1^{+0.09}_{0}$；$\phi16^{+0.1}_{0}$ 公差等级为 IT11。

预冲孔 $\phi7.1^{+0.09}_{0}$，因为 $\delta_{p1}=0.009$，$\delta_{d1}=0.015$，故满足 $\delta_{p1}+\delta_{d1}<Z_{\max}-Z_{\min}$ 条件。

冲孔 $\phi16^{+0.1}_{0}$，因为 $\delta_{p2}=0.013$，$\delta_{d2}=0.021$，故满足 $\delta_{p2}+\delta_{d2}<Z_{\max}-Z_{\min}$ 条件。

因此，$\phi7.1^{+0.09}_{0}$ 孔和 $\phi16^{+0.1}_{0}$ 孔可采用凸、凹模分开的加工方法设计，制造。根据其公差等级可确定 $x=0.75$。

冲孔 $\phi7.1^{+0.09}_{0}$，由式（1-21）可得

$$d_{p1}=(d_{\min}+x\Delta)_{-\delta_p}^{\ 0}=(7.1+0.75\times0.09)_{-0.015}^{\ 0}\approx7.17_{-0.015}^{\ 0}\mathrm{mm}$$

由式（1-22）可得

$$d_{d1}=(d_{p1}+Z_{min})^{+\delta_d}_{0}=(7.17+0.49)^{+0.015}_{0}=7.66^{+0.015}_{0}\text{mm}$$

冲$\phi16^{+0.18}_{0}$孔，由式（1-21）可得

$$d_{p2}=(d_{min}+x\Delta)_{-\delta_p}^{0}=(16+0.75\times0.18)_{-0.011}^{0}\approx16.14_{-0.011}^{0}\text{mm}$$

由式（1-22）可得

$$d_{d2}=(d_{p2}+Z_{min})^{+\delta_d}_{0}=(16.14+0.49)^{+0.018}_{0}=16.63^{+0.018}_{0}\text{mm}$$

两个$\phi7.1^{+0.09}_{0}$预冲孔的中心距40±0.15。由式（1-23）可得凸模中心距

$$l=L\pm\frac{1}{8}\Delta=40\pm\frac{1}{8}\times0.3=40\pm0.038\text{mm}$$

② 整孔部分　根据4.3.1节的介绍，可得

$$D_1=A+0.2=10.5+0.2=10.7\text{mm}$$

$$\beta=90°$$

③ 落料部分

对尺寸$32_{-0.1}^{0}$，公差等级为IT10，取$x=1$。

凸、凹模分别按IT6、IT7制造，凸、凹模制造公差：$\delta_{p1}=0.016\text{mm}$，$\delta_{d1}=0.025\text{mm}$，故满足$\delta_{p1}+\delta_{d1}<Z_{max}-Z_{min}$，因此采用分别加工法。

由式（1-19）可得：$D_d=(D_{max}-x\Delta)^{+\delta_d}_{0}=(32-1\times0.1)^{+0.025}_{0}=31.9^{+0.025}_{0}$

由式（1-20）可得：$D_{p1}=(D_{d1}-Z_{min})_{-\delta_p}^{0}=(31.9-0.49)_{-0.016}^{0}=31.41_{-0.016}^{0}$

对尺寸$56_{-0.2}^{0}$，公差等级为IT11，取$x=0.75$。

凸、凹模分别按IT6、IT7制造，凸、凹模制造公差：$\delta_{p2}=0.019\text{mm}$，$\delta_{d2}=0.030\text{mm}$，故满足$\delta_{p2}+\delta_{d2}<Z_{max}-Z_{min}$，因此采用分别加工法。

由式（1-19）可得：$D_{d2}=(D_{max}-x\Delta)^{+\delta_{d2}}_{0}=(56-0.75\times0.2)^{+0.03}_{0}=55.85^{+0.03}_{0}$

由式（1-20）可得：$D_{p2}=(D_{d2}-Z_{min})_{-\delta_{p2}}^{0}=(55.85-0.49)_{-0.019}^{0}=55.36_{-0.019}^{0}$

尺寸$R2_{-0.06}^{0}$

由式（1-19）可得：$D_d=(D_{max}-x\Delta)^{+\delta_d}_{0}=(2-0.75\times0.06)^{+0.006}_{0}=1.96^{+0.006}_{0}$

由式（1-20）可得：$D_{p1}=(D_{d1}-Z_{min})_{-\delta_p}^{0}=(1.96-0.49)_{-0.01}^{0}=1.47_{-0.01}^{0}$

(4) 主要零件初步设计

① 凹模

a. 凹模刃口的设计。采用图1-35所示的直壁刃口凹模，刃壁高度$h=7.5\text{mm}$。

b. 凹模结构尺寸计算。根据式（1-32），计算凹模高度H

$H=kb=0.4\times56=22.4\text{mm}$，取25mm。

由AutoCAD查得凹模长度方向刃口边距93.6mm，宽度方向刃口边距56mm，查表1-18得$c=32\sim40\text{mm}$，则

凹模长度：$A=a+2c=93.6+2\times32=157.6\text{mm}$

凹模宽度：$B=b+2c=56+2\times32=120\text{mm}$

根据A、B、H查附录F1可确定标准凹模板参数为：200mm×160mm×25mm。

② 弹性卸料装置

a. 弹性卸料板的结构设计。根据1.3.9节的介绍进行设计。

轮廓尺寸：根据卸料宽度为63mm，材料厚度为3mm，查表1-21，可确定卸料板厚度为16mm；弹性卸料板轮廓尺寸可取为200mm×160mm×16mm。

凸模过孔尺寸：查表1-20，可确定与凸模配合部分的单边间隙为0.25mm，据此可确定落料凸模过孔的尺寸为：55.86mm×31.91mm；整形凸模过孔的尺寸为：2×ϕ12.5mm；预冲孔凸模过孔的尺寸为：2×ϕ8.5mm；中心孔凸模过孔的尺寸为：ϕ16.64mm。

凸台尺寸：初定卸料台阶高度6mm，凸台轮廓尺寸可确定为：200mm×63mm×6mm。

b. 优力胶的选用。冲裁前，如图4-12所示，卸料板高出落料凸模0.5mm。冲裁结束，如图4-13所示，落料凸模进入凹模深度为1mm，板料厚为3mm，据此可知优力胶的最大压缩量为4.5mm，根据4.3.4节的介绍，选取4个ϕ40×25mm的优力胶。

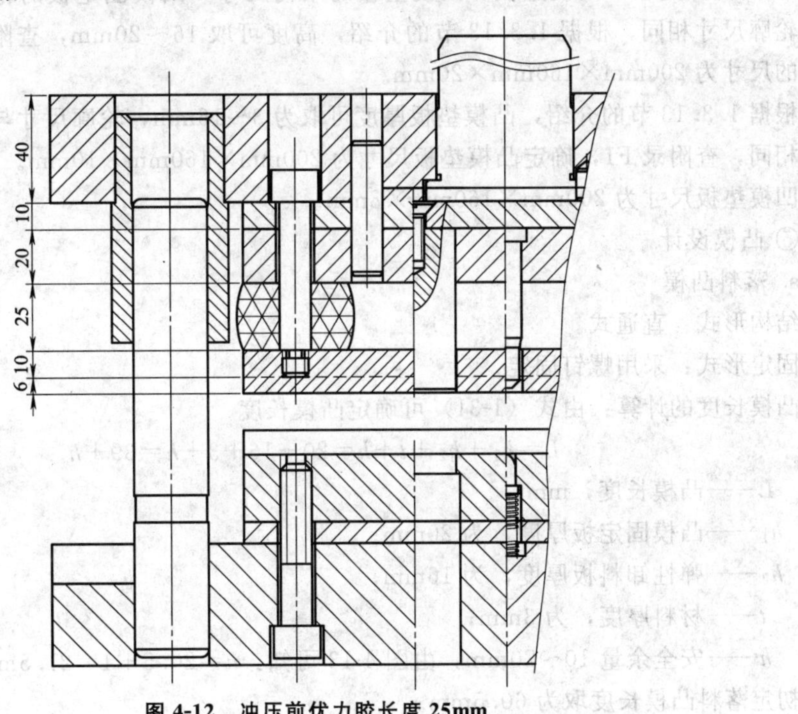

图4-12　冲压前优力胶长度25mm

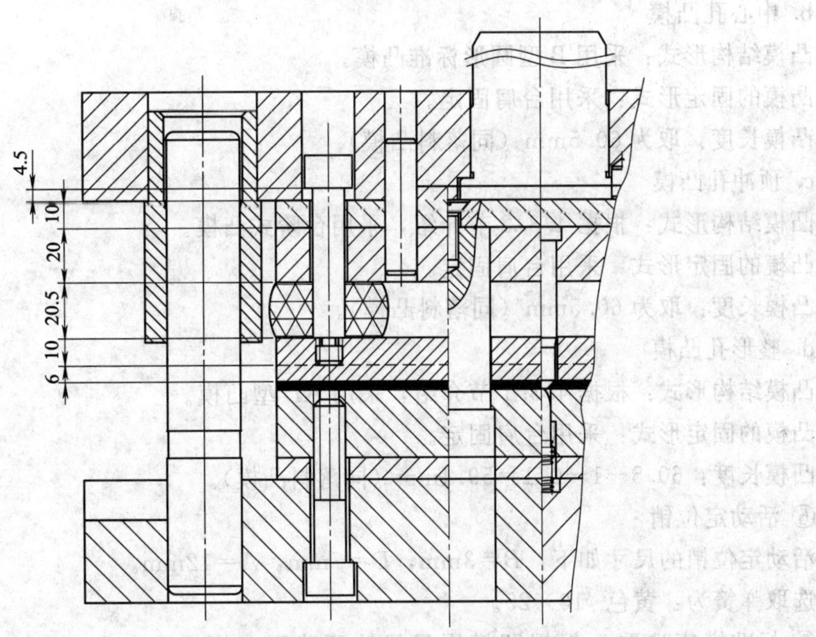

图4-13　冲压结束优力胶长度20.5mm

c. 卸料螺钉选用。

根据 1.3.9 节的介绍，选取 M10 卸料螺钉，卸料螺钉各段长度按表 1-22 中的数值计算。

$$L=h_3+h_4+h_5=10+20+25=55\text{mm}$$

③ 导料板　根据 1.3.11 节的介绍及条料厚度和凹模尺寸，初定导料板尺寸为：200mm×40mm×9mm。

④ 凸模固定板、凸模垫板、凹模垫板的结构尺寸　凸模固定板的轮廓尺寸与凹模固定板的轮廓尺寸相同，根据 1.3.13 节的介绍，高度可取 16～20mm，查附录 F，确定凸模固定板的尺寸为 200mm×160mm×20mm。

根据 1.3.13 节的介绍，凸模垫板厚度可取为 3～16mm，轮廓尺寸与凸模固定板的轮廓尺寸相同，查附录 F1，确定凸模垫板尺寸为 200mm×160mm×10mm。

凹模垫板尺寸为 200mm×160mm×8mm。

⑤ 凸模设计

a. 落料凸模

结构形式：直通式。

固定形式：采用螺钉固定。

凸模长度的计算：由式（1-31）可确定凸模长度

$$L=h_1+h_2+t+h=20+16+3+h=39+h$$

式中　L——凸模长度，mm；

h_1——凸模固定板厚度，为 20mm；

h_2——弹性卸料板厚度，为 16mm；

t——材料厚度，为 3mm；

h——安全余量 10～20mm，由图 4-13 可知：$h=20.5+1=21.5\text{mm}$。

初定落料凸模长度取为 60.5mm。

b. 中心孔凸模

凸模结构形式：采用 B 型圆形标准凸模。

凸模的固定形式：采用台肩固定。

凸模长度：取为 60.5mm（同落料凸模）。

c. 预冲孔凸模

凸模结构形式：根据 4.3.2 节介绍，采用台阶式凸模。

凸模的固定形式：采用台肩固定。

凸模长度：取为 60.5mm（同落料凸模）。

d. 整形孔凸模

凸模结构形式：根据 4.3.1 节介绍，采用 AD 型凸模。

凸模的固定形式：采用台肩固定。

凸模长度：60.5－1－0.1＝59.4mm（同落料凸模）。

⑥ 活动定位销

活动定位销的尺寸如下：$B=3\text{mm}$，$D=7\text{mm}$，$A=12\text{mm}$。

选取弹簧为：黄色 $\phi10\times25$。

⑦ 标准模座选取　根据凹模周界尺寸可确定上模座 $L\times B\times H$ 为：200mm×160×

45mm，下模座 $L \times B \times H$ 为：200mm×160mm×40mm，

⑧ 合模高度计算及模具的闭合高度校核 根据该模具结构，合模高度为上下模座厚度、凸模垫板厚度、凸模长度、凹模厚度之和减去凸模进入凹模的深度，即

$$H_0 = 40 + 10 + 20 + 20.5 + 16 + 3 + 25 + 8 + 45 = 187.5\text{mm}$$

因为压力机最大闭合高度为 255mm，连杆调节量为 65mm，因此所选压力机满足模具闭合高度要求，但需在工作台面上配备垫块。

⑨ 导柱、导套的选取

导柱长度＝187.5－(2～3)－(10～15)＝169.5～175.5。

查附录 M5、M6 可确定导柱、导套型号为：

导柱 1：B28h5×170×45；

导柱 2：B32h5×170×45；

导套 1：A28H6×85×33；

导套 2：A32H6×100×38。

⑩ 模柄的选取 根据压力机滑块孔直径，上模座厚度选用标准压入式模柄，规格为：A50×105。

⑪ 螺钉销钉的选取 参考项目一介绍的方法可确定螺钉、销钉规格。

落料凸模固定：埋头螺钉 2×M8×20。

凸模固定板固定：螺钉 4×M12×50，销钉 2×ϕ12×50mm。

凹模固定：螺钉 4×M12×60，销钉 2×ϕ12×55mm。

导料板固定：埋头螺钉 4×M8×20，销钉 4×ϕ8×16mm。

模柄止转销：销钉 ϕ8×10mm。

(5) 零部件详细设计

参考项目一及项目三主要零部件的详细设计方法进行设计，并绘制零件图、装配图如图 4-14～图 4-28 所示。

① 凹模零件图见图 4-14。

② 落料凸模零件图见图 4-15。

③ 中心孔凸模零件图见图 4-16。

④ 预冲孔凸模零件图见图 4-17。

⑤ 整形孔凸模零件图见图 4-18。

⑥ 凸模垫板零件图见图 4-19。

⑦ 凹模垫板零件图见图 4-20。

⑧ 凸模固定板零件图见图 4-21。

⑨ 弹压卸料板零件图见图 4-22。

⑩ 导料板零件图见图 4-23。

⑪ 活动定位销零件图见图 4-24。

⑫ 下模座零件图见图 4-25。

⑬ 上模座零件图见图 4-26。

⑭ 模柄零件图见图 4-27。

⑮ 模具装配图见图 4-28。

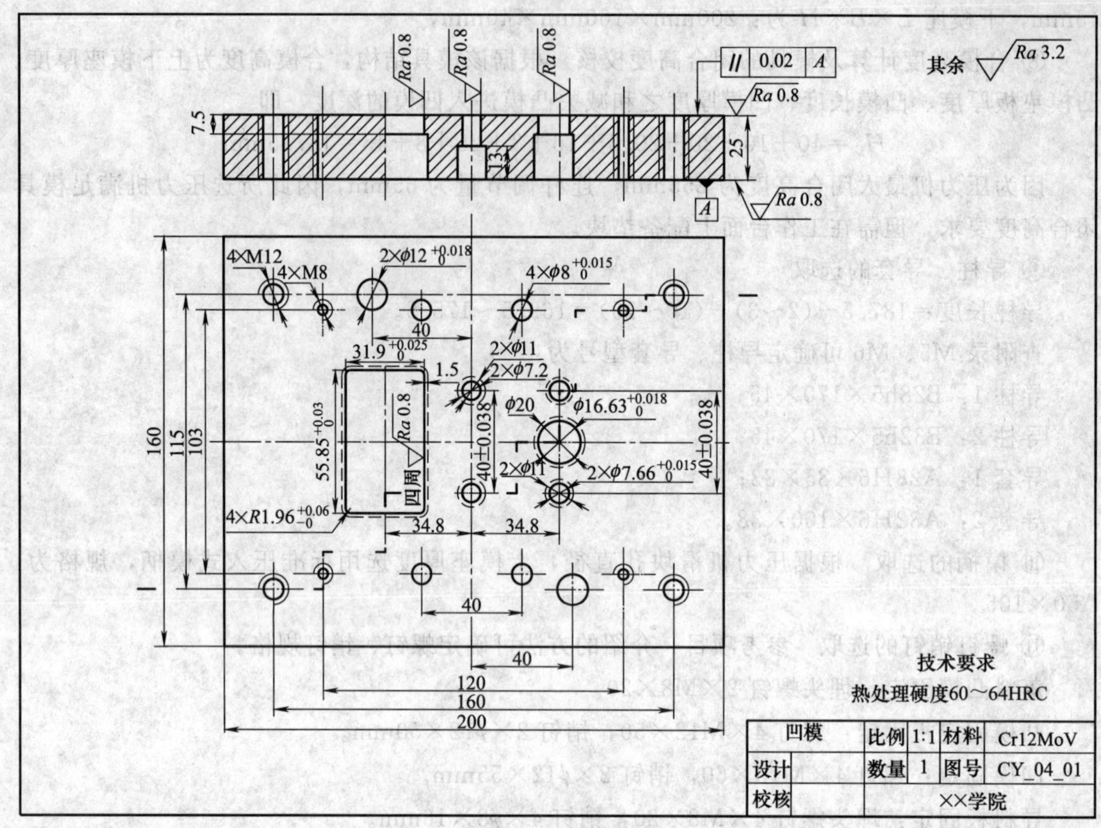

图 4-14　凹模零件图

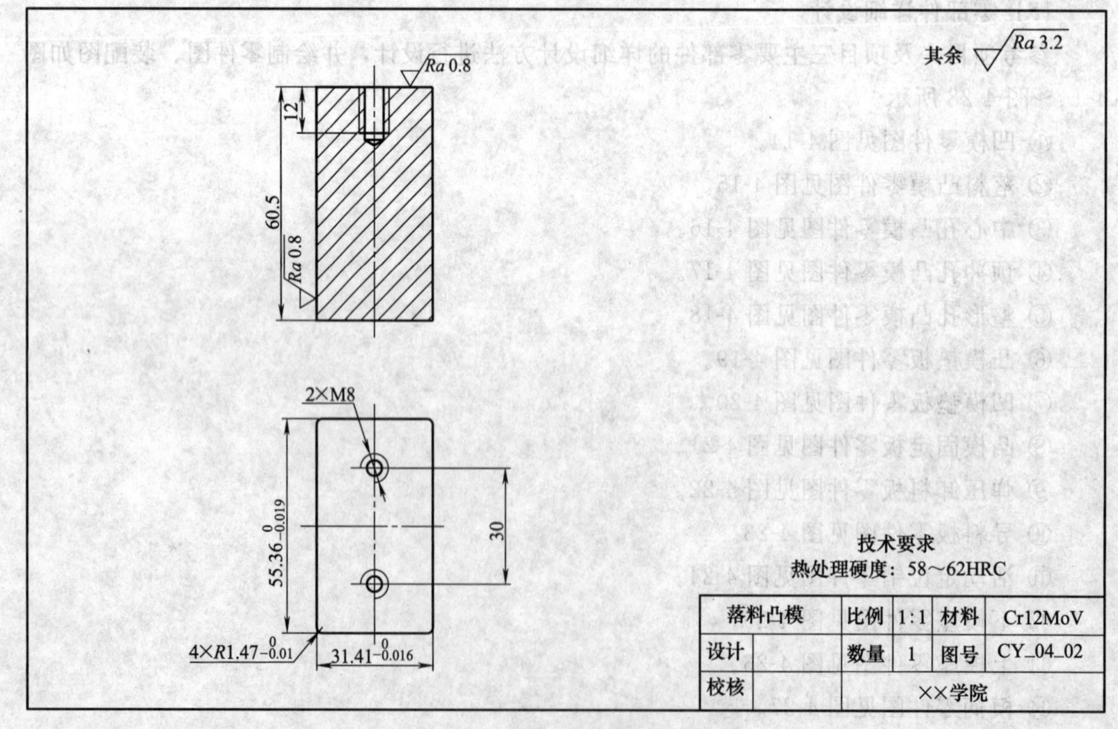

图 4-15　落料凸模零件图

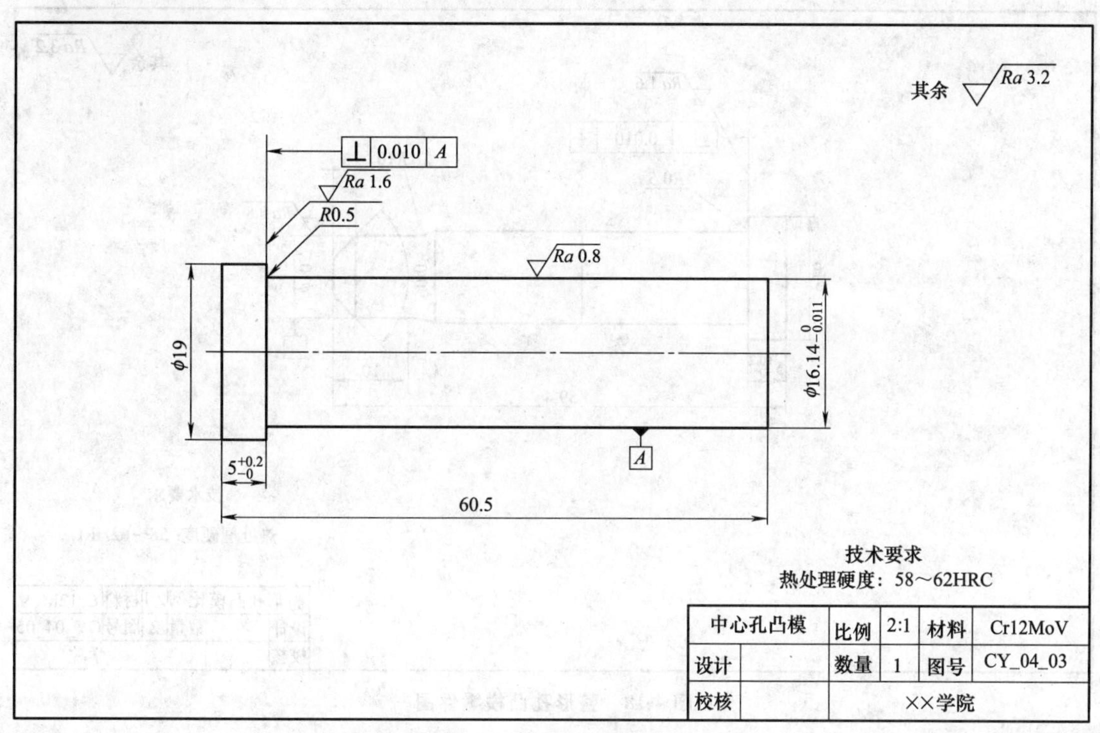

图 4-16 中心孔凸模零件图

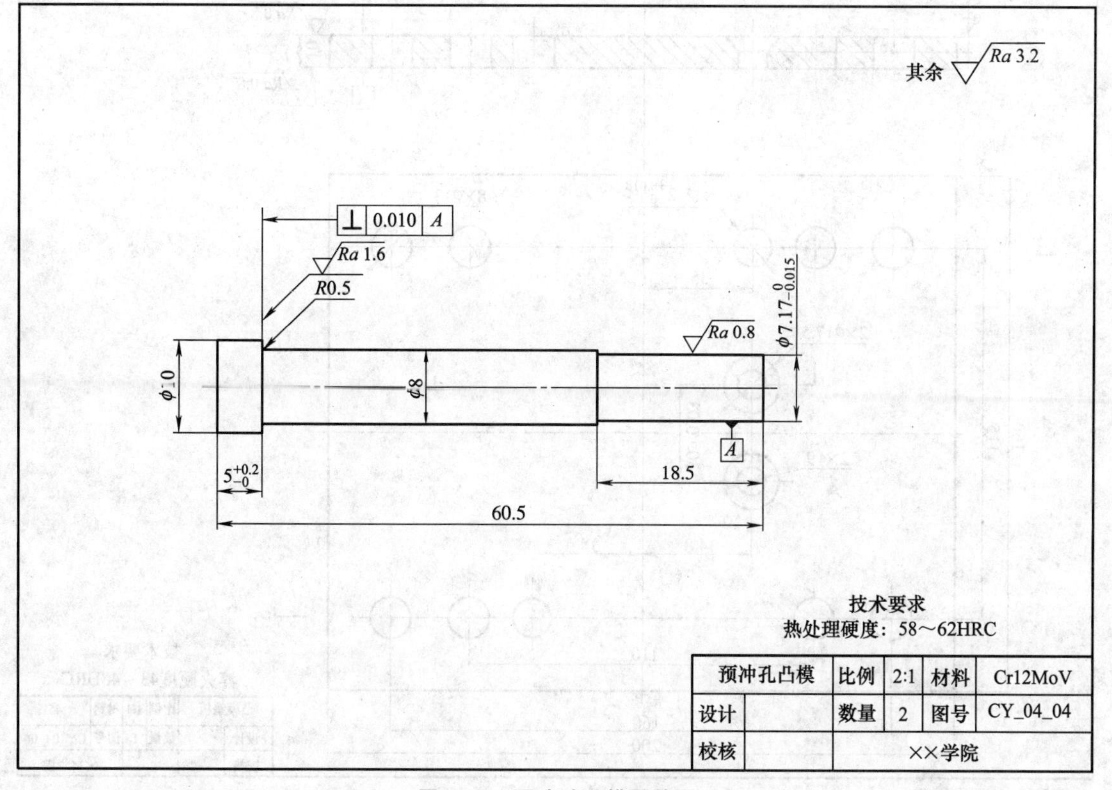

图 4-17 预冲孔凸模零件图

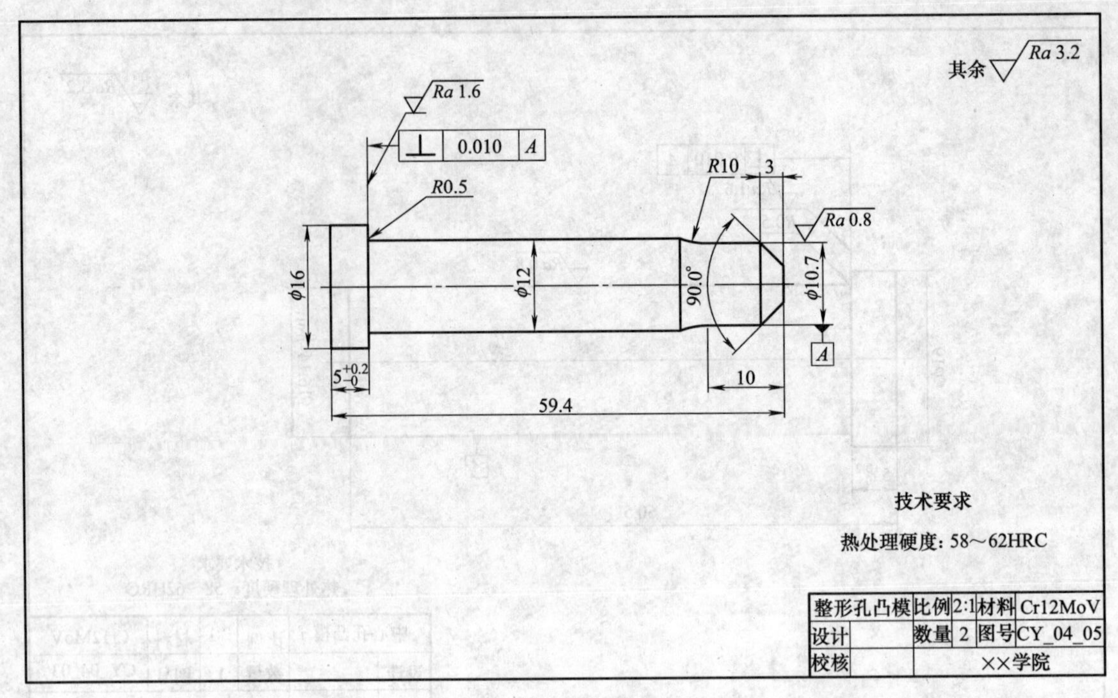

图 4-18 整形孔凸模零件图

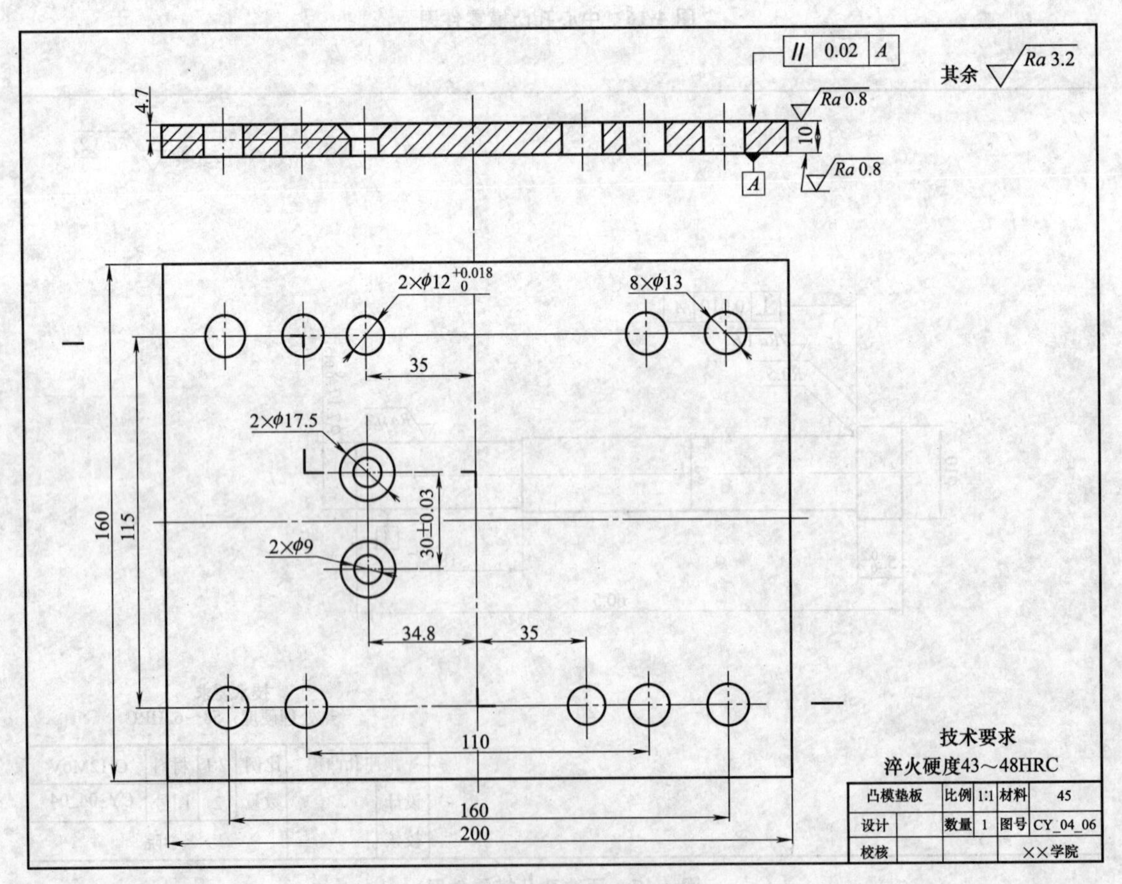

图 4-19 凸模垫板零件图

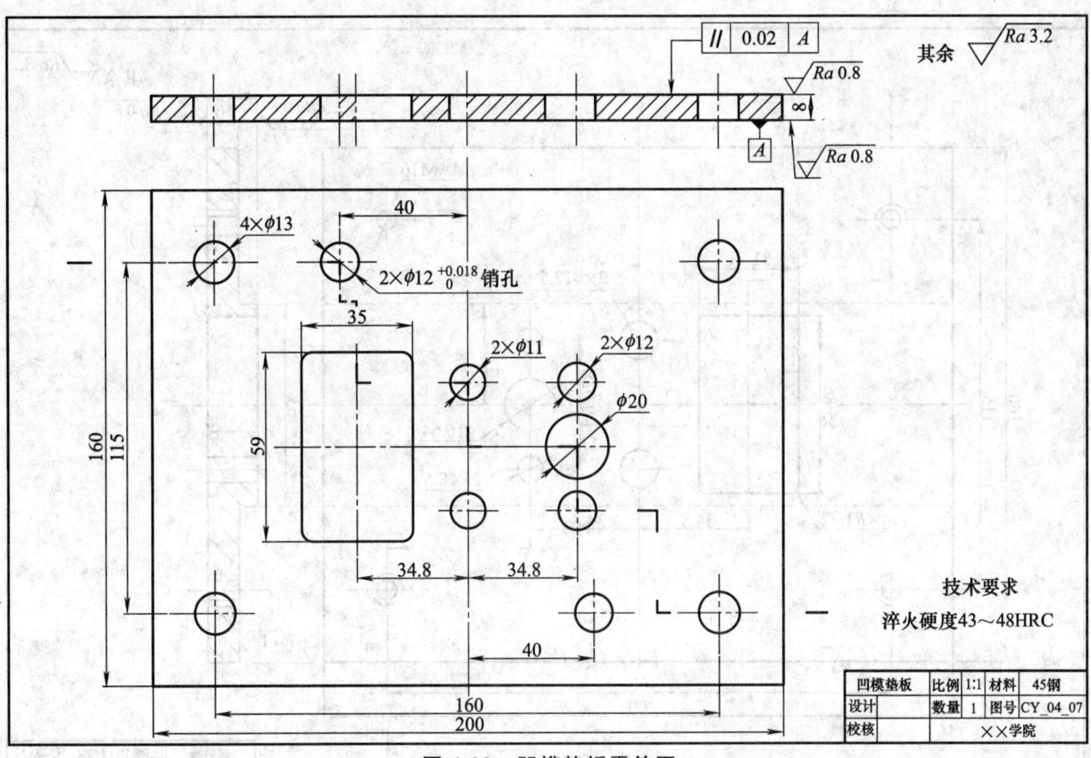

图 4-20 凹模垫板零件图

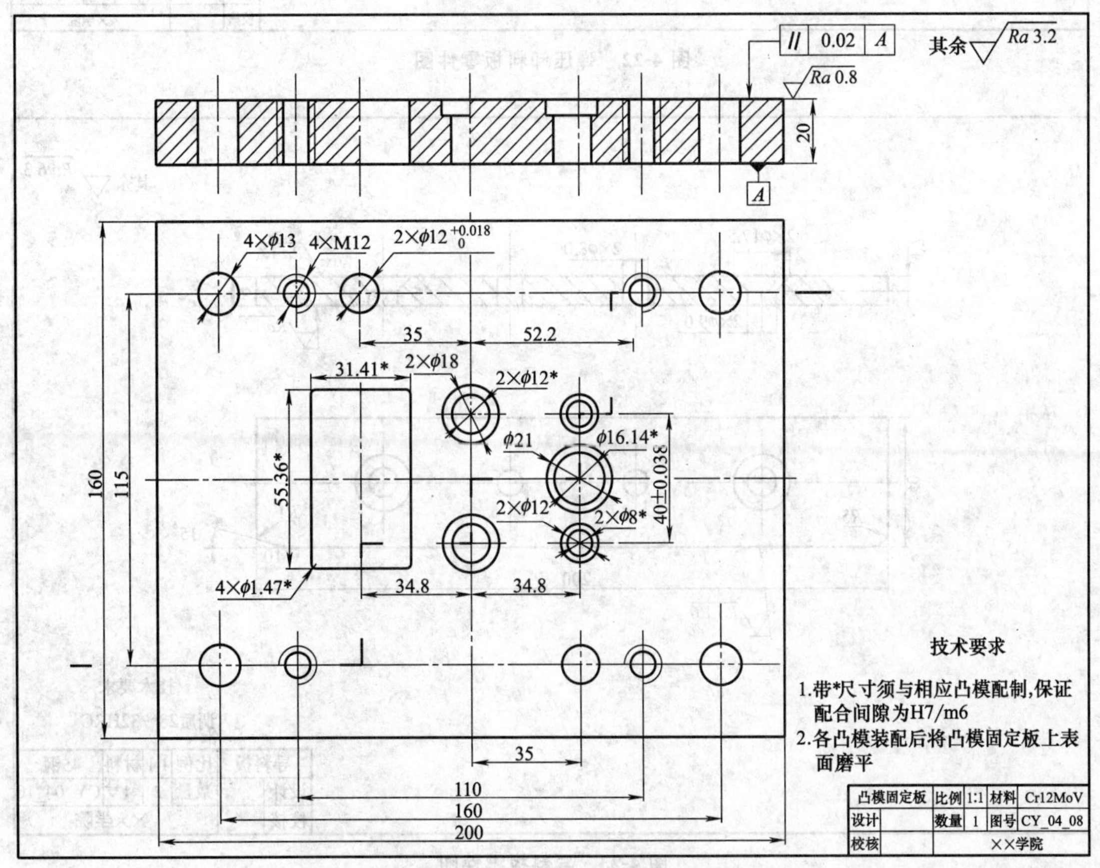

图 4-21 凸模固定板零件图

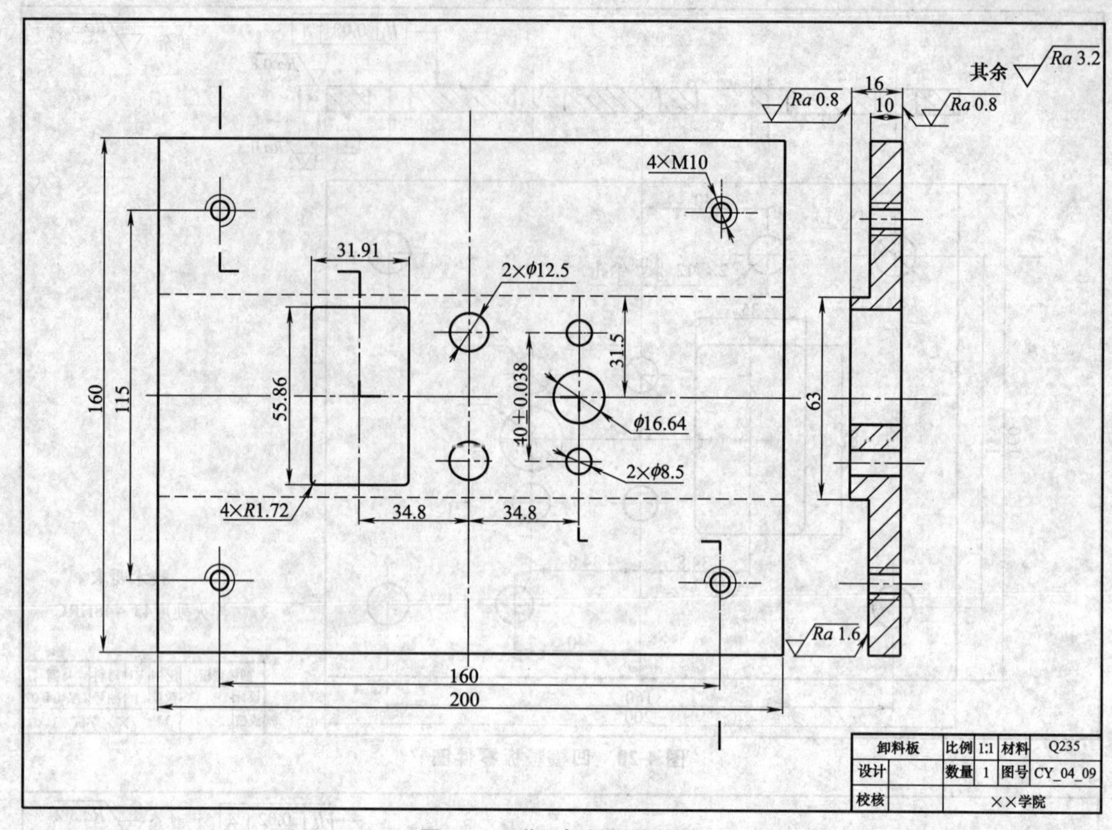

图 4-22 弹压卸料板零件图

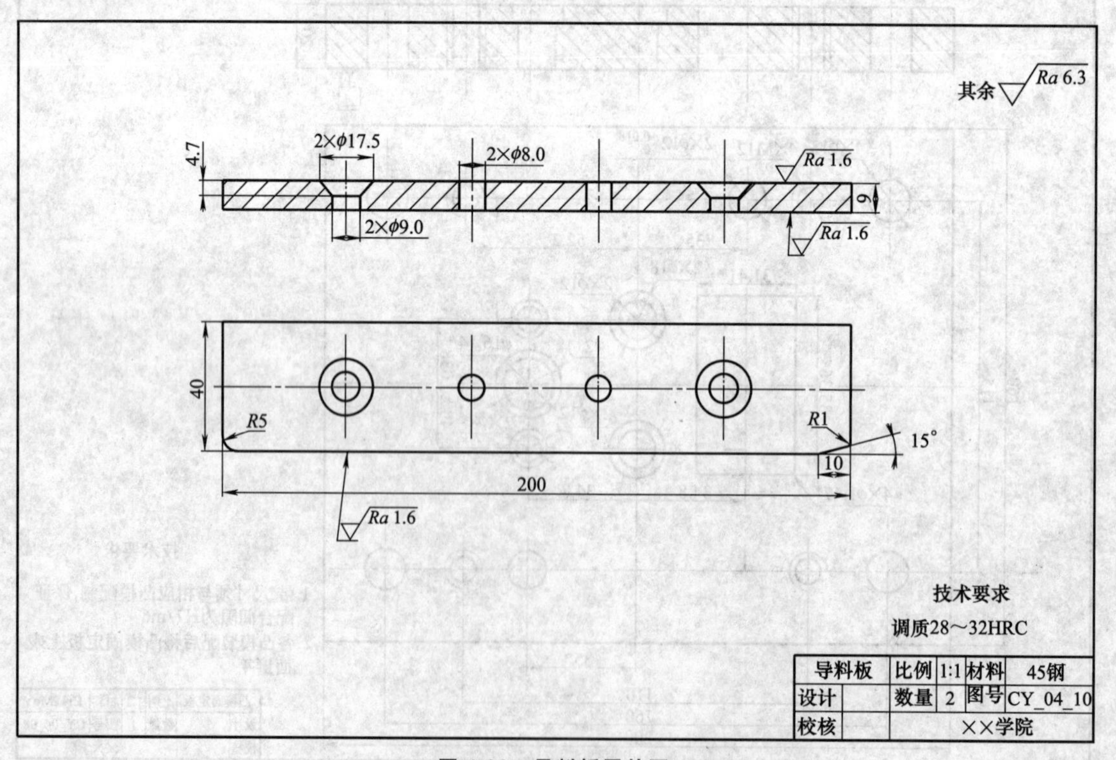

图 4-23 导料板零件图

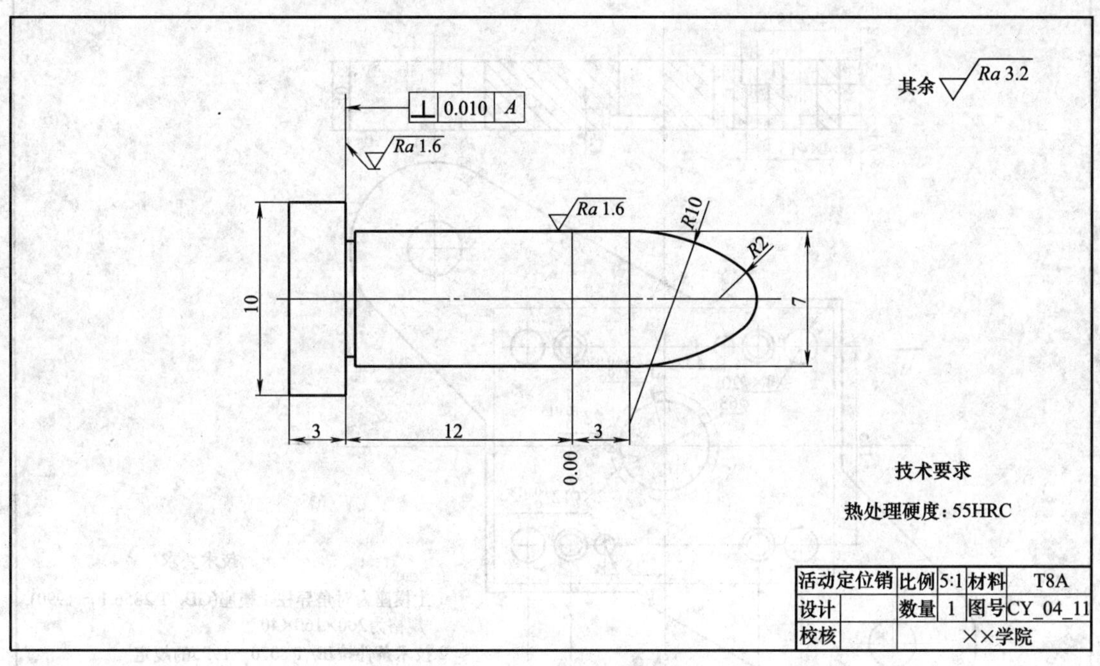

图 4-24 活动定位销零件图

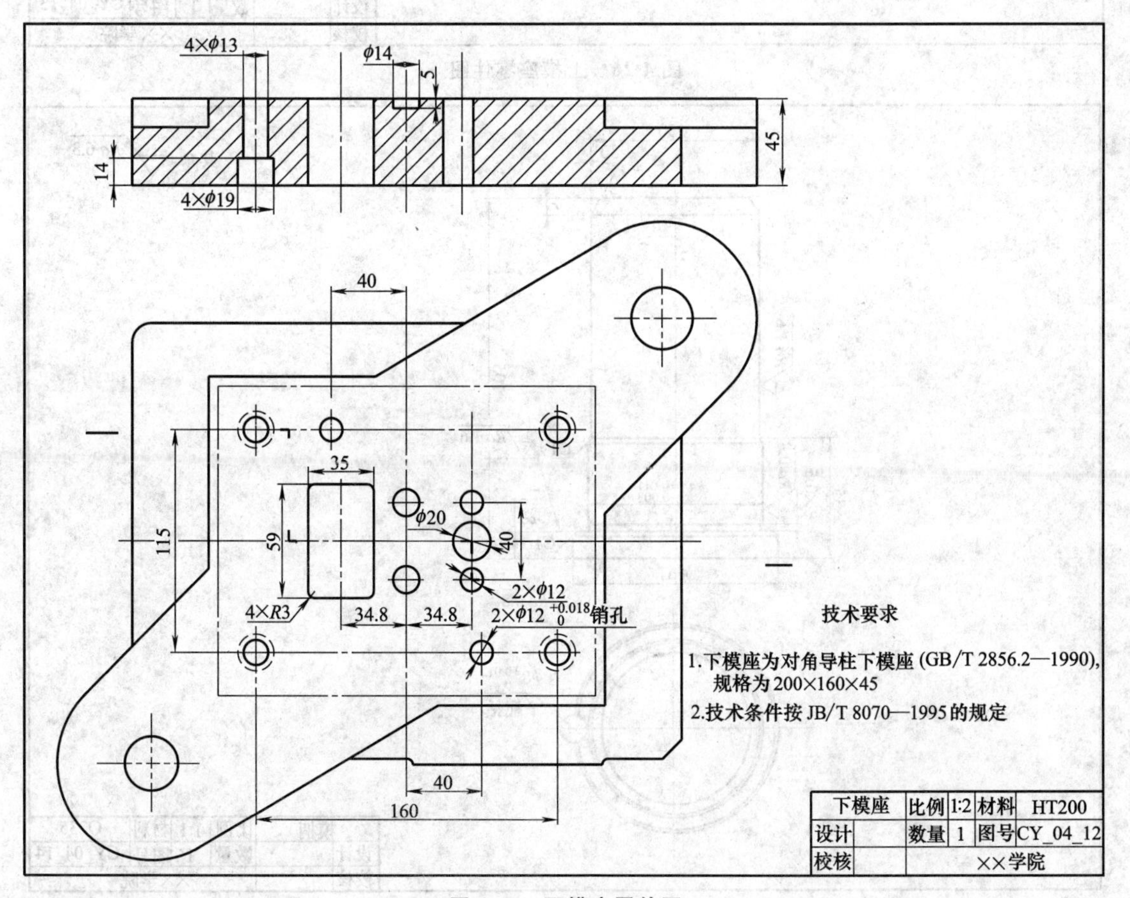

图 4-25 下模座零件图

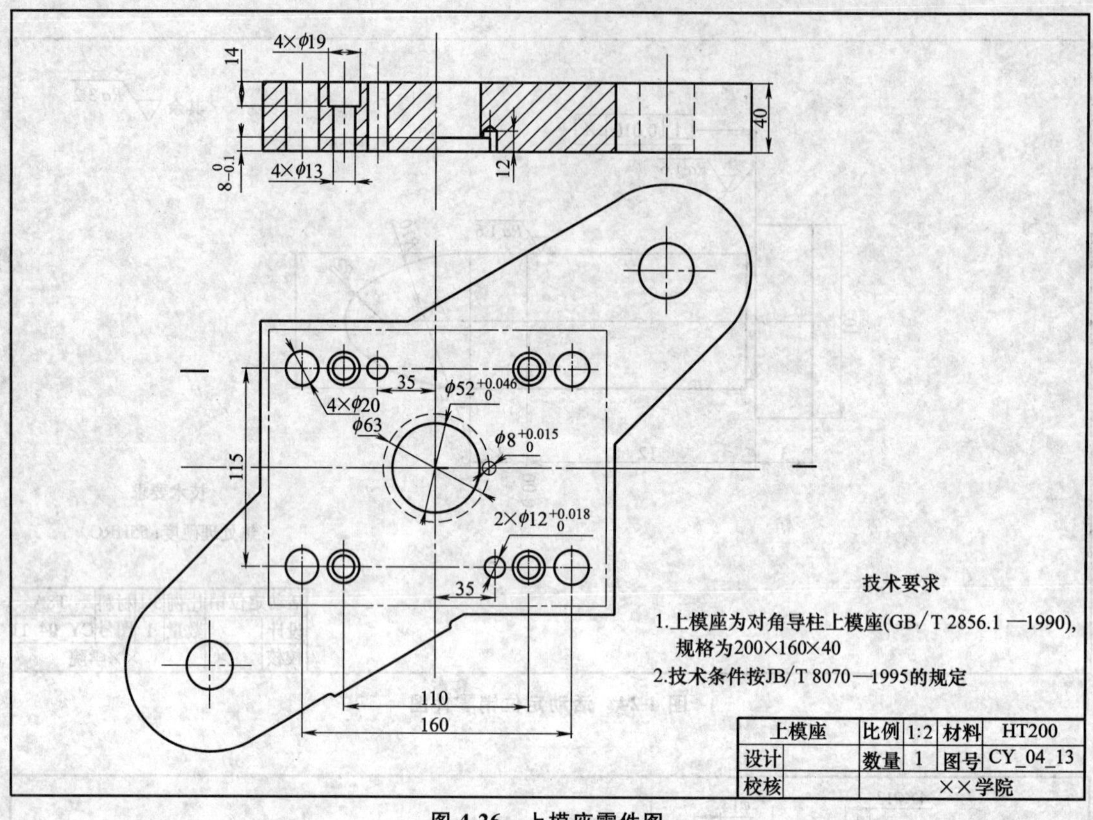

图 4-26 上模座零件图

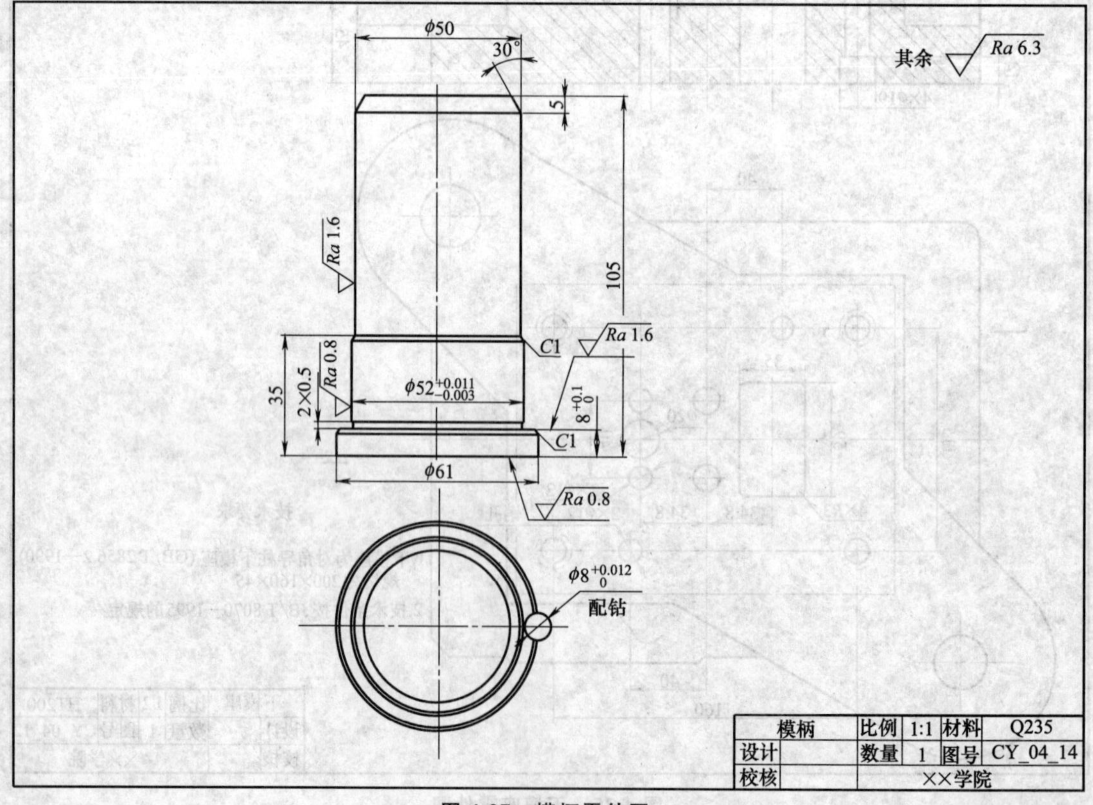

图 4-27 模柄零件图

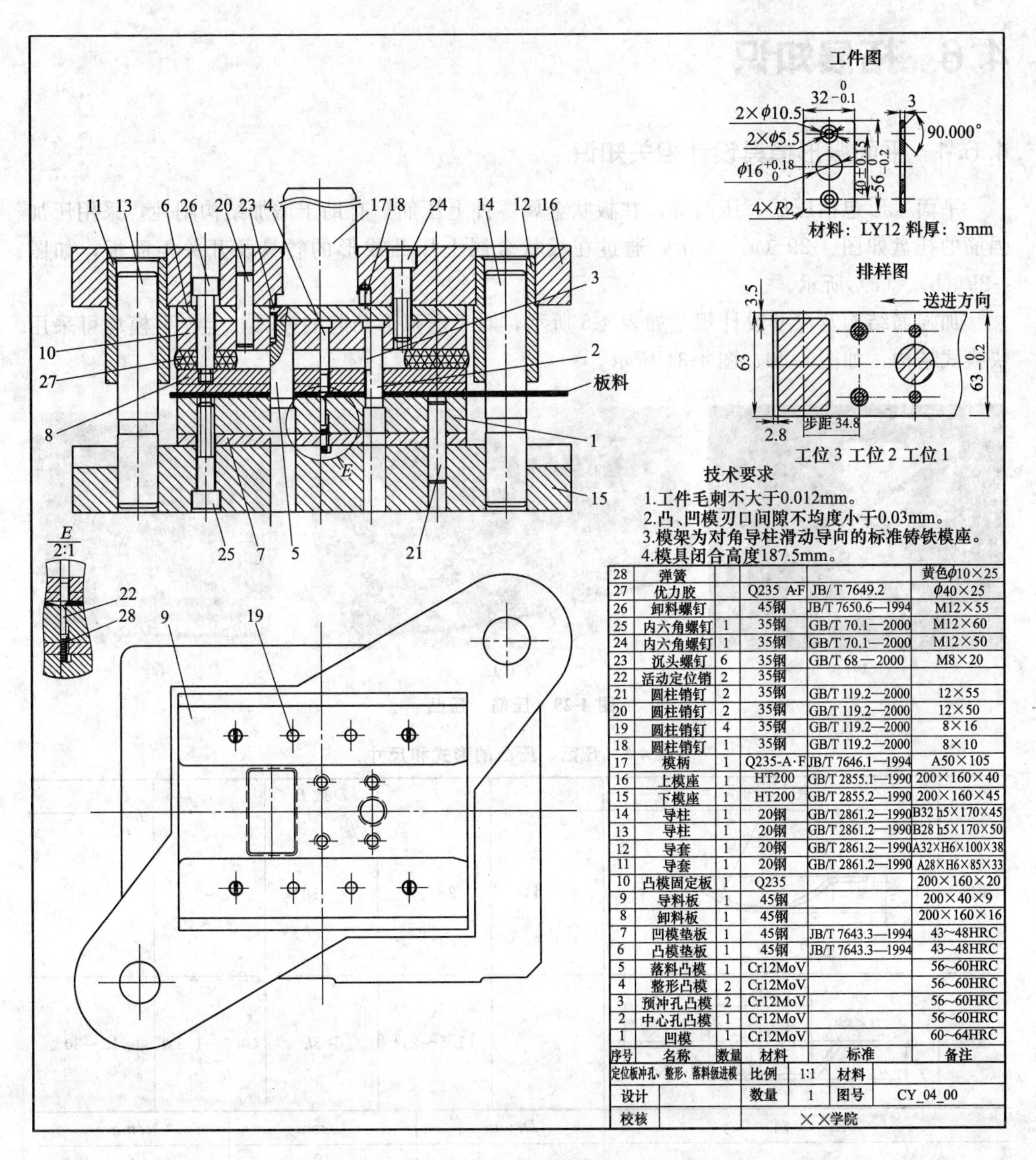

28	弹簧				黄色φ10×25
27	优力胶		Q235 A·F	JB/ T 7649.2	φ40×25
26	卸料螺钉		45钢	JB/T 7650.6—1994	M12×55
25	内六角螺钉	1	35钢	GB/T 70.1—2000	M12×60
24	内六角螺钉	1	35钢	GB/T 70.1—2000	M12×50
23	沉头螺钉	6	35钢	GB/T 68—2000	M8×20
22	活动定位销	2	35钢		
21	圆柱销钉	2	35钢	GB/T 119.2—2000	12×55
20	圆柱销钉	2	35钢	GB/T 119.2—2000	12×50
19	圆柱销钉	4	35钢	GB/T 119.2—2000	8×16
18	圆柱销钉	1	35钢	GB/T 119.2—2000	8×10
17	模柄	1	Q235-A·F	JB/T 7646.1—1994	A50×105
16	上模座	1	HT200	GB/T 2855.1—1990	200×160×40
15	下模座	1	HT200	GB/T 2855.2—1990	200×160×45
14	导柱	1	20钢	GB/T 2861.2—1990	B32 h5×170×45
13	导柱	1	20钢	GB/T 2861.2—1990	B28 h5×170×50
12	导套	1	20钢	GB/T 2861.2—1990	A32×H6×100×38
11	导套	1	20钢	GB/T 2861.2—1990	A28×H6×85×33
10	凸模固定板	1	Q235		200×160×20
9	导料板	1	45钢		200×40×9
8	卸料板	1	45钢		200×160×16
7	凹模垫板	1	45钢	JB/T 7643.3—1994	43~48HRC
6	凸模垫板	1	45钢	JB/T 7643.3—1994	43~48HRC
5	落料凸模	1	Cr12MoV		56~60HRC
4	整形凸模	2	Cr12MoV		56~60HRC
3	预冲孔凸模	2	Cr12MoV		56~60HRC
2	中心孔凸模	1	Cr12MoV		56~60HRC
1	凹模	1	Cr12MoV		60~64HRC
序号	名称	数量	材料	标准	备注

定位板冲孔、整形、落料级进模		比例	1:1	材料	
设计		数量	1	图号	CY_04_00
校核		××学院			

图 4-28 模具装配图

4.5 总结与回顾

本项目介绍了孔整形模的设计规范，同时介绍了活动定位销定距的简单级进冲压模具设计方法。

设计中要注意整形模的工作零件设计规范，其次要注意在其他成形模设计中应充分运用前面模块所学内容。

通过本项目的学习，对其他成形模的设计方法应有所掌握。

4.6 拓展知识

4.6.1 平面胀形模具设计相关知识

平面胀形包括压筋、压凸等。在板状金属零件上压筋，有助于增加结构刚性，采用压加强筋的托盘如图 4-29 (a) 所示，通过在板状金属上压凸成形的餐具及开关柜面板，如图 4-29 (b)、(c) 所示。

加强筋结构及尺寸设计规范如表 4-5 所示，对于压弧形凸起的模具，上、下模均可采用快换式结构，如图 4-30、图 4-31 所示。

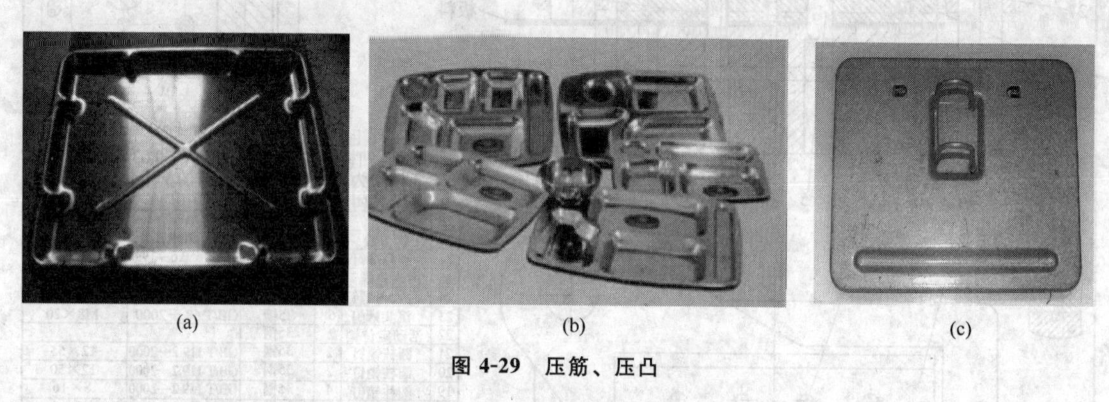

(a) (b) (c)

图 4-29 压筋、压凸

表 4-5 压筋、压凸的形式和尺寸

名称	图例	R	h	D 或 B	r	α/(°)
压筋	(图：R、h、t、r、B)	$(3\sim4)t$	$(2\sim3)t$	$(7\sim10)t$	$(1\sim2)t$	—
压凸	(图：α、D、t、h、r)	—	$(1.5\sim2)t$	$\geqslant 3h$	$(0.5\sim1.5)t$	15～30

图例	D/mm	L/mm	t/mm
(图：t、$(1.5\sim2)t$、D、15°～30°、l、L)	6.5	10	6
	8.5	13	7.5
	10.5	15	9
	13	18	11
	15	22	13
	18	26	16
	24	34	20
	31	44	26
	36	51	30
	43	60	35
	48	68	40
	55	78	45

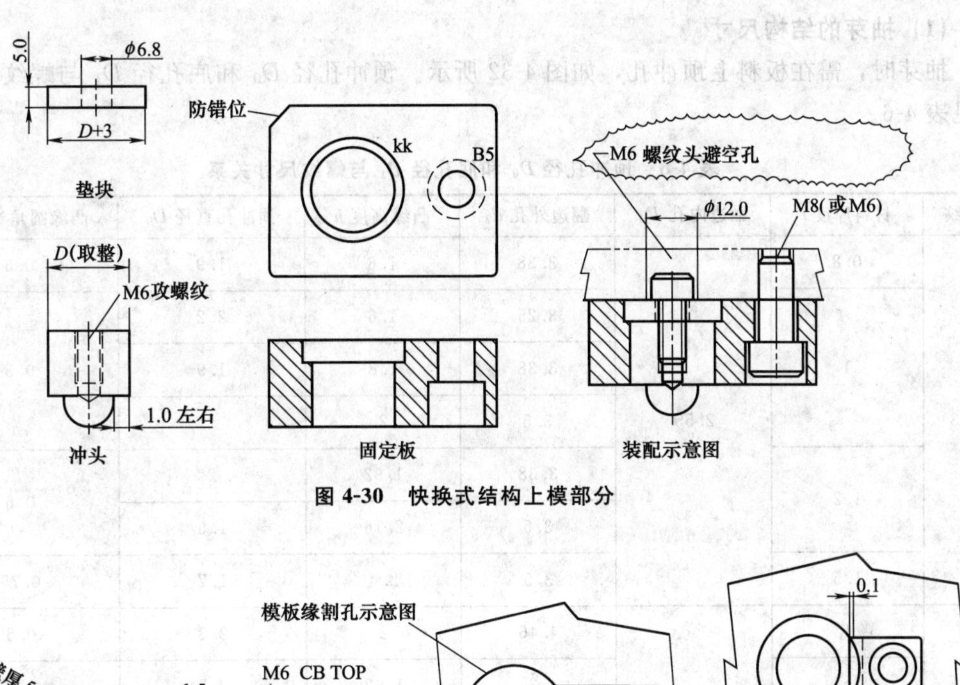

图 4-30 快换式结构上模部分

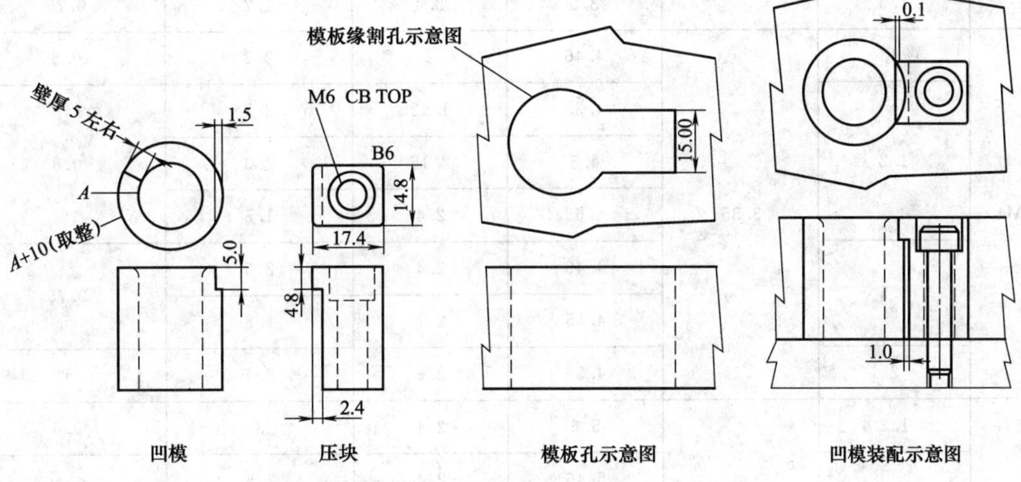

图 4-31 快换式结构下模部分

4.6.2 翻边模具设计相关知识

翻边又称抽芽，在电子产品中，抽芽是最常见的装配结构之一，既有用来攻螺纹的普通抽芽，也有用来铆合的抽芽，还有一些用于其他方面的各种抽芽。

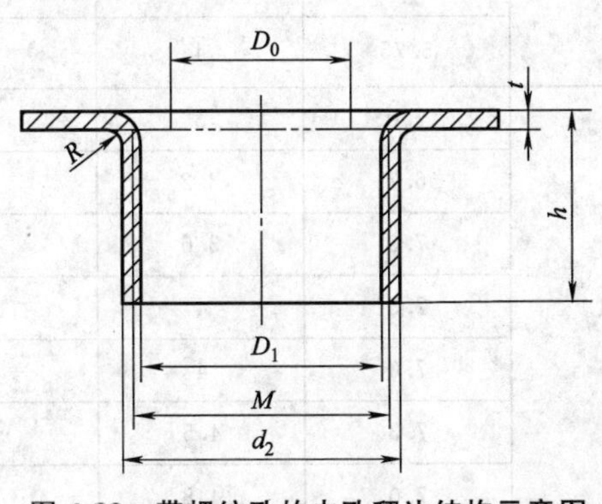

图 4-32 带螺纹孔的内孔翻边结构示意图

（1）抽芽的结构尺寸

抽芽时，需在板料上预冲孔，如图 4-32 所示。预冲孔径 D_0 和底孔径 D_1 与螺纹尺寸关系见表 4-6。

表 4-6　预冲孔径 D_0 和底孔径 D_1 与螺纹尺寸关系

螺纹	材料厚度 t	翻边内孔 D_1	翻边外孔 d_2	凸缘高度 h	预冲孔直径 D_0	凸缘圆角半径 R
M3	0.8	2.55	3.38	1.6	1.9	0.6
	1		3.25	1.6	2.2	0.5
			3.38	1.8	1.9	
			3.5	2	2	
	1.2		3.38	1.92	2	0.6
			3.5	2.16	1.5	
	1.5		3.5	2.4	1.7	0.75
M4	1	3.35	4.46	2	2.3	0.5
	1.2		4.35	1.92	2.7	0.6
			4.5	2.16	2.3	
			4.65	2.4	1.5	
	1.5		4.46	2.4	2.5	0.75
			4.65	2.7	1.8	
	2		4.56	2.2	2.4	1
M5	1.2	4.25	5.6	2.4	3	0.6
	1.5		5.46	2.4	2.5	0.75
			5.6	2.7	3	
			5.75	3	2.5	
	2		5.53	3.2	2.4	1
			5.75	3.6	2.7	
	2.5		5.75	4	3.1	1.25
M6	1.5	5.1	7.0	3	3.6	0.75
	2		6.7	3.2	4.2	1
			7.0	3.6	3.6	
			7.3	4	2.5	
	2.2		7.0	4	2.8	1.25
			7.3	4.5	3	
	3		7.0	4.8	3.4	1.5

(2) 翻边模结构设计规范

翻边模具结构如图 4-33、图 4-34 所示。

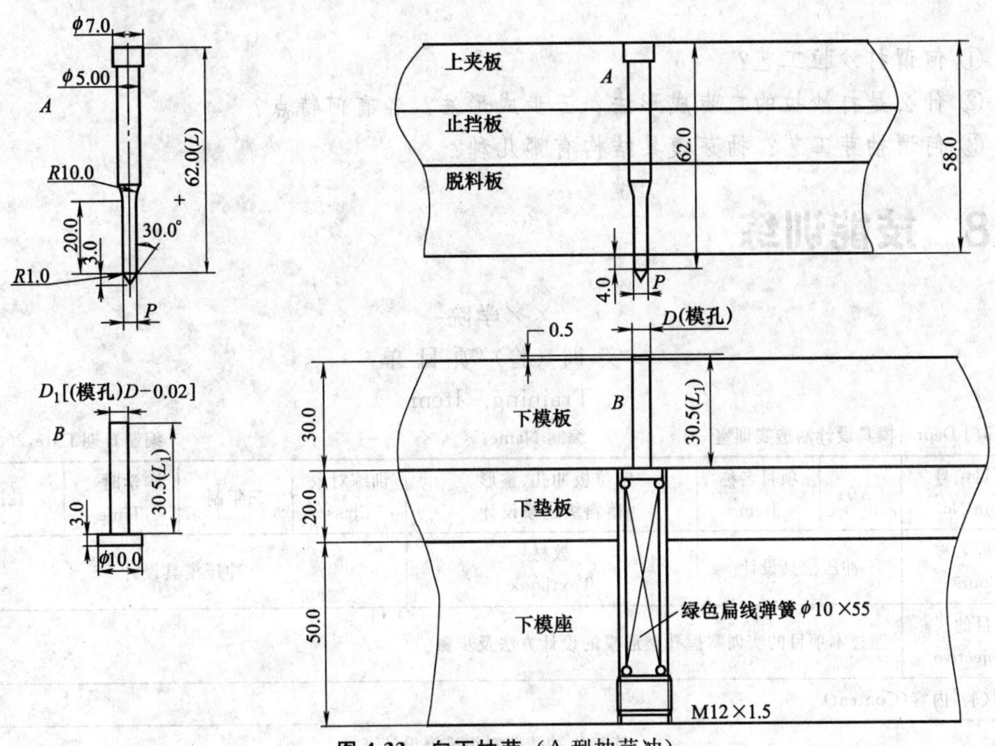

图 4-33 向下抽芽（A 型抽芽冲）

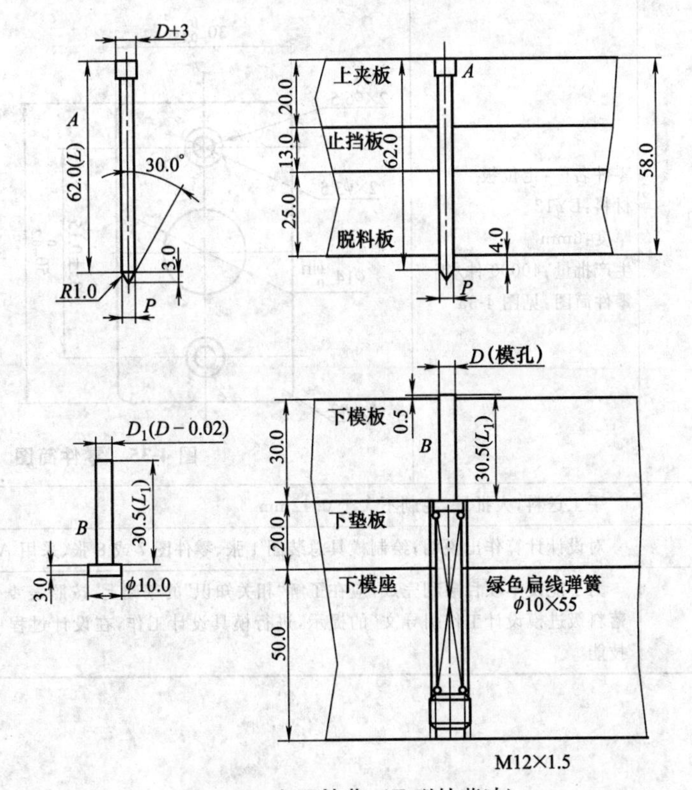

图 4-34 向下抽芽（T 型抽芽冲）

4.7 复习思考题

① 何谓打沙拉工艺？

② 什么是打沙拉的二步成形法、三步成形法？各有何特点？

③ 何谓抽芽工艺？抽芽模具结构有哪几种？

4.8 技能训练

××学院

实训（验）项目单

Training Item

编制部门 Dept.：模具设计制造实训室　　编制 Name：×××　　编制日期 Date：2008-12

项目编号 Item No.	CY04	项目名称 Item	定位板冲孔、整形、落料级进模设计	训练对象 Class	三年制	学时 Time	12h
课程名称 Course	冲压模具设计		教材 Textbook	冲压模具设计			
目的 Objective	通过本项目的实训掌握孔整形模的设计方法及步骤						
实训（验）内容（Content）							

连接板冲孔落料级进模设计

1. 图样及技术要求	零件名称：定位板 材料：LY12 厚度：3mm 生产批量：40000 件/年 零件简图：见图 4-35

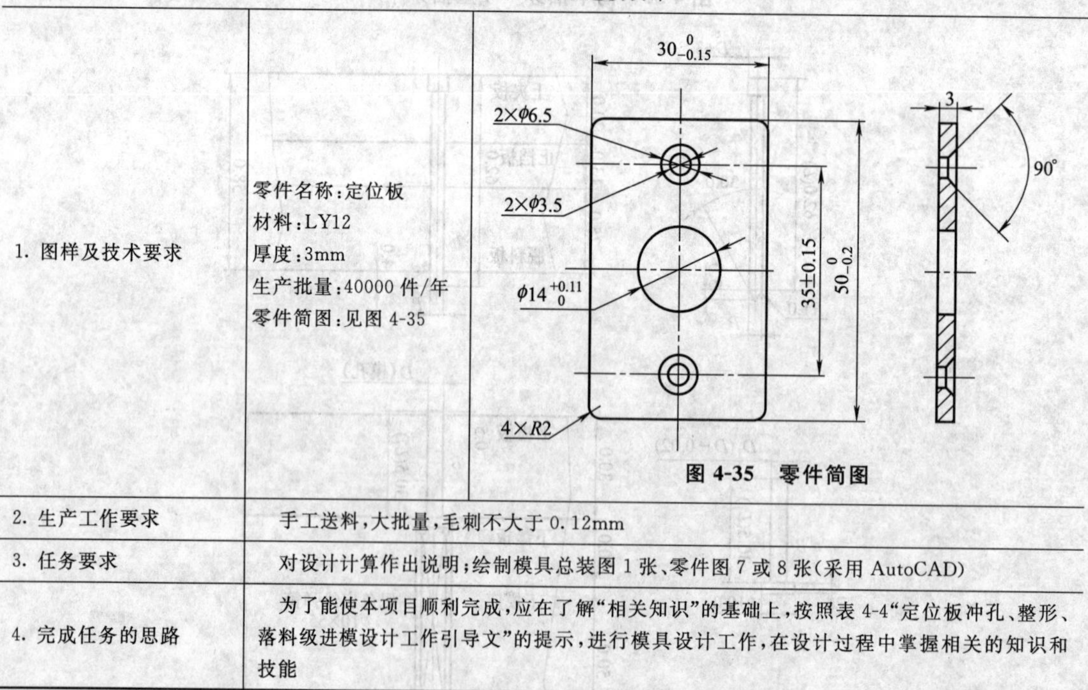

图 4-35　零件简图

2. 生产工作要求	手工送料，大批量，毛刺不大于 0.12mm
3. 任务要求	对设计计算作出说明；绘制模具总装图 1 张、零件图 7 或 8 张（采用 AutoCAD）
4. 完成任务的思路	为了能使本项目顺利完成，应在了解“相关知识”的基础上，按照表 4-4“定位板冲孔、整形、落料级进模设计工作引导文”的提示，进行模具设计工作，在设计过程中掌握相关的知识和技能

附　录

附录 A1　冲压常用金属材料的力学性能

材料名称	牌号	材料的状态	力学性能				
			抗剪强度 τ/MPa	抗拉强度 σ_b/MPa	屈服点 σ_s/MPa	伸长率 δ/%	弹性模量 E/GPa
普通碳素钢	Q195	未经退火	225～314	314～392		28～33	
	Q215		265～333	333～412	216	26～31	
	Q235		304～373	432～461	253	21～25	
	Q255		333～412	481～511	255	19～23	
优质碳素结构钢	08F	已退火的	216～304	275～383	177	32	
	08		255～353	324～441	196	32	186
	10F		216～333	275～412	186	30	
	10		255～340	294～432	206	29	194
	15		265～373	333～471	225	26	198
	20		275～392	353～500	245	25	206
	35		392～511	490～637	314	20	197
	45		432～549	539～686	353	16	200
	50		432～569	539～716	373	14	216
不锈钢	1Cr13	已退火的	314～373	392～416	412	21	206
	2Cr13		314～392	392～490	441	20	206
	1Cr17Ni8	经热处理的	451～511	569～628	196	35	196
铝锰合金	LF21	已退火的	69～98	108～142	49	19	
		半冷作硬化的	98～137	152～196	127	13	
硬铝（杜拉铝）	LY12	已退火的	103～147	147～211		12	
		淬硬并自然时效	275～304	392～432	361	15	
		淬硬后冷作硬化	275～314	392～451	333	10	
纯铜	T1,T2,T3	软的	157	196	69	30	106
		硬的	235	294		3	127
黄铜	H62	软的	255	294		35	98
		半硬的	294	373	196	20	
		硬的	412	412		10	
	H68	软的	235	294	98	40	108
		半硬的	275	343		25	
		硬的	392	392	245	15	113
铅黄铜	HPb59-1	软的	294	343	142	25	91
		硬的	392	441	412	5	103

附录 A2 普通碳素结构钢冷轧钢带的厚度与宽度公差（极限偏差）

mm

材料厚度	材料厚度公差		钢带宽度	宽度公差				钢带长度
				切边钢带		不切边钢带		
	普通	较高		普通	较高	普通	较高	
0.20,0.25	−0.03	−0.02	30,35,…,100,间隔 5	宽度≤100 时为−0.4 宽度>100 时为−0.5	宽度≤100 时为−0.2 宽度>100 时为−0.3	宽度≤50 时为±2.5	宽度≤50 时为−1.5	一般不应短于 10m
0.30	−0.04	−0.03						
0.35,0.40	−0.04	−0.03	30,35,…,200,间隔 5					
0.45,0.50	−0.05	−0.04						
0.55,0.60 0.65,0.70	−0.05	−0.04		宽度<100 时为−0.5 宽度>100 时为−0.6	宽度<100 时为−0.3 宽度>100 时为−0.4			
0.75,0.80 0.85,0.90 0.95,1.00	−0.07	−0.05						
1.05,1.10 1.15,1.20 1.25,1.30 1.35,1.40 1.45,1.50	−0.09	−0.06						
1.60,1.70 1.75,1.80 1.90,2.00 2.10,2.20 2.30,2.40 2.50	−0.13	−0.10	50,55,…,200,间隔 5			宽度>50 时为±3.5	宽度>50 时为−2.5	最短允许在 5m 以上
2.60,2.70 2.80,2.90 3.00	−0.16	−0.12						

附录 A3 模具工作零件的常用材料及热处理要求

模具类型		零件名称及使用条件	材料牌号	热处理硬度(HRC)	
				凸模	凹模
冲裁模	1	冲裁料厚 $t \leqslant 3$mm，形状简单的凸模、凹模和凸凹模	T8A，T10A，9Mn2V	58～62	60～64
	2	冲裁料厚 $t \leqslant 3$mm，形状复杂或冲裁厚 $t > 3$mm 的凸模、凹模和凸凹模	CrWMn，Cr6WV，9Mn2V，Cr12，Cr12MoV，GCr15	58～62	62～64
	3	要求高度耐磨的凸模、凹模和凸凹模，或生产量大、要求特长寿命的凸、凹模	W18Cr4V，120Cr4W2MoV	60～62	61～63
			65CrgMo3W2VNb(65Nb)	56～58	58～60
			YG15，YG20	—	
	4	材料加热冲裁时用凸、凹模	3Cr2W8，5CrNiMo，CrMnMo	48～52	
			6Cr4Mo3Ni2WV	51～53	

续表

模具类型		零件名称及使用条件	材料牌号	热处理硬度(HRC)	
				凸模	凹模
弯曲模	1	一般弯曲用的凸、凹模及镶块	T8A,T10A,9Mn2V	56～60	
	2	要求高度耐磨的凸、凹模及镶块;形状复杂的凸、凹模及镶块;冲压生产批量特大的凸、凹模及镶块	CrWMn,Cr6Wv,Cr12,Cr12MoV,GCr15	60～64	
	3	材料加热弯曲时用的凸、凹模及镶块	5CrNiMo,5CrNiTi,5CrMnMo	52～56	
拉深模	1	一般拉深用的凸模和凹模	T8A,T10A,9Mn2V	58～62	60～64
	2	要求耐磨的凹模和凸凹模,或冲压生产批量大、要求特长寿命的凸、凹模材料	Cr12,Cr12MoV,GCr15	60～62	62～64
			YG8,YG15	—	
	3	材料加热拉深用的凸模和凹模	5CrNiMo,5CrNiTi	52～56	

附录 A4 模具一般零件的常用材料及热处理要求

零件名称	使用情况	材料牌号	热处理硬度(HRC)
上、下模板(座)	一般负载	HT200,HT250	—
	负载较大	HT250,Q235	—
	负载特大,受高速冲击	45	—
	用于滚动式导柱模架	QT400-18.ZG310-570	—
	用于大型模具	HT250,ZG310-570	—
模柄	压入式、旋入式和凸缘式	Q235	—
	浮动式模柄及球面垫块	45	43～48
导柱、导套	大量生产	20	58～62(渗碳)
	单件生产	T10A,9Mn2V	56～60
	用于滚动配合	Cr12,GCr15	62～64
垫块	一般用途	45	43～48
	单位压力大	T8A,9Mn2V	52～56
推板、顶板	一般用途	Q235	
	重要用途	45	43～48
推杆、顶杆	一般用途	45	43～48
	重要用途	C16WV,CrWMn	56～60
导正销	一般用途	T10A,9Mn2V	56～62
	高耐磨	Cr12MoV	60～62
固定板、卸料板		Q235,45	
定位板		45	43～48
		T8	52～56
导料板(导尺)		45	43～48
托料板		Q235	
挡料销、定位销		45	43～48

续表

零件名称	使用情况	材料牌号	热处理硬度(HRC)
废料切刀		T10A,9Mn2V	56～60
定距侧刃		T8A,T10A,9Mn2V	56～60
侧压板		45	43～48
侧刃挡板		T8A	54～58
拉深模压边圈		T8A	54～58
斜楔、滑块		T8A,T10A	58～62
		45	43～48
限位圈(块)		45	43～48
弹簧		65Mn,60Si2MnA	40～48

附录 B1　J21 系列开式固定台压力机参数

技术规格	单位	J21-40	J21-63	J21-80	J21-100	J21-160	J21-200	J21-300
公称力	kN	400	630	800	1000	1600	2000	3000
公称力行程	mm	2.8	4	4	5	6	6	6
滑块行程	mm	80	120	120	130	140	145	150
行程次数	min^{-1}	45	40	40	38	38	38	32
最大装模高度	mm	255	270	295	365	335	357	420
装模高度调节量	mm	65	80	80	100	100	100	100
喉深	mm	250	290	310	380	380	400	400
工作台尺寸(前后×左右)	mm	460×720	540×840	570×920	710×1080	710×1160	750×1200	770×1400
滑块底面尺寸(前后×左右)	mm	260×300	290×330	340×400	360×430	360×430	380×500	450×600
模柄孔尺寸(直径/深度)	mm	ϕ50/70	ϕ50/70	ϕ60/70	ϕ60/85	ϕ60/90	ϕ60/90	ϕ60/90
工作台板厚度	mm	75	80	95	115	140	140	160
电机功率	kW	4	5.5	5.5	7.5	11	11	22

附录 B2　J23 系列开式可倾台压力机参数

技术规格	单位	J23-3.15	J23-6.3	J23-10	J23-16	J23-20	J23-25
公称力	kN	31.5	63	100	160	200	250
公称力行程	mm	1	1.5	1.5	1.5	2	2
滑块行程	mm	25	35	45	55	65	65
行程次数	min^{-1}	200	170	145	120	125	60
最大装模高度	mm	80	110	180	220	190	270
装模高度调节量	mm	25	30	35	45	45	55
喉深	mm	90	110	130	160	180	200
工作台尺寸(前后×左右)	mm	160×250	200×310	240×376	300×450	330×510	370×560
滑块底面尺寸(前后×左右)	mm	90×100	120×140	150×170	180×200	180×220	220×250
模柄孔尺寸(直径/深度)	mm	ϕ25/40	ϕ30/55	ϕ30/55	ϕ40/60	ϕ40/60	ϕ40/60
工作台板厚度	mm	40	40	45	50	50	65
电机功率	kW	0.75	0.75	1.1	1.5	1.5	2.2
床身最大倾斜角度	(°)	45	45	35	35	35	30

附录 C1 弹簧负载及压缩比

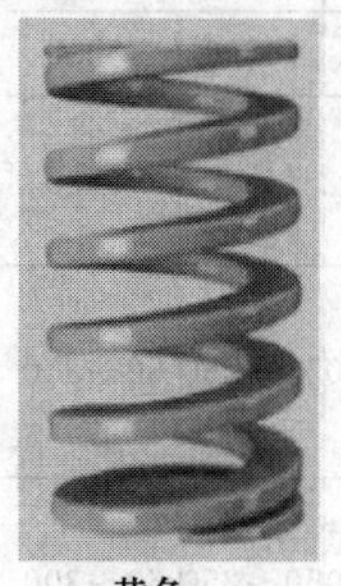
黄色

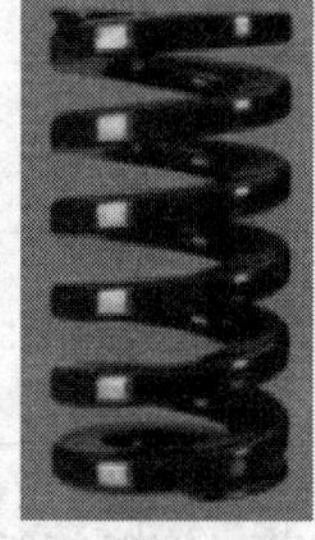
蓝色

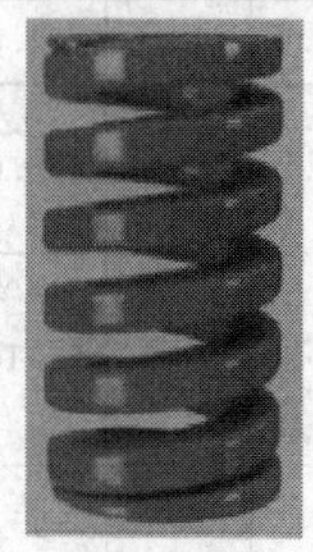
红色

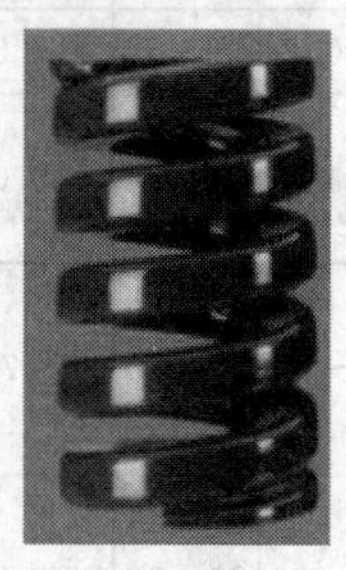
绿色

茶色

弹簧种类	D	30 万回		50 万回		100 万回	
		负载 kgf(N)	最大压缩比	负载 kgf(N)	最大压缩比	负载 kgf(N)	最大压缩比
黄色 TF	8	8(78.5)	50%	7(68.6)	45%	6(58.8)	40%
	10	10(98.1)		9(88.3)		8(78.5)	
	12	14(137.3)		12.5(122.6)		11(107.9)	
蓝色 TL	20	54(529.6)	40%	48(470.7)	36%	43(421.7)	32%
	22	67(657.0)		60(588.4)		54(529.6)	
	25	84(823.8)		75(735.5)		67(657.0)	
红色 TM	20	80(784.5)	32%	72(706.1)	28%	64(627.6)	25%
	22	97(951.2)		87(853.2)		77(755.1)	
	25	125(1225.8)		112(1098.3)		100(980.7)	
绿色 TH	20	120(1177)	24%	108(1059)	21%	96(941)	19%
	22	145(1422)		130(1275)		116(1138)	
	25	187(1834)		169(1657)		150(1471)	
	27	219(2150)		197(1932)		175(1716)	
	30	270(2550)		243(2380)		216(2120)	
茶色 TB	20	160(1569)	20%	144(1412)	18%	128(1255)	16%
	22	145(1422)		130(1275)		116(1138)	
	25	245(2400)		221(2170)		196(1922)	
	27	290(2840)		261(2560)		232(2280)	
	30	360(3530)		324(3180)		288(2820)	

附录 C2 弹簧规格

mm

弹簧外径 D		$\phi8$	$\phi10$	$\phi12$	$\phi14$	$\phi16$	$\phi18$	$\phi20$	$\phi22$	$\phi25$	$\phi30$	$\phi35$	$\phi40$	$\phi50$
过孔直径 D_1		$\phi8.5$	$\phi10.5$	$\phi12.5$	$\phi14.5$	$\phi17.0$	$\phi19.0$	$\phi21.0$	$\phi23.0$	$\phi26.0$	$\phi32.0$	$\phi37.0$	$\phi42.0$	$\phi52.0$
上模座沉孔直径 D_2		$\phi12.0$	$\phi14.0$	$\phi16.0$	$\phi18.0$	$\phi20.0$	$\phi23.0$	$\phi26.0$	$\phi26.0$	$\phi30.0$	$\phi35.0$	$\phi40.0$	$\phi45.0$	$\phi55.0$
长度 L	弹簧 TF(黄)	×	20～80	20～80	25～90	25～100	25～100	25～125	×	25～150	25～175	40～200	50～250	60～300
	弹簧 TL(蓝)	×	20～80	20～80	25～90	25～100	25～100	25～125	×	25～150	25～175	40～200	50～250	60～300

续表

弹簧外径 D		$\phi8$	$\phi10$	$\phi12$	$\phi14$	$\phi16$	$\phi18$	$\phi20$	$\phi22$	$\phi25$	$\phi30$	$\phi35$	$\phi40$	$\phi50$
过孔直径 D_1		$\phi8.5$	$\phi10.5$	$\phi12.5$	$\phi14.5$	$\phi17.0$	$\phi19.0$	$\phi21.0$	$\phi23.0$	$\phi26.0$	$\phi32.0$	$\phi37.0$	$\phi42.0$	$\phi52.0$
上模座沉孔直径 D_2		$\phi12.0$	$\phi14.0$	$\phi16.0$	$\phi18.0$	$\phi20.0$	$\phi23.0$	$\phi26.0$	$\phi26.0$	$\phi30.0$	$\phi35.0$	$\phi40.0$	$\phi45.0$	$\phi55.0$
长度 L	弹簧 TM(红)	15～60	20～60	20～60	25～70	25～80	25～90	25～100	25～125	25～125	25～175	45～200	50～250	60～300
	弹簧 TH(绿)	15～60	20～60	20～60	25～70	25～80	25～90	25～100	25～125	25～125	25～175	40～200	50～250	60～300
	弹簧 TB(棕)	15～60	20～80	20～80	25～90	25～100	25～100	25～100	25～125	25～125	25～175	40～200	50～250	60～300

注：1. 弹簧外径系列有：$\phi8$，$\phi10$，$\phi12$，$\phi14$，$\phi16$，$\phi18$，$\phi20$，$\phi22$，$\phi25$，$\phi30$，$\phi35$，$\phi40$，$\phi50$ 等。

2. 弹簧长度：15mm$\leqslant L \leqslant$80mm 时，每 5mm 为一个阶；80mm$\leqslant L \leqslant$100mm 时，每 10mm 为一个阶；$L \geqslant$100mm 时，每 25mm 为一个阶。

3. 弹簧内径等于弹簧外径的二分之一。

4. 直径$\geqslant \phi25.0$mm 时，过孔取单边大 1.0mm，如 $\phi30.0$mm 的弹簧，在模板的过孔为 $\phi32.0$mm。

5. 直径$< \phi25.0$mm 时，过孔取单边大 0.5mm，如 $\phi20.0$mm 的弹簧，在模板的过孔为 $\phi21.0$mm。

6. 弹簧过(沉)孔位置尺寸可不用标注；直径尺寸则在注解处说明，精确到小数点后一位。

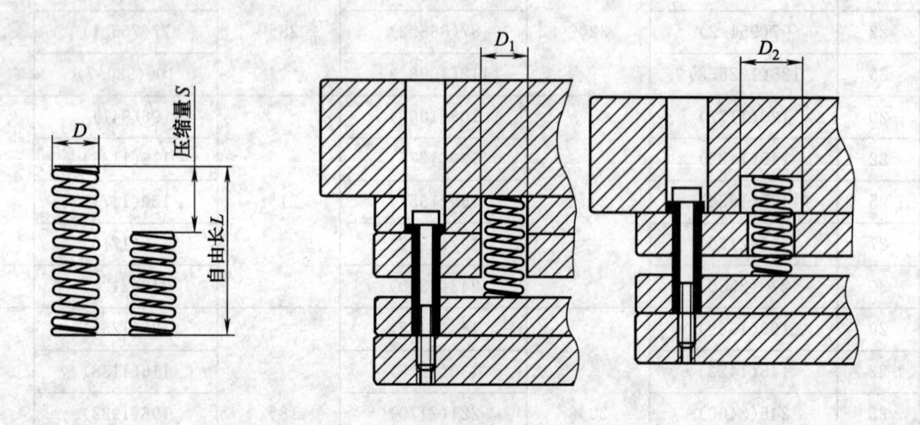

附录 C3 常用圆形优力胶规格

UA 无孔	外径	10	15	20	25	30	35	40	45	50	60	70	80	90	100
	长度	300	300	300 500	300 500	300 500	300 500	300 500	300 500	300 500	300 500	300 500	300 500	300 500	300 500
UB 有孔	外径		15	20	25	30	35	40	45	50	60	70	80	90	100
	内径		6.5	8 8.5 12	8 11 12	8 12 13	8 12 13	8 12 15	8 12 15	8 12 16	18	18	20	25	30
	长度		300	300	300	300	300	300	300	300	300	300	300	300	300

注：市场上还有矩形截面的优力胶棒，可根据需要加工成需要的轮廓形状。

附录 D1 标准公差数值（GB/T 1800.4—1998）

基本尺寸		公差值														
		IT4	IT5	IT6	IT7	IT8	IT9	IT10	IT11	IT12	IT13	IT14	IT15	IT16	IT17	IT18
大于	到	μm								mm						
1	3	3	4	6	10	14	25	40	60	0.10	0.14	0.25	0.40	0.60	1.0	1.4
3	6	4	5	8	12	18	30	48	75	0.12	0.18	0.30	0.48	0.75	1.2	1.8
6	10	4	6	9	15	22	36	58	90	0.15	0.22	0.36	0.58	0.90	1.5	2.2
10	18	5	8	11	18	27	43	70	110	0.18	0.27	0.43	0.70	1.10	1.8	2.7
18	30	6	9	13	21	33	52	84	130	0.21	0.33	0.52	0.84	1.30	2.1	3.3
30	50	7	11	16	25	39	62	100	160	0.25	0.39	0.62	1.00	1.60	2.5	3.9
50	80	8	13	19	30	46	74	120	190	0.30	0.46	0.74	1.20	1.90	3.0	4.6
80	120	10	15	22	35	54	87	140	220	0.35	0.54	0.87	1.40	2.20	3.5	5.4
120	180	12	18	25	40	63	100	160	250	0.40	0.63	1.00	1.60	2.50	4.0	6.3
180	250	14	20	29	46	72	115	185	290	0.46	0.72	1.15	1.85	2.90	4.6	7.2
250	315	16	23	32	52	81	130	210	320	0.52	0.81	1.30	2.10	3.20	5.2	8.1
315	400	18	25	36	57	89	140	230	360	0.57	0.89	1.40	2.30	3.60	5.7	8.9
400	500	20	27	40	63	97	155	250	400	0.63	0.97	1.55	2.50	4.00	6.3	9.7

注：基本尺寸小于 1mm 时，无 IT14 至 IT18。

附录 D2 冲压零件常用公差、配合

配合零件名称	精度及配合	配合零件名称	精度及配合
导柱与下模座	$\frac{H7}{r6}$	固定挡料销与凹模	$\frac{H7}{n6}$或$\frac{H7}{m6}$
导套与上模座	$\frac{H7}{r6}$	活动挡料销与卸料板	$\frac{H9}{h8}$、$\frac{H9}{h9}$
导柱与导套	$\frac{H6}{h5}$或$\frac{H7}{h6}$、$\frac{H7}{f7}$	圆柱销与凸模固定板、上下模座等	$\frac{H7}{n6}$
模柄（带法兰盘）与上模座	$\frac{H8}{h8}$，$\frac{H9}{h9}$	螺钉与过孔	0.5 或 1mm(单边)
		卸料板与凸模或凸凹模	0.1～0.5mm(单边)
凸模与凸模固定板	$\frac{H7}{m6}$，$\frac{H7}{k6}$	顶件板与凹模	0.1～0.5mm(单边)
		推杆(打杆)与模柄	0.5～1mm(单边)
凸模(凹模)与上、下模座(镶入式)	$\frac{H7}{h6}$	推销（顶销）与凸模固定板	0.2～0.5mm(单边)

附录 D3 常用配合的极限偏差（GB/T 1800.4—1990）

μm

基本尺寸		孔公差带				轴公差带																
		H				h				k		m		n		p		r		s		u
大于	至	6	7	8	9	5	6	7	8	6	7	6	7	6	7	6	7	6	7	6	7	6
—	3	+6 0	+10 0	+14 0	+25 0	0 −4	0 −6	0 −10	0 −14	+6 0	+10 0	+8 +2	+12 +2	+10 +4	+14 +4	+12 +6	+16 +6	+16 +10	+20 +10	+20 +14	+24 +14	+24 +18
3	6	+8 0	+12 0	+18 0	+30 0	0 −5	0 −8	0 −12	0 −18	+9 +1	+13 +1	+12 +4	+16 +4	+16 +8	+20 +8	+20 +12	+24 +12	+23 +15	+27 +15	+27 +19	+31 +19	+31 +23
6	10	+9 0	+15 0	+22 0	+36 0	0 −6	0 −9	0 −15	0 −22	+10 +1	+16 +1	+15 +6	+21 +6	+19 +10	+25 +10	+24 +15	+30 +15	+28 +19	+34 +19	+32 +23	+36 +23	+37 +38
10	18	+11 0	+18 0	+27 0	+43 0	0 −8	0 −11	0 −18	0 −27	+12 +1	+19 +1	+18 +7	+25 +7	+23 +12	+30 +12	+29 +18	+36 +18	+34 +23	+41 +23	+39 +28	+46 +28	+44 +33
18	24	+13 0	+21 0	+33 0	+52 0	0 −9	0 −13	0 −21	0 −33	+15 +2	+23 +2	+21 +8	+29 +8	+28 +15	+36 +15	+35 +22	+43 +22	+41 +28	+49 +28	+48 +35	+56 +35	+54 +41
24	30																					+61 +48
30	40	+16 0	+25 0	+39 0	+62 0	0 −11	0 −16	0 −25	0 −39	+18 +2	+27 +2	+25 +9	+34 +9	+33 +17	+42 +17	+42 +26	+51 +26	+50 +34	+59 +34	+59 +43	+68 +43	+76 +60
40	50																					+86 +70
50	65	+19 0	+30 0	+46 0	+74 0	0 −13	0 −19	0 −30	0 −46	+21 +2	+32 +2	+30 +11	+41 +11	+39 +20	+50 +20	+51 +32	+62 +32	+60 +41	+71 +41	+72 +53	+83 +53	+106 +87
65	80																	+62 +43	+73 +43	+78 +59	+89 +59	+121 +102
80	100	+22 0	+35 0	+54 0	+87 0	0 −15	0 −22	0 −35	0 −54	+25 +3	+38 +3	+35 +13	+48 +13	+45 +23	+58 +23	+59 +37	+72 +37	+73 +51	+86 +51	+93 +71	+106 +71	+146 +124
100	120																	+76 +54	+89 +54	+101 +79	+114 +79	+166 +144
120	140	+25 0	+40 0	+63 0	+100 0	0 −18	0 −25	0 −40	0 −63	+28 +3	+43 +3	+40 +15	+55 +15	+52 +27	+67 +27	+68 +43	+83 +43	+88 +63	+103 +63	+117 +92	+132 +92	+195 +170

附录 D4 冲压模零件表面粗糙度

使用范围	表面粗糙度 $Ra/\mu m$	原光洁度等级
粗糙的、不重要的表面(如下模座的漏料孔)	12.5,25	▽ 3
不与冲压制件及模具零件相接触的表面	6.3,12.5	▽ 4
①无特殊要求(不磨加工)的支承、定位和紧固表面——用于非热处理的零件;②模座平面	3.2,6.3	▽ 5
①内孔表面——在非热处理零件上配合用;②模座平面	1.6,3.2	▽ 3
①成形的凸模和凹模刃口,凸模、凹模镶块的接合面;②过盈配合和过渡配合的表面——用于热处理的零件;③支承定位和紧固表面——用于热处理的零件;④磨加工的基准面,要求准确的工艺基准表面	0.8,1.6	▽ 7
①压弯、拉深、成形的凸模和凹模工作表面;②圆柱表面和平面的刃口;③滑动和精确导向的表面	0.4,0.8	▽ 8
抛光的成形面及平面	0.2,0.4	▽ 10
抛光的旋转表面	0.1,0.2	▽ 11

注：在有利于加工又不影响使用时，可按照表面粗糙度数值中后一个数值加工；当表面要求较高时，按照前一个数值加工。

附录 E1 A 型凸模

mm

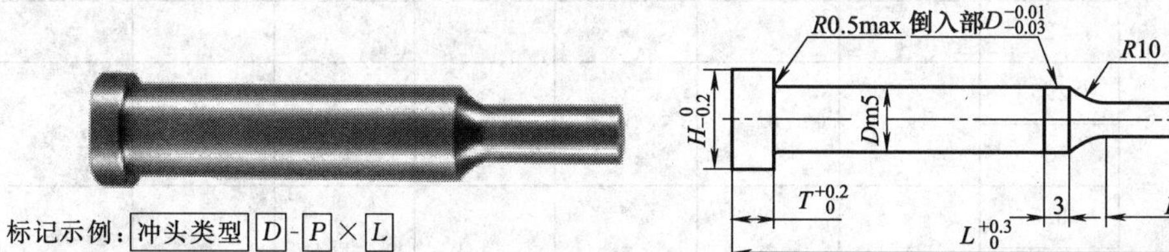

标记示例：冲头类型 D-P×L

A D 6-4.0×50

H	T	D	P	B	L 40	L 50	L 60	L 70	L 80	L 90	L 100
			1.0~1.5	6							
5		3	1.6~1.9	8	*	*	*	*	*		
			2.0~2.9	10							
			1.0~1.5	6							
6		4	1.6~1.9	8	*	*	*	*	*		
			2.0~2.9	10							
			3.0~3.9	12							
			2.0~2.9	10							
7		5	3.0~3.9	12	*	*	*	*	*		
			4.0~4.9	13							
			2.0~2.9	10							
8		6	3.0~3.9	12	*	*	*	*	*		
	5		4.0~4.9	13							
			5.0~5.9	15							
			3.0~3.9	12							
10		8	4.0~4.9	13	*	*	*	*	*	*	*
			5.0~7.9	15							
			4.0~4.9	12							
13		10	5.0~5.9	13	*	*	*	*	*	*	*
			6.0~9.9	15							
16		13	8.0~12.9	15							
19		16	10.0~15.9	15							
22		19	13.0~18.9	15	*	*	*	*	*	*	*
24		21	15.0~20.9	15							
28		25	19.0~24.9	15							

注：1. 材质 SKD-11；硬度 60~62HRC。

2. 表文“*”号表示该长度为标准长度系列。可直接选购，不需特别订购。

附录 E2 B型凸模

mm

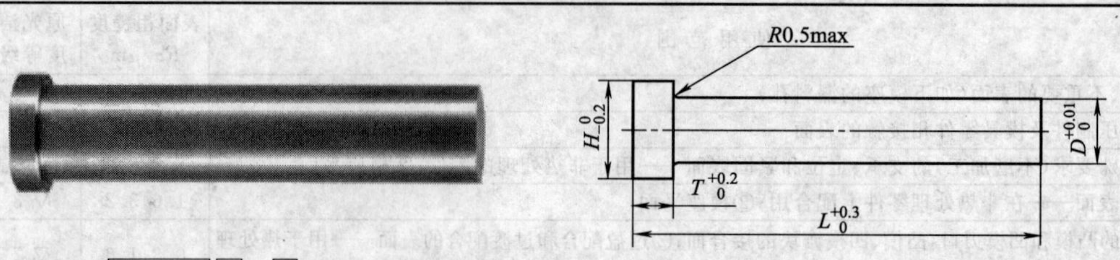

标记示例：冲头类型 D × L

BD 5.0×60

H	T	D	L 40	L 50	L 60	L 70	L 80	L 90	L 100
1.6		1	*	*	*	*	*		
2		1.5							
4		2	*	*	*	*	*		
4.5		2.5	*	*	*	*	*		
5		3							
5.5		3.5	*	*	*	*	*		
6		4							
6.5		4.5	*	*	*	*	*	*	*
7		5							
7.5		5.5	*	*	*	*	*	*	*
8		6							
8.5		6.5	*	*	*	*	*	*	*
10	5	7							
11		8	*	*	*	*	*	*	*
12		9							
13		10	*	*	*	*	*	*	*
14		11							
15		12	*	*	*	*	*	*	*
16		13							
17		14	*	*	*	*	*	*	*
18		15							
19		16		*	*	*	*	*	*
21		18							
23		20	*	*	*	*	*	*	*
28		25							

注：材质 SKD-11；硬度 60～62HRC。

附录 E3 圆凹模（JB/T 5830—1991）

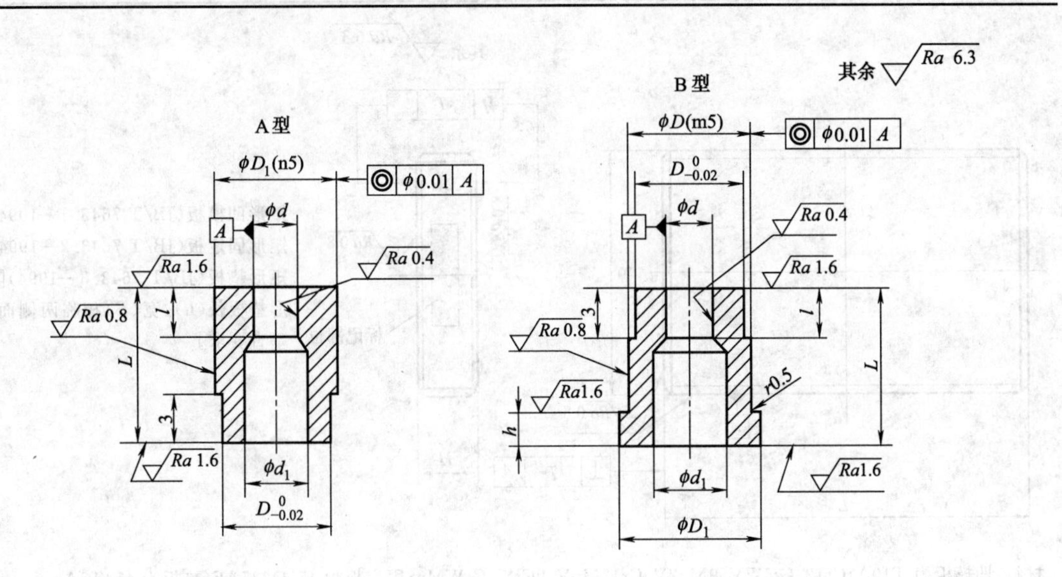

材料和硬度：T10A、9Mn2V、Cr12、Cr6WV

热处理硬度：60～62HRC

技术条件：按 JB/T 7653—1994 的规定

标记示例：

外径 D=5mm，内径 d=1mm，总长度 L=16mm，刃口长度 l=2mm，材料为 T10A 的 A 型圆凹模：

圆凹模 A5×1×16×2-T10A JB/T 5830

D	d(H8)	$L_{0}^{+0.5}$	$D_{1}{}_{-0.25}^{0}$	$h_{0}^{+0.25}$	l			d_1 max
					选择			
					min	标准值	max	
5	1,1.1,1.2,…,2.4	12～25	8	3	—	2	4	2.8
6	1.6,1.7,1.8,…,		9			3		3.5
8	2,2.1,2.2,…,3.5	12～23	11			4	5	4.0
10	3,3.1,3.2,,…,		13					5.8
13	4,4.1,4.2,…,7.2	20～40	16			5	8	8.0
16	6,6.1,6.2,…,8.8		19					9.5
20	7.5,7.6,7.7,…,		24	5	5	8	12	12.0
25	11,11.1,11.2,…,		29					17.0
32	15,15.1,15.2,…,		36					20.7
40	18,18.1,18.2,…,		44					27.7
50	26,26.1,26.2,…,		54					37.0

注：1. L 系列值：12，16，20，25，32，40。

2. d 的增量为 0.1mm。

附录 F1 矩形模板

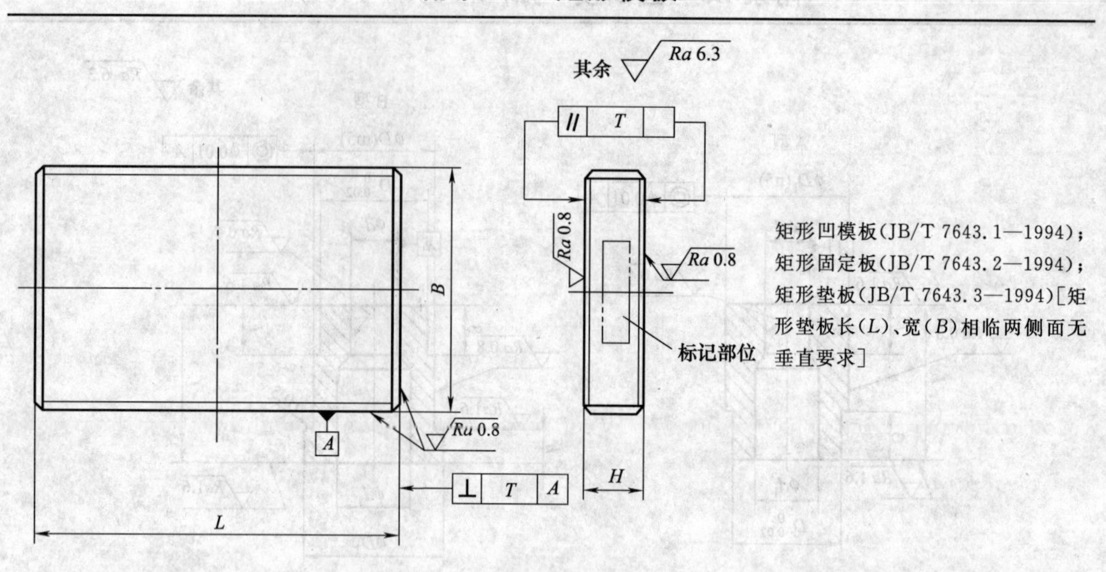

矩形凹模板(JB/T 7643.1—1994)；
矩形固定板(JB/T 7643.2—1994)；
矩形垫板(JB/T 7643.3—1994)[矩形垫板长(L)、宽(B)相临两侧面无垂直要求]

材料：凹模板为 T10A、Cr12、Cr6WV、9Mn2V、Cr12MoV、9CrSi、CrWMn；固定板为 45、Q235AF；垫板为 45、T8A

技术条件：按 JB/T 7653—1994 的规定

标记示例：

(1)长度 L=125mm、宽度 B=100mm、厚度 H=20mm、材料为 T10A 的矩形凹模板：

凹模板 125×100×20 T10A JB/T 7643.1

(2)长度 L=125mm、宽度 B=100mm、厚度 H=20mm、材料为 45 钢的矩形固定板(或矩形垫板)：

固定板(或垫板)　125×100×20 45 钢　JB/T 7643.2(或 JB/T 7643.3)

L	B	H(选用尺寸)			L	B	H(选用尺寸)		
		凹模板	固定板	垫板			凹模板	固定板	垫板
63	50	10～20	10～28		160		16～32	16～45	8,10
63					200	160			
80	63	12～22*	12～32		250		18～36	20～45	8,10,12
100				6	500		20～28	20～40	10,12,16
80			10～36		200		18～36	16～36	
100					250			20～45	8,10
125	80		12～32		315	200	20～40	20～32	
250		16～22	16～32	8,10	630		22～32	24～40	10,12,16
315					250		20～40	16～36	
100		12～22	12～40	6	315	250	22～45	16～45	10,12
125		14～25			400		20～36	20～40	10,12,16
160		16～28	16～40	6,8	315		22～40	20～40	
200	100	16～32			400	315	25～45	24～36	
315		18～25		8,10,12	500			24～45	
400			20～40		630		28～45	28～45	—
125		14～25	14～25		400		22～40	24～40	
160		14～28	16～40		500	400	25～45	28～40	
200	125		16～45	6,8	630		28～45	32～45	
250		16～32							
355		16～25	16～40	8,10,12					

附录 F2　圆形模板

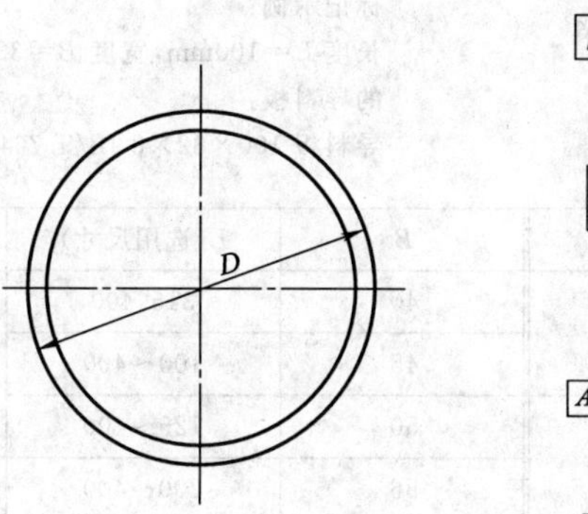

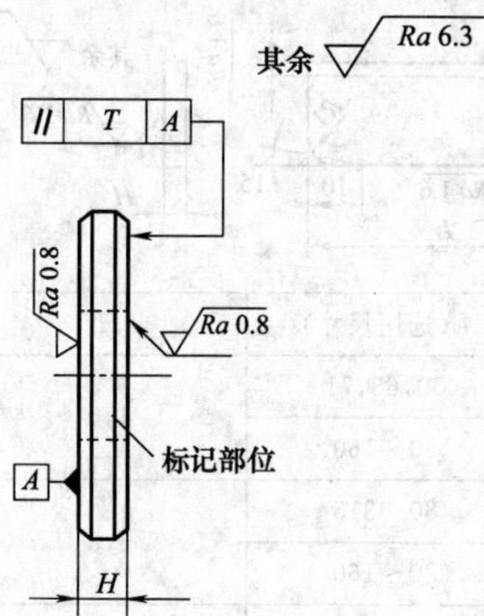

圆形凹模板(JB/T 7643.4—1994)；
圆形固定板(JB/T 7643.5—1994)；
圆形垫板(JB/T 7643.6—1994)。

材料：凹模板：T10A、Cr12、Cr6WV、9Mn2V、Cr12MoV、9CrSi、CrWMn；
　　固定板：45、Q235AF；
　　垫板：45、T8A。

技术条件：按 JB/T 7653—1994 的规定。

标记示例：

(1)直径 D=100mm、厚度 H=20mm、材料为 T10A 的圆形凹模板：
　凹模板 100×20 T10A JB/T 7643.4

(2)直径 D=100mm、厚度 H=20mm、材料为 45 钢的圆形固定板。
　固定板 100×20 45 钢 JB/T 7643.5

(3)直径 D=100mm、厚度 H=6mm、材料为 45 钢的圆形垫板：
　垫板 100×6 45 钢 JB/T 7643.6

<table>
<tr><th rowspan="2">D</th><th colspan="3">H(选用尺寸)</th></tr>
<tr><th>凹模板</th><th>固定板</th><th>垫板</th></tr>
<tr><td>63</td><td>10～20</td><td>10～25</td><td rowspan="3">6</td></tr>
<tr><td>80</td><td rowspan="2">12～22</td><td>10～36</td></tr>
<tr><td>100</td><td rowspan="2">12～40</td></tr>
<tr><td>125</td><td>14～25</td><td>6,8</td></tr>
<tr><td>160</td><td>16～32</td><td>16～45</td><td rowspan="2">8,10</td></tr>
<tr><td>200</td><td>18～26</td><td rowspan="3">16～36</td></tr>
<tr><td>250</td><td>20～40</td><td>10,12</td></tr>
<tr><td>315</td><td>20～45</td><td>—</td></tr>
</table>

注：H 系列数值：
凹模板：10，12，14，16，18，20，22，25，28，32，36，40，45
固定板：10，12，16，20，25，32，36，40，45

附录 G1 导料板（JB/T 7648.5—1994）

mm

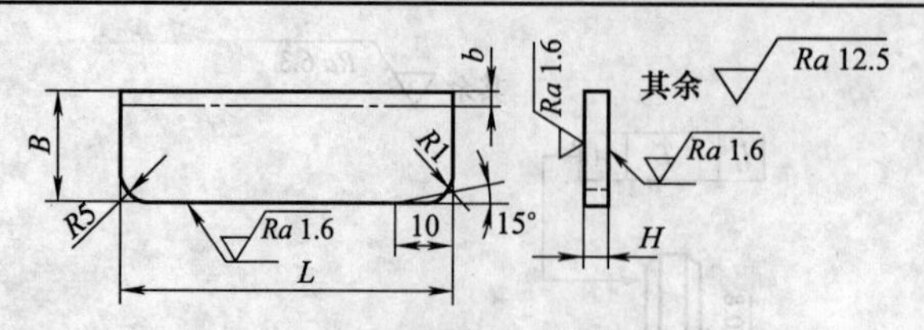

材料：45 钢，调质 28～32HRC

标记示例：

长度 $L=100$mm，宽度 $B=32$mm，厚度 $H=8$mm 的导料板：

导料板 100×32×8 JB/T 7648.5

B	L(选用尺寸)	H	B	L(选用尺寸)	H
16	50,63,71	4,6	40	315,400	8,10,12
20	50～160		45	100～400	
25	80～315	6,8	50	125～400	
32,36	80～160		56	200～400	10,12,15
	200	6,8,10	63	200,250	
	250,315	8,10		315	12,16
40	100～200	6,8,10		400	10,12,16
	250	8,10	71	250,400	12,16,18

注：1. L 系列数值：50，63，71，80，100，125，160，200，250，215，400。

2. b 是设计修正量。

附录 G2 承料板

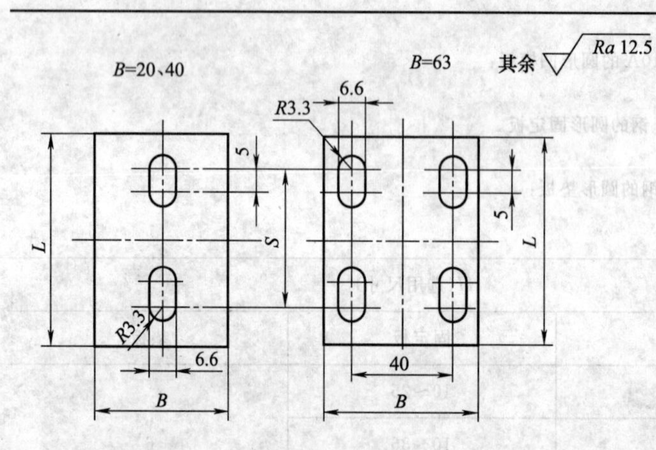

材料：Q235A F 钢

技术条件：按 JB/T 7653—1994 的规定

标记示例：

长度 $L=100$mm，宽度 $B=40$mm 的承料板：

承料板 100×40 JB/T 7648.6

L	B	H	S
50,63,80	20	2	$L-15$
100,125			
100,125	40		
160			140
200,250		3	$L-25$
160	63		140
200			175
250		4	225
315			285

附录 H1　固定挡料销

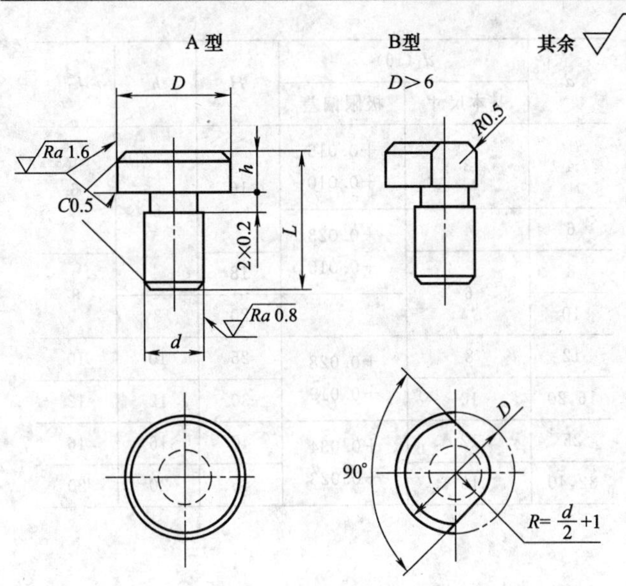

材料：45 钢，热处理硬度 43～48HRC

技术条件：按 JB/T 7653—1994 的规定

标记示例：

直径 d=10mm 的 A 型固定挡料销：

固定挡料销 A10 JB/T 7649.10

D(h11)		d(m6)		h	L
基本尺寸	极限偏差	基本尺寸	极限偏差		
6	0 −0.075	3	+0.008 +0.002	3	8
8	0 −0.090	4	+0.012 +0.004	2	10
10				3	13
16	0 −0.110	8	+0.015 +0.006	3	13
20		10			16
25	0 −0.130	12	+0.018 +0.007	4	20

附录 H2　始用挡料装置（JB/T 7649.1—1994）

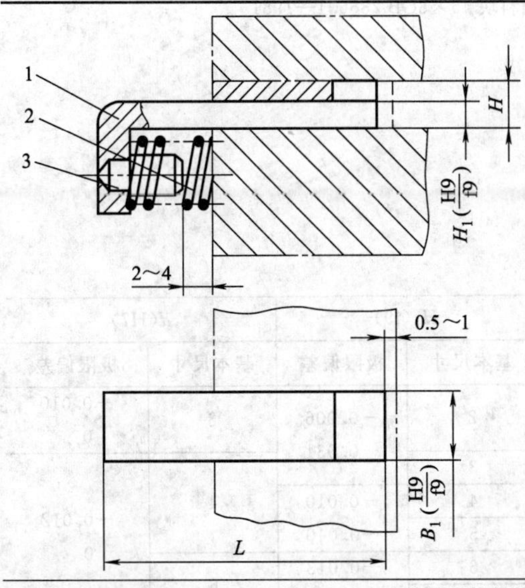

基本尺寸		零件号、名称、标准号、数量及规格		
		1	2	3
L	H	始用挡料销块 JB/T 7649.1	弹簧 GB/T 2089	弹簧芯柱 GB/T 7649.2
		数量各 1		
36～45	4	(36～45)×4	0.5×6×20	4×16
36～71	6	(36～71)×6		
45～71	8	(45～71)×8	0.8×8×20	6×16
50～80	10	(50～80)×10		
50～90	12	(50～90)×12	1.0×10×20	8×18
80,90	16	(80,90)×16		

注：1. 系列数值：36,40,45,50,56,63,71,80,90。

2. 使用挡料块规格为 $L\times H$。

标记示例：长度 L=45mm，厚度 H=8mm 的始用挡料装置；

始用挡料装置 45×8 JB/T 7649.1

附录 H3 弹簧芯柱（JB/T 7649.2—1994）

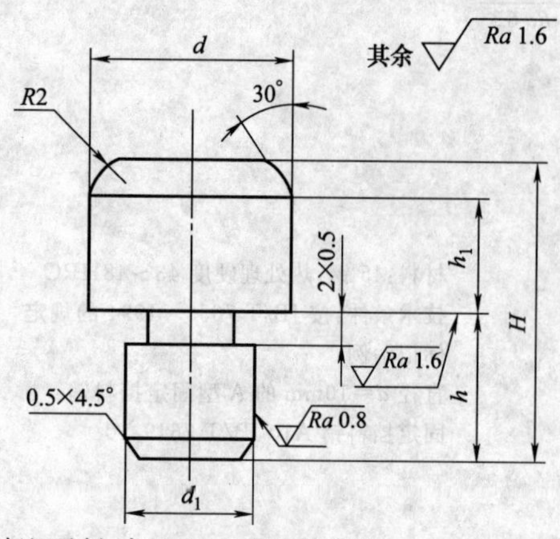

标记示例：直径 d=40 的弹簧芯柱：

弹簧芯柱 20 JB/T 7649.2

材料：Q235 A F

技术条件：按 JB/T 7653

d	d_1(r6)		H	h	h_1
	基本尺寸	极限偏差			
4	3	+0.016 +0.010	16	6	6
6	4	+0.023 +0.015			
8	6		18		8
10			20	8	
12	8	+0.028 +0.019	25	10	10
16,20	10		30	12	12
25	12	+0.034 +0.023	40	16	16
32,40	16		45	20	20

附录 H4 始用挡料块（GB 2866.1—1981）

mm

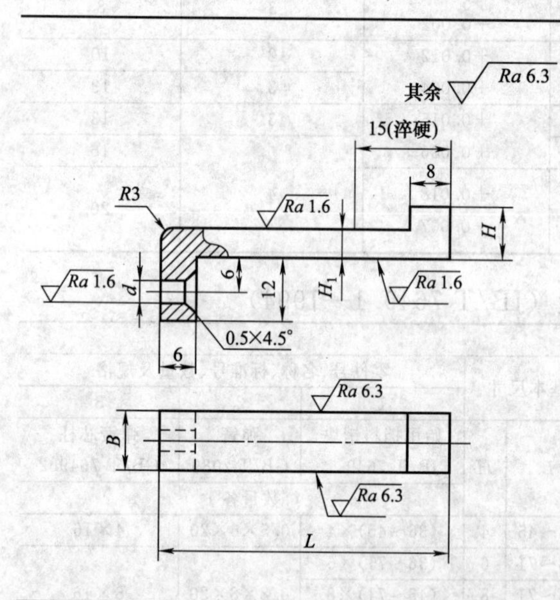

标记示例：长度 L=45mm，厚度 H=8mm 的始用挡料块：

挡料块 45×8GB 2866.1—1981

L	B(f9)		H(c12)		H_1(f9)		d(H7)	
	基本尺寸	极限偏差	基本尺寸	极限偏差	基本尺寸	极限偏差	基本尺寸	极限偏差
36～45	6	−0.010 −0.040	4	−0.070 −0.0190	2	−0.006 −0.031	3	+0.010 0
36～71			6		3			
45～71	8	−0.013 −0.049	8	−0.080 −0.032	4	−0.010 −0.040	4	+0.012 0
50～80	10		10		5			
50～90	12	−0.016 −0.059	12	−0.095 −0.275	6	−0.013 −0.049	6	
80,90	16		16		8			

注：L 系列数值：36，40，45，50，56，63，71，80，90。

附录 H5 弹簧弹顶挡料装置（JB/T 7649.5—1994）

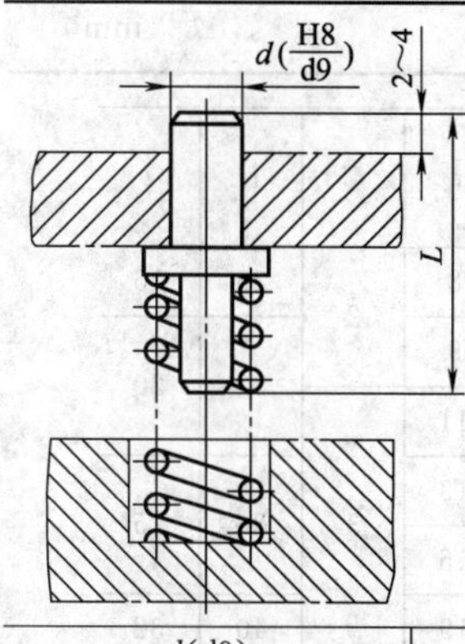

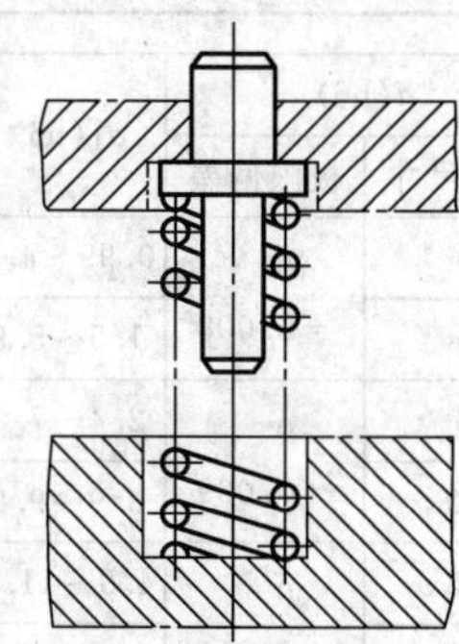

标记示例：

直径 d=6mm，长度 L=22mm 的弹簧弹顶挡料装置：

弹簧弹顶挡料装置 6×22 JB/T 7649.5

d(d9) 基本尺寸	d(d9) 极限偏差	d_1	d_2	L	l	弹簧规格 GB/T 2089
4	−0.030 −0.060	6	3.5	18,20	L−8	0.5×6×20
6		8	5.5	20,22	L−10	0.8×8×20
				24,26		0.8×8×30
8	−0.040 −0.070	10	7	24,26,28,30	L−12	1×10×30
10		12	8	26,28,30,32		1.6×16×40
12	−0.050 −0.093	14	10	34,36,40		1.6×16×40
16		18	14	36,40		2×20×40
				50	L−15	
20	−0.065 −0.117	23	15	50		
				55,60		2×20×50

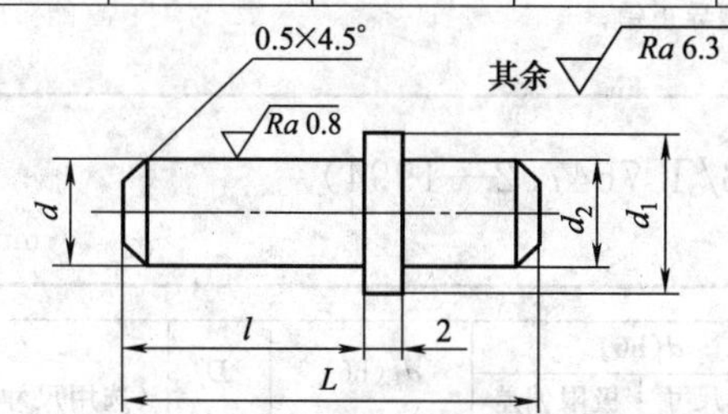

材料：45 钢，热处理硬度 43～48HRC

技术条件：按 JB/T 653—1994 的规定

标记示例：

直径 d=6mm，长度 L=22mm 的弹簧弹顶挡料销：

弹簧弹顶挡料销 6×22 JB/T 7649.5

附录 H6 活动挡料销（JB/T 7649.9—1994）

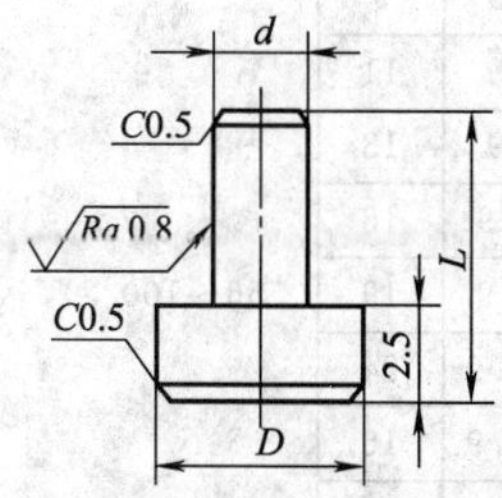

d(d9) 基本尺寸	d(d9) 极限尺寸	D	L
3	−0.020 −0.045	6	8～16(增量 2)
4	−0.030	8	8～18(增量 2)
6	−0.060	10	8,12～20(增量 2)
8	−0.040	14	10,16～24(增量 2)
10	−0.076	16	16,20

材料：45 钢，热处理硬度 43～48HRC

技术条件：按 JB/T 7653—1994 的规定

标记示例：

直径 d=6mm，长度 L=14mm 的活动挡料销：

活动挡料销 6×14 JB/T 7649.9

应用示例：

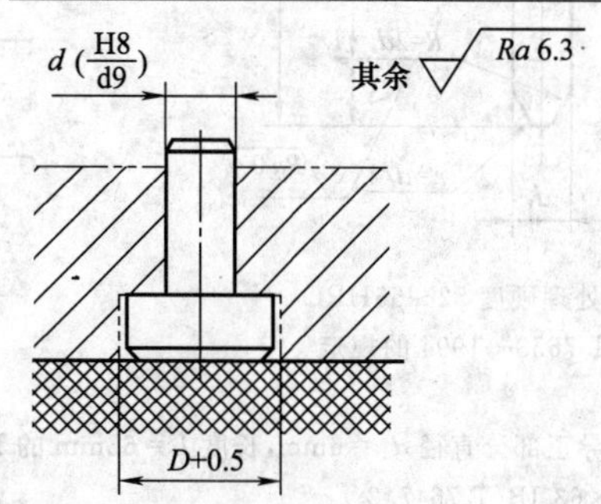

附录 I1 A型导正销（JB/T 7647.1—1994）

mm

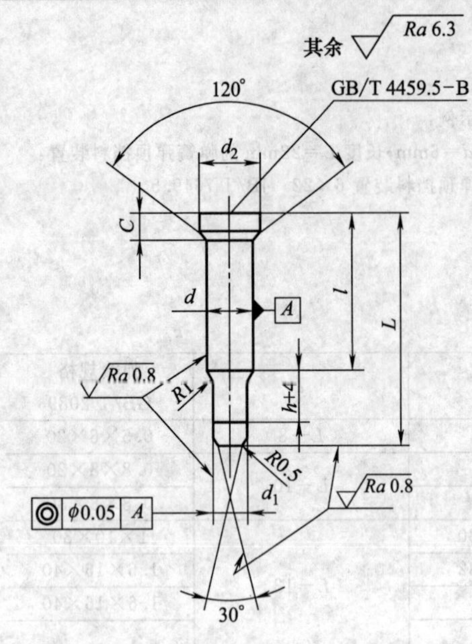

d(h6)		d_1(h6)	d_2	C	L	l
基本尺寸	极限偏差					
5	0 −0.008	0.99～4.9	8	2	25	16
6		1.5～5.9	9		32	20
8	0 −0.009	2.4～7.9	11			
10		3.9～9.9	13	3	36	25
13	0 −0.011	4.9～11.9	16			
16		7.9～15.9	19		40	32

注：h 尺寸设计时确定。

材料：T8A，热处理硬度 50～54HRC

技术条件：按 JB/T 7653—1994 的规定

标记示例：

杆直径 $d=6$mm，导正部分直径 $d_1=2$mm，长度 $L=32$mm 的 A 型导正销：

A 型导正销 6×2×32 JB/T 7647.1

附录 I2 B型导正销（JB/T 7647.2—1994）

mm

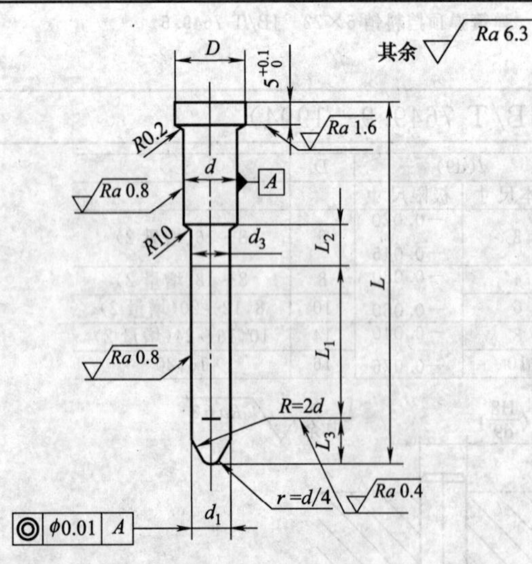

d(h6)		d_1(h6)	D	L （选用尺寸）
基本尺寸	极限偏差			
5	0 −0.008	0.99～4.9	8	56～90
6		1.5～5.9	9	
8	0 −0.009	2.4～7.9	11	
10		3.9～9.9	13	
13	0 −0.011	4.9～11.9	16	56～100
16		7.9～16.9	19	
20	0 −0.013	11.9～19.9	24	
25		15.0～24.9	16	
32	0 −0.016	19.9～31.9	36	

注：1. L 系列数值：56，63，71，80，90，100。

2. L_1、L_2、L_3、d_3 尺寸和头型由设计时决定。

材料：9Mn2V，热处理硬度 52～56HRC

技术条件：按 JB/T 7653—1994 的规定

标记示例：

杆直径 $d=8$mm，导正部分直径 $d_1=6$mm，长度 $L=63$mm 的 B 型导正销

B 型导正销 8×6×63 JB/T 7647.2

附录 I3 C型导正销(JB/T 7647.3—1994)

mm

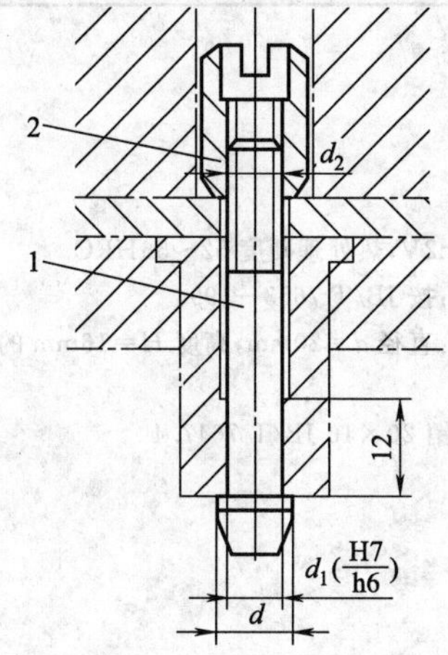

基本尺寸		零件件号、名称、标准编号、数量及编号	
		1	2
d	d_1	导正销 JB/T 7647.3	长螺母 JB/T 7647.3
		数量各 1	
4～6	4	4～6	M4
>6～8	5	>6～8	M5
>8～10	6	>8～10	M6
>10～12		>10～12	

标记示例:

杆直径 d=6.2mm,的 C 型导正销:C 型导正销 6.2 JB/T 7647.3

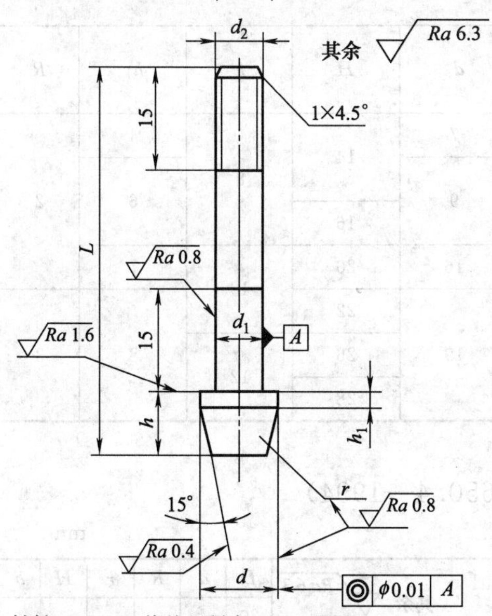

d(h6) 基本尺寸	d(h6) 极限偏差	d_1(h6) 基本尺寸	d_1(h6) 极限偏差	d_2	h	r	L(选用尺寸)
4～6	0 −0.008	4		M4	4	1	71～112
>6～8	0 −0.009	5		M5	5	1	71～125
>8～10		6		M6		2	
>10～12	0 −0.011				6		

注:1. L 系列数值:71,80,90,100,112,125。

2. h_1 的尺寸由设计时决定。

材料:9Mn2V,热处理硬度 52～56HRC

技术条件:按 JB/T 7653—1994 的规定

标记示例:

杆直径 d=6.2mm 的导正销:导正销 6.2 JB/T 7647.3。

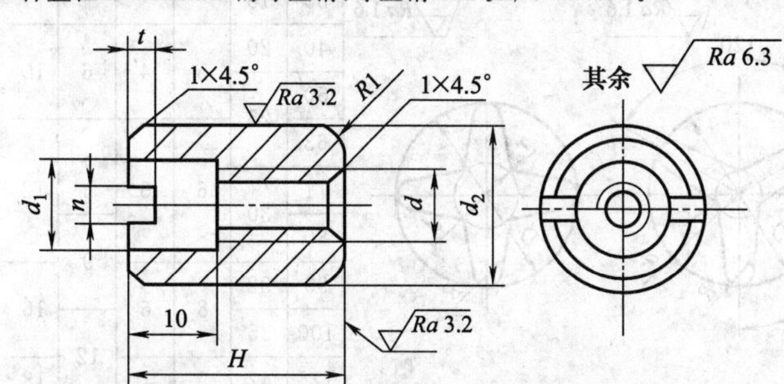

材料:45 钢,热处理硬度 43～48HRC

技术条件:按 JB/T 7653—1994 的规定

标记示例:

杆直径 d=M5 的长螺母:长螺母 M5 JB/T 7647.3

d	d_1	d_2	n	t	H
M4	4.5	8	1.2	2.5	16
M5	5.5	9			18
M6	6.5	11	1.5	3	20

附录 I4 D 型导正销

mm

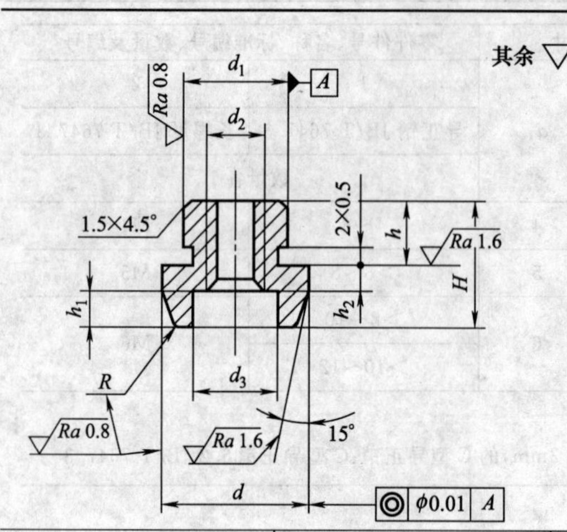

材料：9Mn2V，热处理硬度 52～56HRC

技术条件：按 JB/T 7653—1994

标记示例：直径 d=20mm，高度 H=16mm 的 D 型导正销：

D 型导正销 20×16 JB/T 7647.4

d(h6)		d_1(h6)		d_2	d_3	H	h	h_1	R
基本尺寸	极限偏差	基本尺寸	极限偏差						
12～14	0 −0.011	10	0 −0.009	M6	7	14	8	4	2
>14～18		12		M8	9			6	
>18～22	0 −0.013	14	0 −0.011			16			
22～26		16		M10	16	20	10	7	
>26～30		18		M12	19	22		8	3
>30～40	0 −0.016	22	0 −0.013			26	12		
>40～50		26				28			

注：h_2 由尺寸设计时确定。

附录 J1 顶板（JB/T 7650.4—1994）

mm

其余 Ra 6.3

A 型　B 型　C 型　D 型

材料：45 钢，热处理硬度 43～48HRC

技术条件：按 JB/T 7653—1994 的规定

标记示例：

直径 D=40mm 的 A 型顶板：

顶板　A40 JB/T 7650.4

D	d	R	r	H	b
20				4	8
25	15	4	3		
32	16			5	
35	18				
40	20	5	4	6	10
50	25				
63		6	5	7	12
71	30				
80				9	
90	32	8	6		16
100	35			12	
125	42	9	7		18
160	55	11	8	16	22
200	70	12	9	18	24

附录 J2 带肩推杆（JB/T 7650.1—1994）

A型

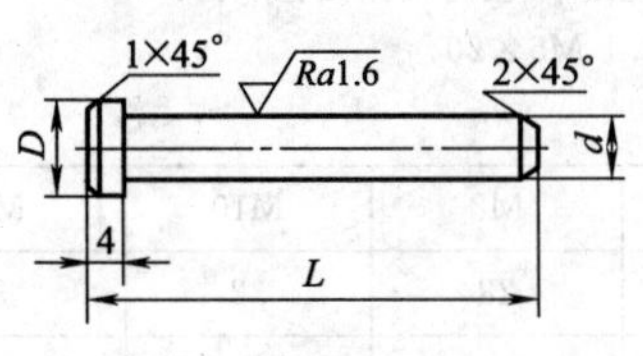

B型

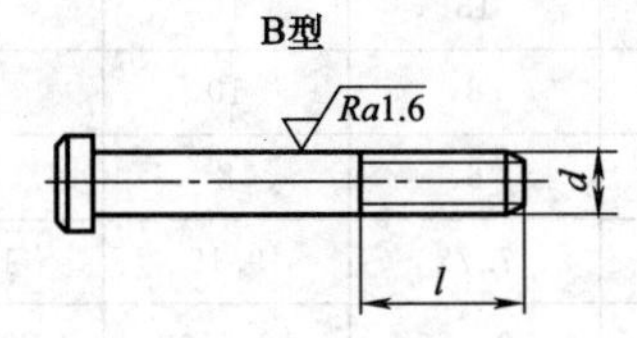

材料:45 钢,热处理硬度 43～48HRC

技术条件:按 JB/T 7653—1994 的规定

标记示例:

直径 d=8mm,长度 L=90mm 的带肩推杆:

推杆 A8×92 JB/T 7650.1

d A	d B	L	D	l	d A	d B	L	D	l
6	M6	40～60(增量 5),70	8	—	16	M16	80,90,100,110	20	—
		80～130(增量 10)		20			120～160(增量 10) 180,200,220		40
8	M8	50～70(增量 5),80	10	—	20	M20	90,100,110,120	24	—
		90～150(增量 10)		25			130,140,150 180～260(增量 20)		45
10	M10	60～80(增量 5),90	13	—	25	M25	100,110,120,130	30	—
		100～170(增量 10)		30			140,150 180～280(增量 20)		50
12	M12	70～90(增量 5),100	15	—					
		100～190(增量 10)		35					

附录 J3 顶杆（JB/T 7650.3—1994）

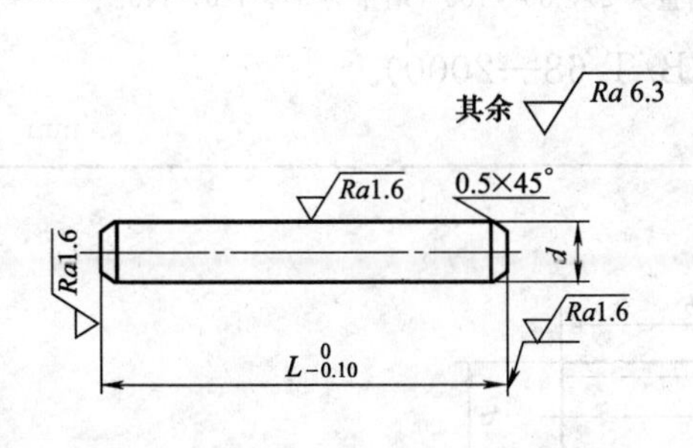

材料:45 钢,热处理硬度 43～48HRC

技术条件:按 JB/T 7653—1994 的规定

标记示例:

直径 d=8mm,长度 L=40mm 的顶杆:

顶杆 8×40 JB/T 7650.3

d 基本尺寸	d 极限偏差	L(选用尺寸)
4	−0.070 −0.145	15,20,…,30
6		20,25,…,45
8	−0.080 −0.170	25,30,…,60
10		30,35,…,75
12	−0.150 −0.260	35,40,…,100
16		50,55,…,130
20	−0.160 −0.290	60,65,…,130,140,150,160

注：1. L≤130 时，增量为 5。

2. d≤10mm 时，极限偏差为 c11。

3. d>10mm 时，极限偏差为 b11。

附录 K1 内六角圆柱螺钉（GB/T 70.1—2000）

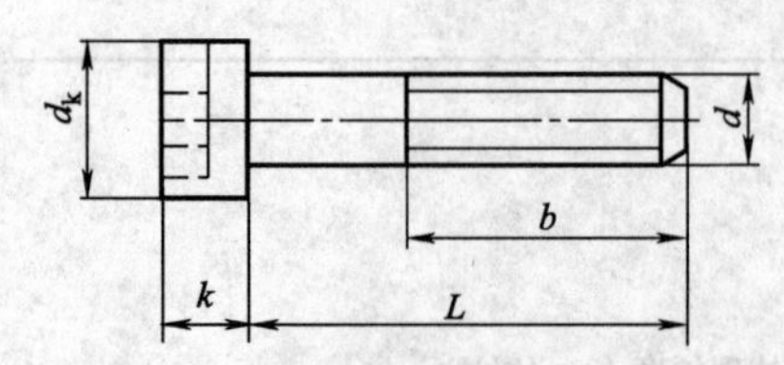

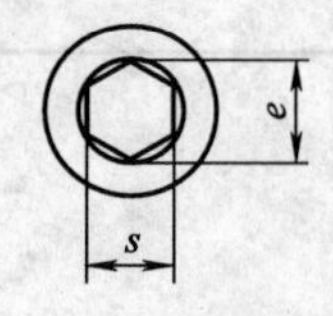

标记示例：

螺纹规格 d=M5，公称长度 L=20mm，性能等级 8.8 级，表面氧化的 A 级内六角圆柱螺钉：

GB/T 70.1 M5×20

螺纹规格 d	M4	M5	M6	M8	M10	M12
b(参考)	20	22	24	28	32	36
d_k(max)	7	8.5	10	13	16	18
k(max)	4	5	6	8	10	12
s	3	4	5	6	8	10
e	3.44	4.58	5.72	7.78	9.15	11.43
商品规格长度 L	6～40	8～50	10～60	12～80	16～100	20～120

注：1. d=M4～M12 范围内，商品规格长度 L 尺寸系列：6，8，10，12，20～70（增量为 5），80～120（增量为 10）。

2. 材料 35 钢，热处理硬度 28～38HRC。

附录 K2 销钉规格（GB/T 119.2—2000）

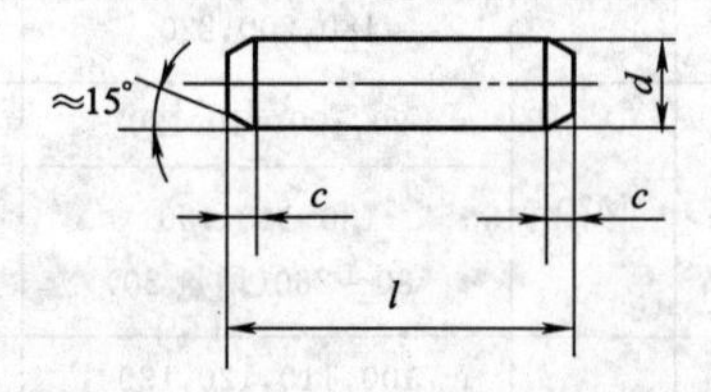

标记示例：

公称直径 d=6mm，公差 m6，公称长度 L=30mm，材料为 A1 组奥氏体不锈钢（表面简单处理）的圆柱销：

销 GB/T 119.2 6m6×30-A1

d(m6/h8,m6)	2	2.5	3	4	5	6	8	10	12
c≈	0.35	0.4	0.5	0.63	0.8	1.2	1.6	2	2.5
商品规格 l	6～20	6～24	8～30	8～40	10～50	12～60	14～80	18～95	22～140

注：d=2～12 范围内，商品规格 l 尺寸系列为：5，6～32（增量为 2），35～100（增量为 5），120，140。

附录 K3 沉头螺钉（GB/T 68—2000）

mm

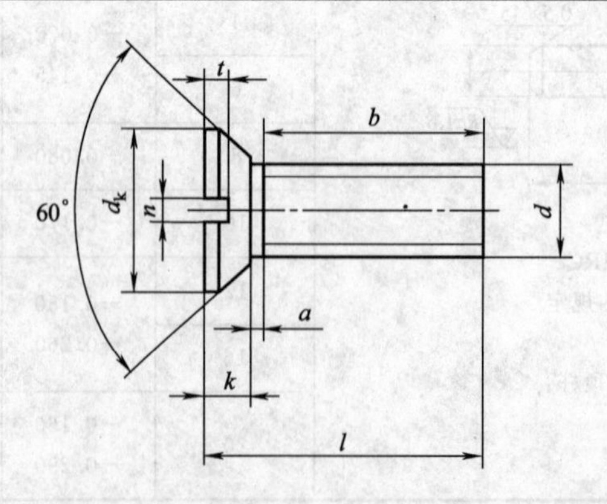

螺纹规格 d	M4	M5	M6	M8	M10
P 螺距	0.7	0.8	1	1.25	1.5

续表

螺纹规格	M4	M5	M6	M8	M10
a_{max}	1.4	1.6	2	2.5	3
b_{min}	38	38	38	38	38
d_k	8.40	9.30	11.30	15.80	18.30
k	2.7	2.7	3.3	4.65	5
n	1.51	1.51	1.91	2.31	2.81
t	1.3	1.4	1.6	2.3	2.6
l	6～40	8～50	8～60	10～80	12～80

附录 L1　圆柱头卸料螺钉（JB/T 7650.5—1994）

mm

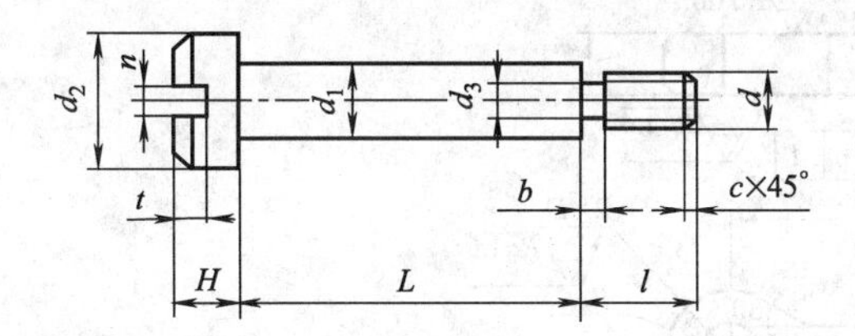

材料：45 钢，热处理硬度 35～40HRC

技术条件：按 JB/T 3098.3—2000 的规定

标记示例：

直径 d=M10，长度 L=50mm 的圆柱头卸料螺钉：

圆柱头卸料螺钉：M10×50 JB/T 7650.5

d	d_1	l	d_2	H	t	n	d_3	c	b	L(选用尺寸)
M3	4	5	7	3	1.4	1	2.2	0.6	1	20～35
M4	5	5.5	8.5	3.5	1.7	1.2	3	0.8	1.5	20～40
M5	6	6	10	4	2	1.5	4	1	1.5	25～50
M6	8	7	12.5	5	2.5	2	4.5	1.2	2	25～70
M8	10	8	15	6	3	2.5	6.2	1.5	2	30～80
M10	12	10	18	7	3.5	3	7.8	2	2	35～80
M12	16	14	24	9	3.5	3	9.5	2	3	40～100

注：L 系列数值：20，22，25，28，30，32，35，38，40，42，45，48，50，55，60，65，70，75，80，90，100。

附录 L2　圆柱头内六角卸料螺钉（JB/T 7650.6—1994）

mm

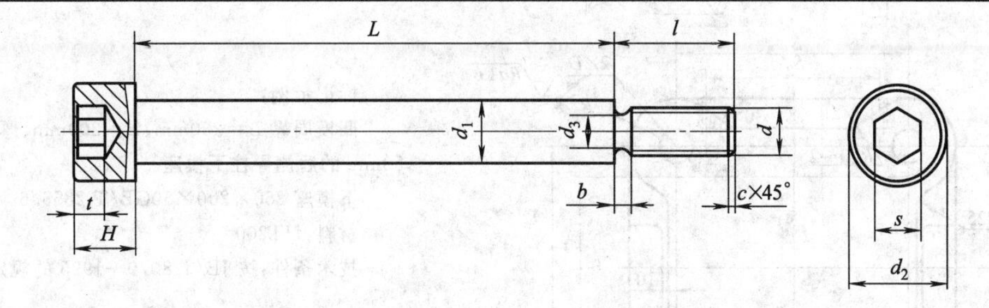

材料：45 钢，热处理硬度 35～40HRC

技术条件：按 JB/T 3098.3—2000 的规定

标记示例：

直径 d=M10，长度 L=50mm 的圆柱头内六角卸料螺钉：

圆柱头内六角卸料螺钉：M10×50 JB/T 7650.6

续表

d	d_1	l	d_2	H	t	s	d_3	c	b	L(选用尺寸)
M6	8	7	12.5	8	4	5	4.5	1	2	20～35
M8	10	8	15	10	5	6	6.2	1.2	2	20～40
M10	12	10	18	12	6	8	7.8	1.5	3	25～50
M12	16	14	24	16	8	10	9.5	1.8	4	25～70
M16	20	20	30	20	10	14	13	2	4	30～80
M20	24	26	36	24	12	17	16.5	2.5	4	35～80

注：L 系列数值：35，40，42，45，…，70（增量值为5），80，90，…，160（增量值为5），180，200。

附录 M1　后侧导柱模座

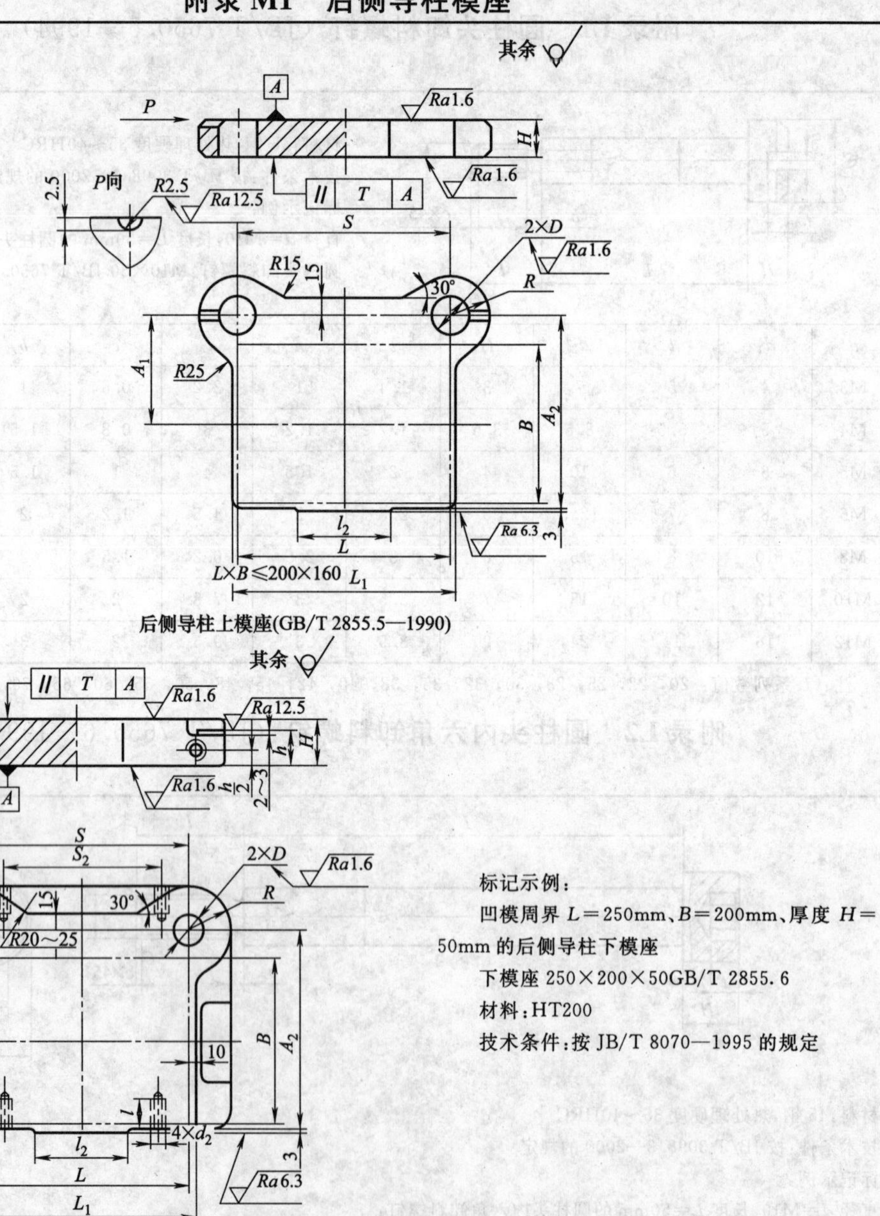

后侧导柱上模座(GB/T 2855.5—1990)

后侧导柱下模座(GB/T 2855.6—1990)

标记示例：

凹模周界 $L=250$mm、$B=200$mm、厚度 $H=50$mm 的后侧导柱下模座

下模座 250×200×50GB/T 2855.6

材料：HT200

技术条件：按 JB/T 8070—1995 的规定

续表

凹模周界		H		h		L_1	S	A_1	A_2	R	l_2	上模座 D(H7)		下模座 D(R7)		d_2	l	S_2
L	B	上模座	下模座	上模座	下模座							基本尺寸	极限偏差	基本尺寸	极限偏差			
63	50	20,25	25,30	—	20	70	70	45	75	25	40	25	+0.021 0	16	−0.016 −0.034	—	—	—
63	63					70	70	50	85									
80		25,30	30,40			90	94			28		28		18				
100						110	116											
80	80					90	94	65	110	32	60	32		20				
100						110	116											
125					25	130	130											
100	100					110	116	75	130									
125		30,35	35,40			130	130			35		35		22				
160		35,40	40,50		30	170	170			38	80	38		25	−0.020 −0.041			
200						210	210											
125	125	30,35	35,45		25	130	130	85	150	35	60	35	+0.025 0	22				
160		35,40	40,50		30	170	170			38	80	38		25				
200						210	210											
250		40,45	45,55		35	260	250			42	100	42		28				
160	160					170	170	110	195		80							
200						210	210											
250						260	250				100					M14 -6H	28	150
200	200	45,50	50,60	30	40	210	210	130	235	45	80	45		32				120
250						260	250								−0.025 −0.050			150
315			55,65			325	305			50	100	50		35				200
250	250					260	250									M16 -6H	32	140
315		50,55	60,70	35	45	325	305	160	290	55		55	+0.030 0	40				200
400						410	390											280

注：1. 压板台的形状和平面尺寸由制造厂决定。

2. 安装 B 型导柱时，下模座 D（R7）改为 D（H7）。

M2 中间导柱模座

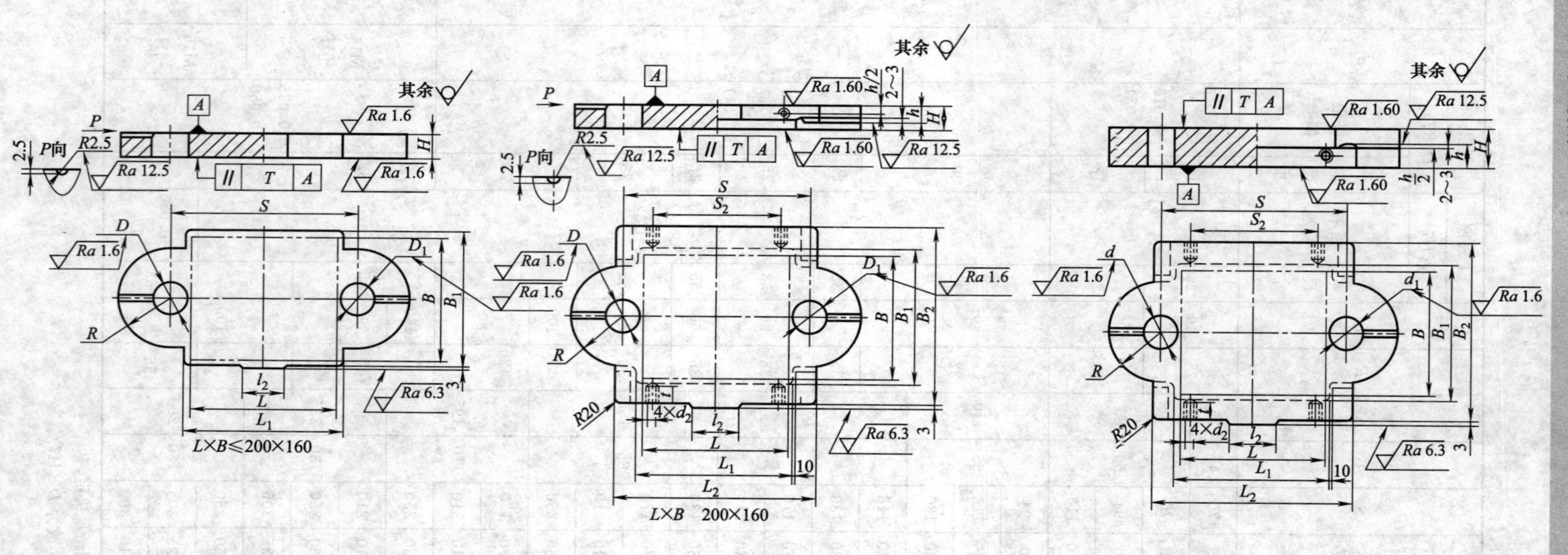

标记示例：

凹模周界：D_0＝200mm，厚度 H＝45mm 的中间导柱圆形上模座

上模座：160×45　GB/T 2855.11—1990

材料：HT200　GB/T 9436—1988

标记示例：

凹模周界　L＝250mm，B＝200mm，厚度 H＝60mm 的对角导柱下模座

下模座：250×200×60　GB/T 2855.2—1990

材料：HT200　GB/T 9436—1988

续表

凹模周界		H		h		L_1	B_1	L_2		B_2		S	R	l_2	上模座				下模座				d_2	t	S_2
L	B	上模座	下模座	上模座	上模座			上模座	下模座	上模座	上模座				基本尺寸	极限偏差	基本尺寸	极限偏差	基本尺寸	极限偏差	基本尺寸	极限偏差			
63	50	20,25	25,30	—	20	70	60	—	125	—	100	100	28	40	25	+0.0210	28	+0.021	16	−0.016 −0.034	18	−0.016 −0.034	—	—	—
63	63 80	25,30	30,40			70	70		130		110														
80						90			150		120	120	32	60	28		32	+0.025	18		20	−0.020 −0.041			
100						110			170			140													
80						90	90		150		140	125	35		32	+0.0250	35		20	−0.020 −0.044	22				
100						110			170			145													
125					25	130			200			170													
100	100					110	110		180		160	145													
125		30,35	35,45			130			200			170	38		35		38		22		25				
160		35,40	40,50		30	170			240			210	42	80	38		42		25		28				
200						210			280			250													
125	125	30,40	35,45		25	130	130		200		190	170	38	60	35		38		22		25				
160		35,40	40,50		30	170			250			210	42	80	38		42		25		28				
200		40,45	40,55			210			290			250													
250			45,55		35	260			340			305	45	100	42		45		28		32				
160	160					170	170		270		230	215		80											
200		45,50				210			310			255										−0.025			

续表

凹模周界		H		h		L_1	B_1	L_2		B_2		S	R	l_2	上模座				下模座				d_2	t	S_2
L	B	上模座	下模座	上模座	上模座			上模座	下模座	上模座	上模座				基本尺寸	极限偏差	基本尺寸	极限偏差	基本尺寸	极限偏差	基本尺寸	极限偏差			
250	160	65,60				260	170	360		230		310		100											21 0
200			50,60		40	210		320				260	50	80	45		50	+ 0.0250	32		35				17 0
250	200			30		260	210	370		270		310				+ 0.0250							M14-6H	28	21 0
315		45,50				325		435				380								−0.025 −0.050					26 0
250			55,65			360		380				315	55	100	50		55		35		40				21 0
315	250				45	325	260	445		330		385						+ 0.0300					M16-6H	32	26 0
400		50,55	60,70	35		410		540				470	60		55	+ 0.0300	60		40		45				34 0

附录 M3 _ 表 1　中间导柱圆形模架上模座

mm

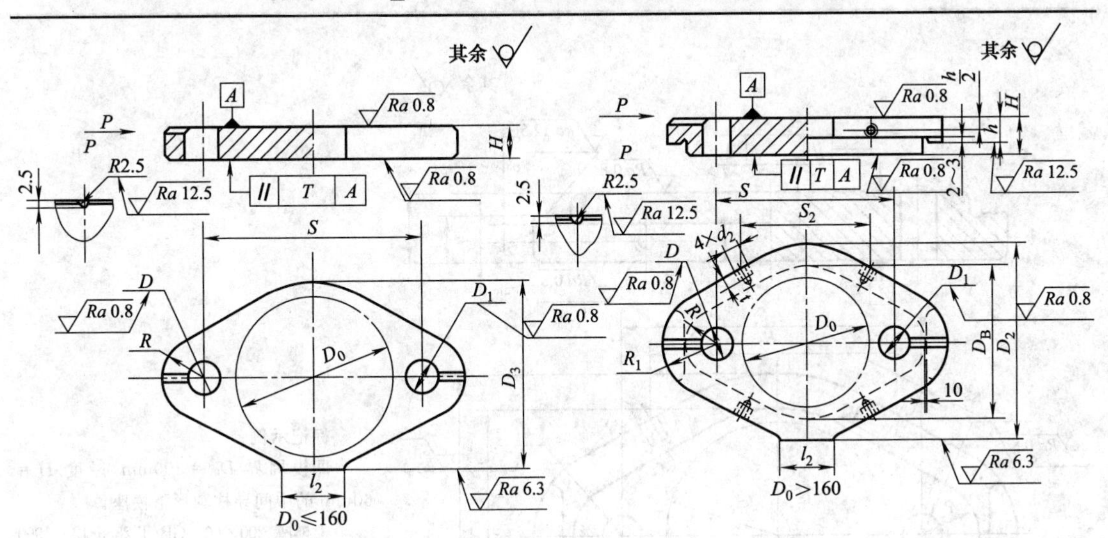

标记示例：

凹模周界 $D_0=200$mm，厚度 $H=45$mm 的中间导柱圆形上模座。

上模座 160×45　GB/T 2855.11—1990

材料：HT200　GB/T 9436—1988

凹模周界 D_0	H	h	D_B	D_2	S	R	R_1	l_2	D(H7) 基本尺寸	D(H7) 极限偏差	D_1(H7) 基本尺寸	D_1(H7) 极限偏差	d_2	t	S_2
63	20	—	70	—	100	28	—	50	25	+0.021 0	28	+0.021 0	—	—	—
	25														
80	25		70		125	35		60	32		35				
	30														
100	25		90		145										
	30														
125	30		110		170	38		80	35		38	+0.025 0			
	35														
160	40		130		215	45			42	+0.025 0	45				
	45														
200	45	30	110	280	260	50	85		45		50		M14-6H	28	180
	50														
250	45		130	340	315	55	95		50		55		M16-6H	32	220
	50														
315	50	35	110	425	390	65	115	100	60		65				280
	55														
400	55	35	410	510	475	65	115		60	+0.030 0	65	+0.030 0	M20-6H	40	380
	60														
500	55	40	510	620	580	70	125		65		70				480
	65														
630	60		640	758	720	76	135		70		76				600
	75														

注：压板台的形状和平面尺寸由制造厂决定。

附录 M3_表 2　中间导柱圆形模架下模座

mm

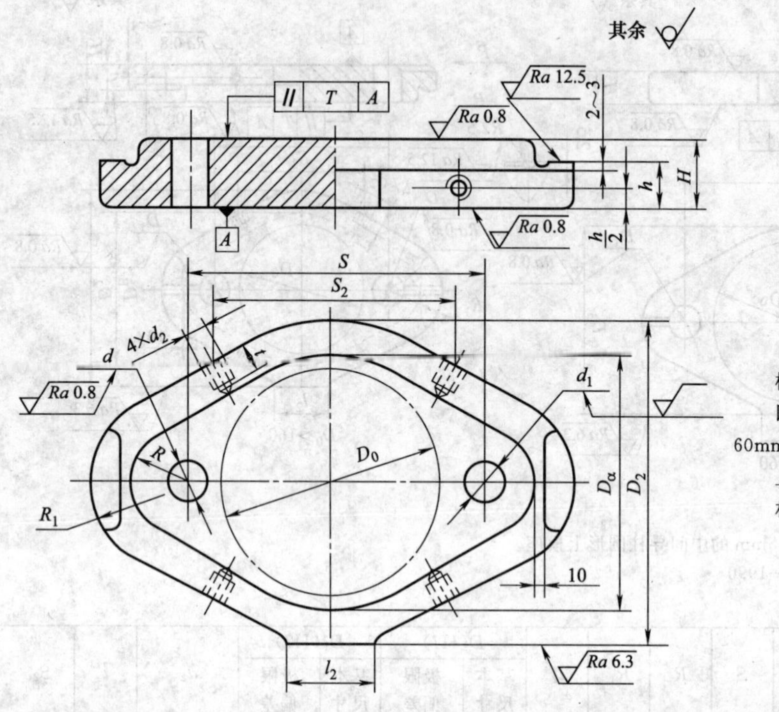

标记示例：

凹模周界 $D_0=200$mm，厚度 $H=60$mm 的中间导柱圆形下模座。

上模座：200×60　GB/T 2855.12—1990

材料：HT200　GB/T 9436—1988

凹模周界 D_0	H	h	D_α	D_2	S	R	R_1	l_2	d(H7) 基本尺寸	d(H7) 极限偏差	d_1(H7) 基本尺寸	d_1(H7) 极限偏差	d_2	t	S_2
63	25 30		70	102	100	28	44	50	16	−0.016 −0.034	18	−0.016 −0.034			
80	30 40	20	90	136	125	35	58	60	20		22				
100	30 40		110	160	145		60			−0.020 −0.041		+0.020 −0.041	—	—	—
125	35 40	25	130	190	170	38	68	80	22		25				
160	45 55	35	170	240	215	45	80		28	+0.020 −0.041	32				
200	50 60	40	210	280	260	50	85		32		32				180
250	55 65		260	340	315	55	95		35		40	−0.025 −0.050	M14-6H	28	220
315	60 70		325	425	390	65	115		45	−0.025 −0.050	50		M16-6H	32	280
400	65 75	45	410	510	475	65		100							380
500	65 80		510	620	580	70	125		50		55		M20-6H	40	480
630	70 90		640	758	720	76	135		55	−0.030 −0.060	76	−0.030 −0.060			600

注：压板台的形状和平面尺寸由制造厂决定。

附录 M4 表 1　对角导柱模架上模座

mm

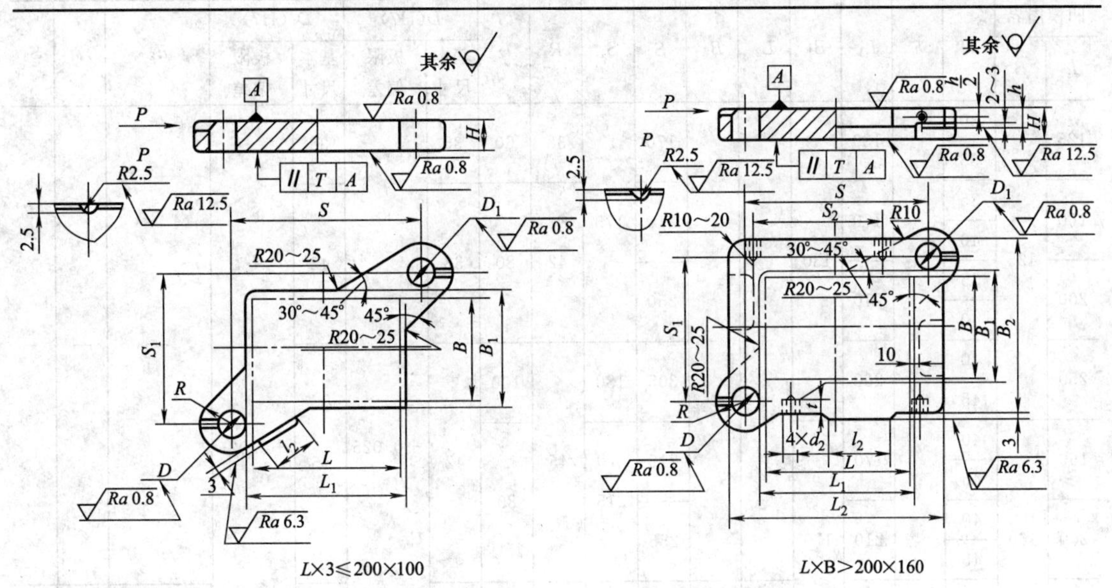

标记示例：凹模周界 L=200mm，B=160mm，厚度 H=45mm 的对角导柱上模座：

上模座 200×160×45　GB/T 2855.1—1990

材料：HT200　GB/T 9436—1988

凹模周界 L	凹模周界 B	H	h	L_1	B_1	L_2	B_2	S	S_1	R	l_2	D(H7) 基本尺寸	D(H7) 极限偏差	D_1(H7) 基本尺寸	D_1(H7) 极限偏差	d_2	t	S_2
63	50	20		70	60			100	85	28	40	25	+0.021 0	28	+0.021 0			
		25																
63	63	20		70	70				95									
		25																
80		25		90				120	105	32		23		32				
		30																
100		25		110				140										
		30																
80	80	25		130	90			125	125	35	60	32	+0.025 0	35	+0.025 0			
		30																
100		25		110		—	—	145								—	—	—
		30																
125		25		130				170										
		30																
100	100	25		110	110			145	145	38		35		38				
		30																
125		30		130				170										
		35																
160		35		170				210	150	42	80	38		42				
		40																
200		35		210				250										
		40																

续表

凹模周界		H	h	L_1	B_1	L_2	B_2	S	S_1	R	l_2	D(H7)		D_1(H7)		d_2	t	S_2
L	B											基本尺寸	极限偏差	基本尺寸	极限偏差			
125		30 35		130				170		38	60	35		38				
160	125	35 40		170	130			210	175	42	80	38		42				
200		35 40	—	210		—	—	250								—	—	—
250		40 45		260				305	180		100							
160		40 45		170				215	215	45	80	42	+0.025 0	45	+0.025 0			
200	160	40 45		210	170			255										
250		45 50		260		360	230	310	220		100							210
200		45 50		210		320		260	260	50	80	45		50		M14-6H	28	180
250	200	45 50	30	260	210	370	270	310										220
315		45 50		325		435		380	265	55		50		55				280
250		45 50		260		380		315	315									210
315	250	50 55		325	260	445	330	385	320	60		55		60		M16-6H	32	290
400		50 55	35	410		540		470										350
315		50 55		325		460		390			100		+0.030 0		+0.030 0			280
400	315	55 60		410	325	550	400	475	390	65		60		65				340
500		55 60		510		655		575								M20-6H	40	460
400	400	55 60	40	410	410	560	490	475	475									370
630		55 65		640		780		710	480	70		65		70				580
500	500	55 65		510	510	650	590	580	580									460

附录 M4 表 2　对角导柱模架下模座

mm

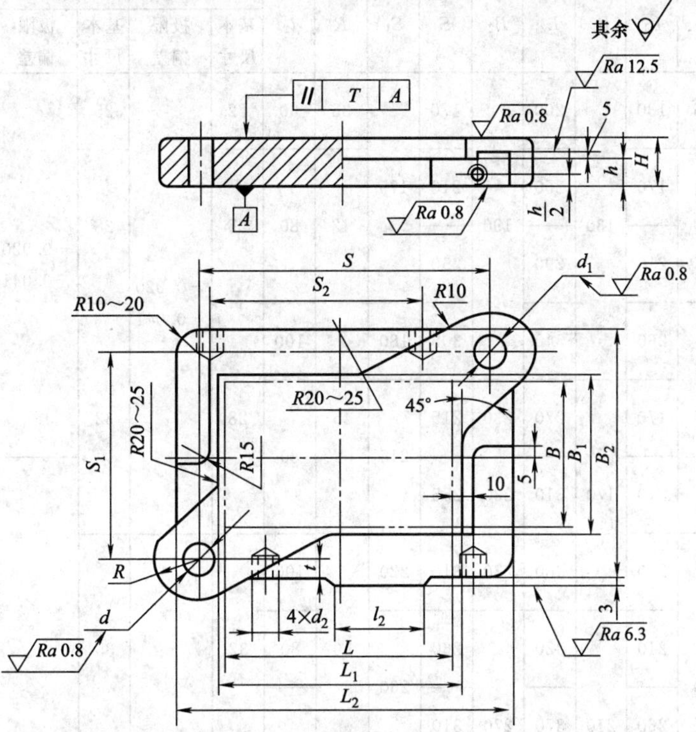

标记示例：

凹模周界　L=250mm，B=200mm，厚度 H=60mm 的对角导柱下模座。

下模座　250×200×60　GB/T 2855.2—1990

材料：HT200　GB/T 9436—1988

凹模周界		H	h	L_1	B_1	L_2	B_2	S	S_1	R	l_2	D(H7)		D_1(H7)		d_2	t	S_2
L	B											基本尺寸	极限偏差	基本尺寸	极限偏差			
63	50	25	20	70	60	125	100	100	85	28	40	16	−0.016 −0.034	18	−0.016 −0.034	—	—	—
		30																
63	63	25		70	70	130	110		95									
		30																
80		30		90		150	120	120	105	32	60	18		20	−0.020 −0.041			
		40																
100		30		110		170		140										
		40																
80	80	30		130	90	150	140	125	125	35		20	−0.020 −0.041	22				
		40																
100		30		110		170		145										
		40	25															
125		30		130		200		170										
		40																
100	100	30		110	110	180	160	145	145									
		40																
125		35		130		200		170		38		22		25				
		45																
160		40	30	170		240		210	150	42	80	25		28				
		50																
200		45		210		280		250										
		50																

续表

凹模周界 L	凹模周界 B	H	h	L_1	B_1	L_2	B_2	S	S_1	R	l_2	D(H7) 基本尺寸	D(H7) 极限偏差	D_1(H7) 基本尺寸	D_1(H7) 极限偏差	d_2	t	S_2
125		35 45	25	130		200		170		38	60	22		25				
160	125	40 50	30	170	130	250	190	210	175	42	80	25		28				
200		40 50		210		290		250					−0.020 −0.041		−0.020 −0.041			
250		45 55		260		340		305	180		100					—	—	—
160		45 55	35	170		270	230	215	215	45	80	28		32				
200	160	45 50		210	170	310	230	255										
250		50 60		260		360	230	310	220		100							210
200		50 60	40	210		320		260	260	50	80	32		35		M14-6H	28	180
250	200	50 60		260	210	370	270	310										220
315		55 65		325		435		380	265	55		35		40				280
250		55 65		260		380		315	315						−0.025 −0.050			210
315	250	60 70		325	260	445	330	385	320	60		40		45		M16-6H	32	290
400		60 70		410		540		470					−0.025 −0.050					350
315		60 70		325		460		390			100							280
400	315	65 75	45	410	325	550	400	475	390	65		45		50				340
500		65 75		510		655		575								M20-6H	40	460
400	400	65 75		410	410	560	490	475	475									370
630		65 80		640		780		710	480	70		50		55	−0.030 −0.060			580
500	500	65 80		510	510	650	590	580	580									460

注：1. 上模座与下模座压板台的形状与尺寸由制造厂决定。

2. 下模座安装 B 型导套时，d（R7）、d_1（R7）改为 d（H7）、d_1（H7）。

附录 M5　导柱

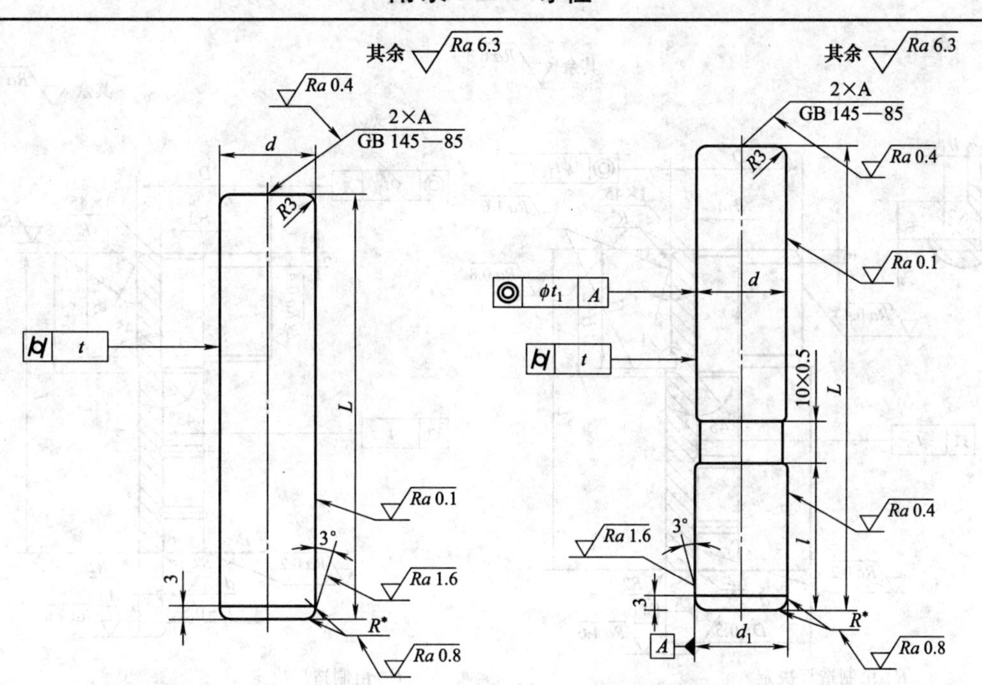

R^* 由制造厂决定。

A 型导柱(GB/T 2861.1—1990)

R^* 由制造厂决定。

B 型导柱(GB/T 2861.2—1990)

基本尺寸 (d、d_{1B})	极限偏差 d h5	极限偏差 d h6	极限偏差 d_{1B} r6	L	l_B
16	0 −0.008	0 −0.011	+0.034 +0.023	90,100	25
				100,110	30
18				90,100	25
				100,110,120	30
				110,130	40
20	0 −0.009	0 −0.013	+0.041 +0.028	100,120	30
				120	35
				110,130	40
22				100,120	30
				110,120,130	35
				110,130	40
				130,150	45
25				130,150	35
				110,130	40
	0 −0.011	0 −0.016	+0.050 +0.034	130,150	45
				150,160,180	50
28				130,150	40
				150,170	45
				150,160,180	50
				180,200	55
32				150,170	45
				160,190	50
				180,210	55
				190,210	60

基本尺寸 (d、d_{1B})	极限偏差 d h5	极限偏差 d h6	极限偏差 d_{1B} r5	L	l_B
35	0 −0.011	0 −0.016	+0.050 +0.034	160,190	50
				180,190,210	55
				190,210	60
				200,230	65
40				180,210	55
				190,200,210,230	60
				200,230	65
				230,260	70
45				200,230	60
				200,230,260	65
				230,260	70
				260,290	75
50				200,230	60
				220～270(增量 10)	65
				230,260	70
				260,290	75
				250,270,280,300	80
55	0 −0.013	0 −0.019	+0.060 +0.041	220,240,250,270	65
				250,280	70
				250,280	75
				250,270,280,300	80
				290,320	90
60				250,280	70
				290,320	90

注：表中字母 d_1、l 的下标 B 为编者所加，仅表示为 B 型导柱参数。

附录 M6　导套

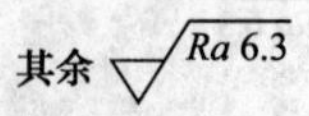

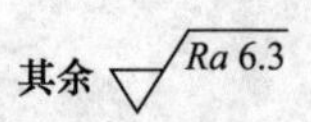

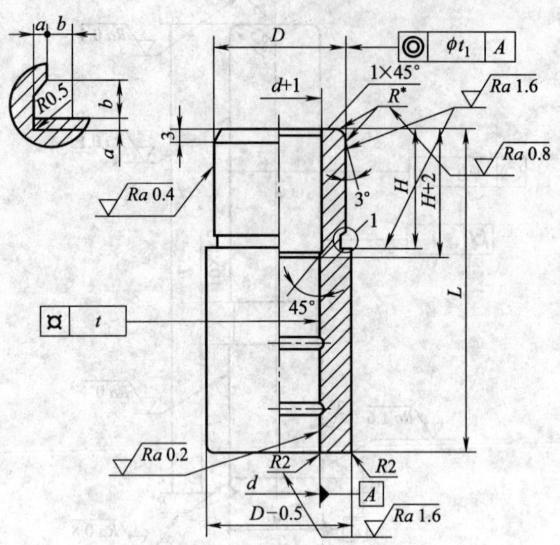

R^* 由制造厂决定

A 型导套(GB/T 2861.6—1990)

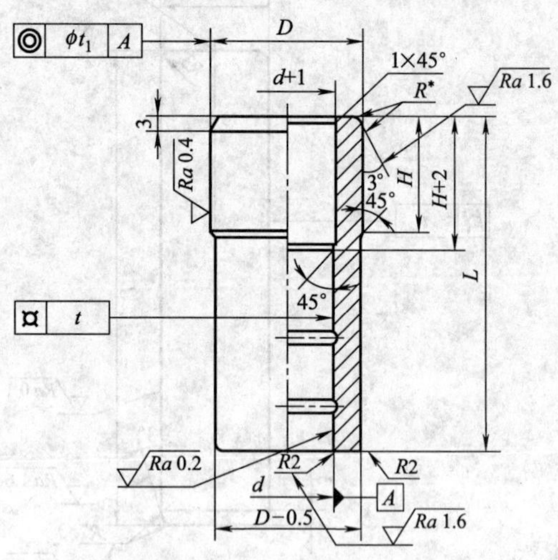

R^* 由制造厂决定

B 型导套(GB/T 2861.7—1990)

d 基本尺寸	d 极限偏差 (H6)	d 极限偏差 (H7)	D(r6) 基本尺寸	D(r6) 极限偏差	L A 型	L B 型	H A 型	H B 型	b_A	a_A
16	+0.011 0	+0.018 0	25	+0.041 +0.028	—	40	—	18	2	0.5
					60,65		18,23			
18			28		—	40,45	—	18,23		
					60,65,70		18,23,28			
20	+0.013 0	+0.021 0	32	+0.050 +0.034	—	45,50	—	23,25	3	1
					65,70		23,28			
22			35		—	50,55	—	25,27		
					65,70		23,28			
25					80		28,33	33		
					85		33	38		
			38		—	55,60	—	27,30		
					80	—	28	—		
28					80,85		33			
					90,95		38			
			42		—	60,65	30			
					85		33			
					90,95,100		38			
					110		43			

续表

d			D(r6)		L		H		b_A	a_A
基本尺寸	极限偏差		基本尺寸	极限偏差						
	(H6)	(H7)			A型	B型	A型	B型		
32			45		—	65,70	—	30,33		
					100		38			
					105,110		43			
					115		48			
35	+0.016 0	+0.025 0	50	+0.060 +0.041	—	70	—	33		
					105,115	105	43			
					115,125		48			
40			55		115,125,140		43,48,53			
45			60		125,140,150		48,53,58			
50			65		125,140		48,53			
					150		53,58	58		
					160		63			
55	+0.019 0	+0.030 0	70	+0.062 +0.043	150		53			
					160		58,63	63		
					170		73			
60			76		160,170		58,73			

注：同一行参数中标注相同个数的数字，其数值一一对应。

附录 N1 压入式模柄（JB/T 7646.1—1994）

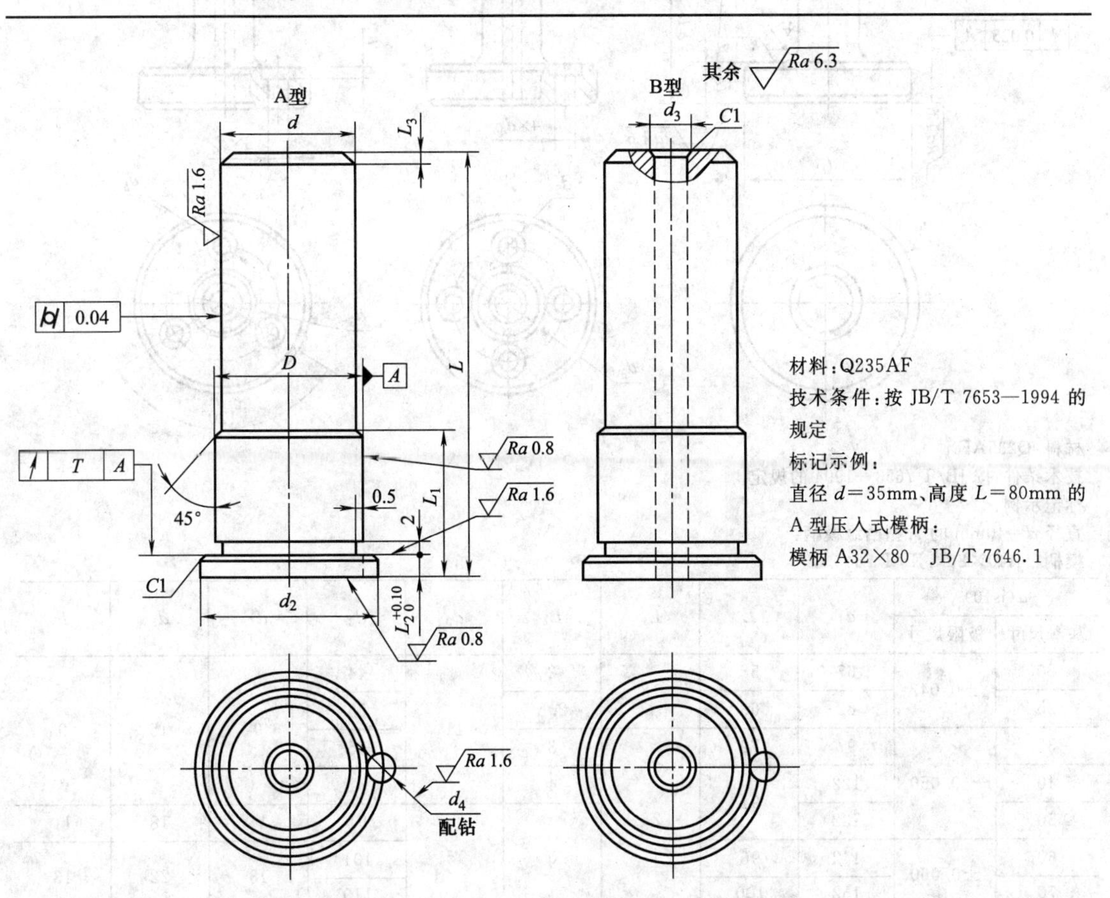

材料：Q235AF

技术条件：按 JB/T 7653—1994 的规定

标记示例：

直径 $d=35$mm、高度 $L=80$mm 的 A 型压入式模柄：

模柄 A32×80 JB/T 7646.1

续表

d(js10)		d_1(m6)		d_2	L	L_1	L_2	L_3	d_3	d_4(H7)	
基本尺寸	极限尺寸	基本尺寸	极限尺寸							基本尺寸	极限尺寸
20	±0.042	22	+0.021 +0.008	29	60～70	$L-40$	4	2	7	6	+0.012 0
25		26		33	65～80	$L-45$		2.5			
30	±0.050	32	+0.025 +0.009	39	80～95	$L-55$	5	3	11		
32		34		42							
40		42		50	100～120	$L-70$	6	4			
50		52	+0.003 +0.011	61	105～130	$L-70$	8	5	15	8	+0.015 0
60	±0.060	62		71	115～145	$L-75$					

注：L 系列数值：60，65，…，145（增量 5）。

附录 N2 凸缘模柄（JB/T 7646.3—1994）

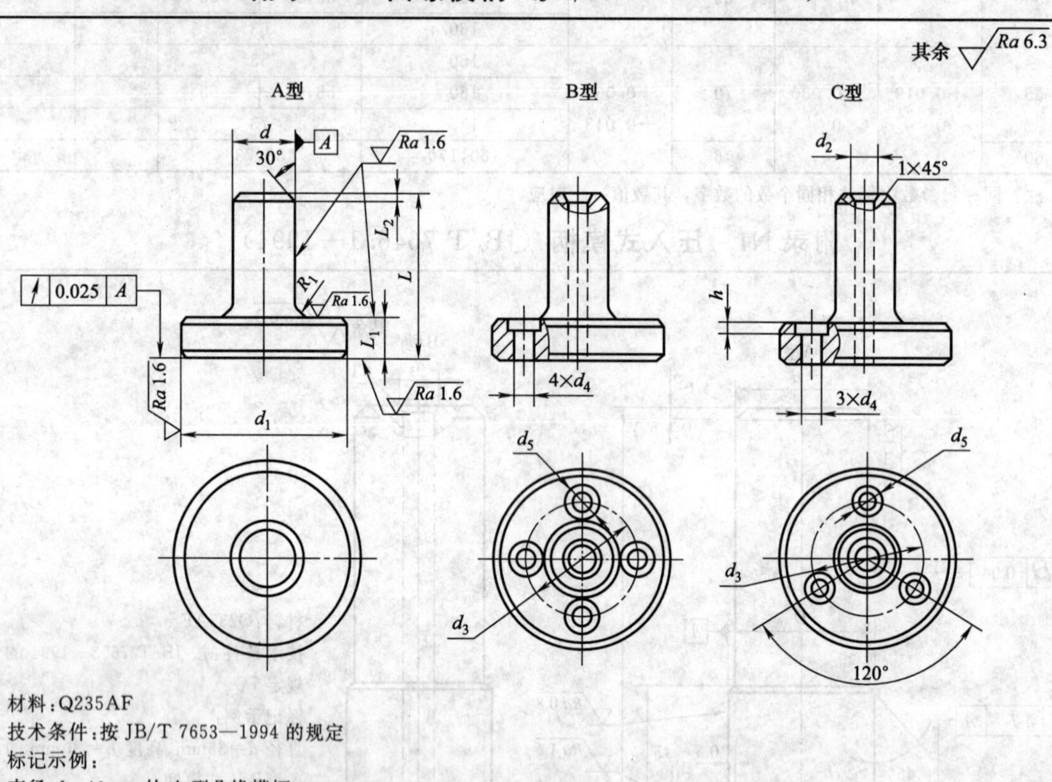

材料：Q235AF

技术条件：按 JB/T 7653—1994 的规定

标记示例：

直径 d=40mm 的 A 型凸缘模柄：

模柄 A40×80 JB/T 7646.3

d(js10)		d_1	L	L_1	L_2	d_2	d_3	d_4	d_5	h
基本尺寸	极限尺寸									
20	±0.042	67	58	18	2	11	44	9	15	9
25		82	63		2.5		55			
32	±0.050	97	79		3		65			
40		122	91		4		81			
50		132		23	5	15	91	11	18	11
60	±0.060	142	96				101	13	22	13
70		152	100				110			

附录 N3　槽形模柄（JB/T 7646.4—1994）

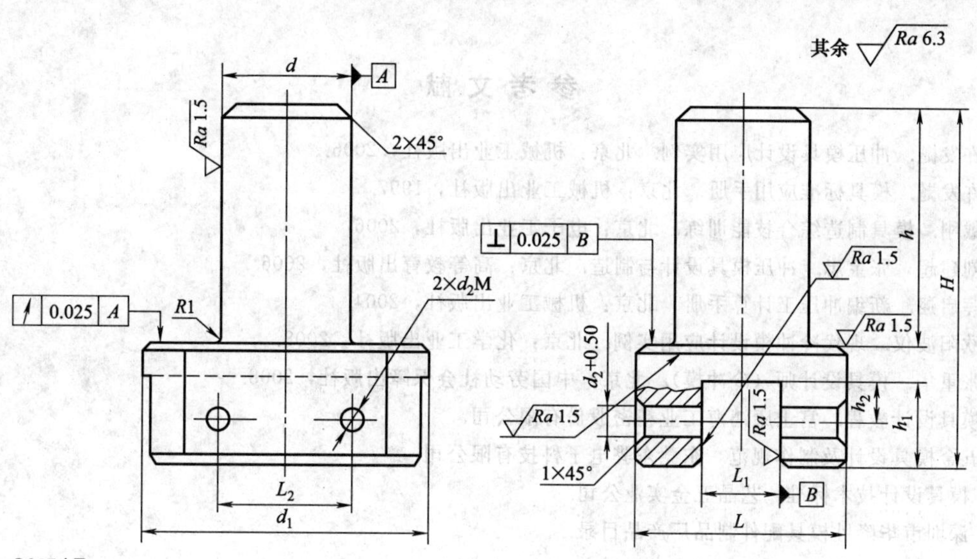

材料：Q235AF

技术条件：按 JB/T 7653—1994 的规定

标记示例：

直径 d=25mm 的槽形模柄：

模柄 25　JB/T 7646.4

d(js10)		d_1	d_2(h7)		H	h	h_1	h_2	L	L_1		L_2
基本尺寸	极限尺寸		基本尺寸	极限尺寸						基本尺寸	极限尺寸	
20	±0.042	45	6	+0.012 0	70	48	14	7	30	10	+0.015 0	20
25		55			75		16	8	40	15	+0.018 0	25
32	±0.050	70	8	+0.015 0	85		20	10	50	20	+0.021 0	30
40		90	10		100	60	22	11	60	25		35
50		110			115		25	12	70	30		45
60	±0.060	120			130	70	30	15	80	35	+0.025 0	50

参 考 文 献

[1] 许发樾．冲压模具设计应用实例．北京：机械工业出版社，2006.
[2] 许发樾．模具标准应用手册．北京：机械工业出版社，1997.
[3] 戴刚．模具制造综合技能训练．北京：电子工业出版社，2006.
[4] 刘建超，张宝忠．冲压模具设计与制造．北京：高等教育出版社，2006.
[5] 薛启翔．新编冲压工计算手册．北京：机械工业出版社，2004.
[6] 欧阳波仪．现代冷冲模设计应用实例．北京：化学工业出版社，2008.
[7] 张重华．模具设计师（冷冲模）．北京：中国劳动社会保障出版社，2008.
[8] 模具设计教程．富士康鸿海工业精密股份有限公司.
[9] 五金模具设计及制作规范．东莞东骅电子科技有限公司.
[10] 模具设计技术标准．艺晶五金实业公司.
[11] 深圳市华隆胜模具配件制品厂产品目录.
[12] 东莞鸿业五金制品有限公司产品目录.
[13] 成都航空职业技术学院冲压模具设计精品课程网站，http：//www. cavtc. net/jpkc.